Hans-Georg Harnisch
Volker Küch

AutoCAD LT –
Zeichenkurs

Hans-Georg Harnisch
Volker Küch

AutoCAD LT – Zeichenkurs

Mit zahlreichen Abbildungen, 142 Beispielen und 63 Aufgaben

Die Deutsche Bibliothek – CIP-Einheitsaufnahme

Harnisch, Hans-Georg:
AutoCAD LT - Zeichenkurs / Hans-Georg Harnisch;
Volker Küch. - Braunschweig; Wiesbaden: Vieweg,1996
(Viewegs Fachbücher der Technik)
ISBN-13: 978-3-528-04970-6   e-ISBN-13: 978-3-322-84921-2
DOI: 10.1007/978-3-322-84921-2
NE: Küch, Volker:

Umschlaggestaltung: Klaus Birk, Wiesbaden

Gedruckt auf säurefreiem Papier

ISBN-13: 978-3-528-04970-6

Vorwort

Mit diesem Buch soll eine systematische Einführung in das Arbeiten mit dem CAD-System AutoCAD LT und damit verbunden ein Einstieg in das rechnerunterstützte Zeichnen und Konstruieren gegeben werden. Das System AutoCAD LT ist ein Produkt der Autodesk AG und bezüglich Preis, Leistung und Anwendung zwischen den ebenfalls von der Autodesk AG vertriebenen Produkten AutoCAD und AutoSketch anzusiedeln. In Hinblick auf das Arbeiten im 2D-Bereich ist es dem leistungsfähigeren AutoCAD gleichwertig.

Aufgrund seiner Konzeption wendet sich der vorliegende Zeichenkurs an CAD-Anfänger, die sich grundlegende Kenntnisse und Fertigkeiten im rechnerunterstützten Zeichnen aneignen wollen. Vorkenntnisse im technischen Zeichnen sind dabei nicht unbedingt erforderlich, da auf diese bei der Behandlung der zugehörigen AutoCAD LT-Befehle eingegangen wird. Entsprechendes gilt für Kenntnisse in der Datenverarbeitung, von denen lediglich einige Grundkenntnisse zum Arbeiten mit dem Windows-System von Vorteil, aber nicht unbedingt erforderlich sind.

In einzelnen Lernschritten werden die wesentlichen Vorgehensweisen beim Erstellen technischer Zeichnungen mit einem CAD-Sytem behandelt. In diesem Zusammenhang werden zunächst Techniken besprochen, die vom herkömmlichen Arbeiten am Zeichenbrett bekannt sind, wie z.B. das Zeichnen von geraden Linien, Kreisen und Kreisbögen oder das Bemaßen und Schraffieren von Zeichnungen. Anschließend erfolgt die Behandlung typischer CAD-Techniken, die zusätzliche Möglichkeiten gegenüber dem Arbeiten am Zeichenbrett bieten. Hierzu gehören u.a. das Verschieben, Drehen, Strecken und Duplizieren von Zeichnungselementen oder das Einbinden anderer Zeichnungen.

Jeder Lernschritt gliedert sich in Informations-, Beispiel- und Aufgabenteil. Im Informationsteil werden jeweils die allgemeinen Grundlagen zu der behandelten Arbeitstechnik und die zugehörigen AutoCAD LT-Befehle besprochen. Anschließend wird im Beispielteil anhand praxisbezogener Beispiele die Anwendung der Befehle veranschaulicht, indem die jeweilige Zeichnung mit dem zugehörigen Befehlsdialog gegenüber gestellt wird. Durch das Nachvollziehen eines solchen Dialogs kann sich der Leser durch „Learning by Doing" die entsprechenden Kenntnisse und Fertigkeiten in AutoCAD LT aneignen. Durch das Lösen der Aufgaben im Aufgabenteil besteht für den Leser die Möglichkeit, die so erlernten Fähigkeiten zu üben und anhand der Lösungen im Anhang A seinen Lernfortschritt zu kontrollieren.

Das methodische Hinführen auf die verschiedenen Lernschritte und deren systematischer Aufbau werden unterstützt durch

- die Darstellung einer Zeichnung mit Befehlsdialog auf grau gerasterten Flächen,
- die Darstellung der Befehlseingabe in Abhängigkeit davon, ob diese über die Tastatur oder mit der Maus erfolgt,
- die Bearbeitung einer Vielzahl von Beispielen und Aufgaben aus der maschinenbaulichen Praxis,
- eine Referenzliste aller Befehle von AutoCAD LT und
- ein Sachverzeichnis aller behandelten Vorgehensweisen und Befehle.

Der vorliegende AutoCAD LT-Zeichenkurs kann aufgrund seines Aufbaus sowohl zur unterrichts- und vorlesungsbegleitenden Lektüre an Technikerschulen bzw. Fachhochschulen als auch zum Selbststudium im Bereich des rechnerunterstützten Zeichnens und Konstruierens eingesetzt werden. Ferner kann er wegen seiner vielen Beispiele und Aufgaben als Lehrgangsunterlage in der Ausbildung im technischen Zeichnen dienen.

Recht herzlich möchten wir uns bei Frau Imke Zander und Herrn Ewald Schmitt vom Vieweg Verlag für die sehr gute Zusammenarbeit und Unterstützung bei der Erstellung des Manuskripts bedanken.

Wolfenbüttel, im Januar 1996   H.-G. Harnisch
                                                               V. Küch

Inhaltsverzeichnis

1   Einleitung

Mit dem vorliegenden Buch sollen Grundkenntnisse und Grundfertigkeiten im rechnerunterstützten Zeichnen vermittelt werden. Es stellt am Beispiel des Arbeitens mit dem Zeichen-Softwarepaket AutoCAD LT einen ersten Einstieg in CAD (Computer Aided Design) dar. Dieses Softwaresystem ist ein Produkt der Autodesk AG und ist vom Leistungsumfang, Preis und Anwendungsmöglichkeiten zwischen den Systemen AutoSketch und AutoCAD, die ebenfalls von der Autodesk AG vertrieben werden, einzuordnen. In dieser Hinsicht bietet es einen sehr guten Kompromiß zwischen diesen beiden CAD-Systemen. So gestattet es mit seiner Windows-Oberfläche einem CAD-Anfänger oder ungeübten Anwender ein leichtes Erlernen und einfaches Arbeiten in CAD. Andererseits kann ein Konstrukteur mit AutoCAD LT professionell arbeiten und hiermit sicher die Mehrzahl der in der Praxis anfallenden Aufgaben lösen. So bestehen beim Erstellen von 2D-Zeichnungen zwischen AutoCAD LT und AutoCAD keine Unterschiede. Ferner sind die mit beiden Systemen angefertigten Zeichnungen voll kompatibel und können ohne Probleme von einem auf das andere System übertragen werden. Die Einschränkungen von AutoCAD LT gegenüber AutoCAD bestehen in den Bereichen

- 3D-Konstruktion,
- Programmierbarkeit und
- Verfügbarkeit größerer Branchenlösungen.

Von seiner Konzeption wendet sich der AutoCAD LT-Zeichenkurs vor allem an den CAD-Anfänger mit oder ohne Vorkenntnisse im technischen Zeichnen. In einzelnen Lernschritten wird der Leser des Buches mit den wesentlichen Begriffen und Vorgehensweisen beim Erstellen von technischen Zeichnungen unter AutoCAD LT vertraut gemacht. Hierbei sind keine besonderen Kenntnisse der Datenverarbeitung erforderlich. Lediglich Grundkenntnisse zum Arbeiten mit Windows sind von Vorteil. Sie sind aber nicht unbedingt nötig, da auf erforderliche Windows-Arbeitsweisen bei den Erläuterungen zu AutoCAD LT eingegangen wird.

Ein einzelner Lernschritt gliedert sich jeweils in

- Informationsteil,
- Beispielteil und
- Aufgabenteil.

Zunächst werden im Informationsteil zu Befehlen oder Vorgehensweisen diese allgemein vorgestellt und behandelt. Anschließend wird anhand charakteristischer Beispiele im zugehörigen Beispielteil die Anwendung der Befehle durch die Gegenüberstellung der grafischen Darstellung auf dem Bildschirm mit dem entsprechenden Befehlsdialog veranschaulicht und durch Bemerkungen und Hinweise näher erläutert. Durch das Bearbeiten der im Aufgabenteil gestellten Aufgaben kann der Leser das bisher Erlernte üben und über einen Vergleich mit den im Anhang A gegebenen Lösungen seinen Lernfortschritt kontrollieren.

Aufgrund seines Aufbaus ist das vorliegende Lehr- und Übungsbuch sowohl zum Selbststudium als auch zur unterrichts- bzw. vorlesungsbegleitenden Lektüre im Bereich des rechnerunterstützten Zeichnens und Konstruierens geeignet. Wegen der Vielzahl seiner praxisbezogenen Beispiele und Aufgaben kann es ferner als Lehrgangsunterlage in der Ausbildung von technischen Zeichnern benutzt werden.

Das Arbeiten mit AutoCAD LT erfordert einen interaktiven grafischen Arbeitsplatz, der folgende Hardware-Komponenten besitzen sollte:

- PC mit 80386-, 80486- oder Pentium-Prozessor oder kompatibler PC
- mathematischer Coprozessor bei Verwendung eines 80386-Systems
- Arbeitsspeicher mit mindestens 4 MB RAM
- Windows-unterstützte VGA-Grafikkarte oder höhere Auflösung
- grafischer Bildschirm monochrom/farbig ab 14 Zoll Diagonalmaß
- mindestens 8 MB freier Speicherplatz auf der Festplatte
- weitere 2 MB freier Speicherplatz für die AutoCAD LT Symbole
- mindestens ein Diskettenlaufwerk
- Windows-unterstützte Maus als Zeigegerät
- Windows-unterstützter Drucker oder Plotter

Die verwendete Software muß folgende Komponenten umfassen:

- MS-DOS ab Version 3.31 (Version 5.0 empfohlen)
- Windows 3.1 im erweiterten 386-Modus
- CAD-Software AutoCAD LT ab Version 2.0

☞ *AutoCAD LT Version 1.0*

Die in diesem Buch behandelten Befehle stehen - abgesehen von einigen Unterschieden in der Formulierung - auch in der Version 1.0 von AutoCAD LT zur Verfügung, so daß alle Beispiele und Aufgaben dieses Buches hiermit bearbeitet werden können.

In Abhängigkeit von der Verwendung eines oder zweier Bildschirme spricht man bei CAD-Systemen von Ein- bzw. Zwei-Bildschirm-Arbeitsplätzen. Das Arbeiten mit AutoCAD LT erfolgt an einem Ein-Bildschirm-Arbeitsplatz, wie er beispielsweise in Bild 1-1 dargestellt ist.

Bild 1-1: Arbeitsplatz für AutoCAD LT

Bevor mit AutoCAD LT gearbeitet werden kann, muß es zunächst auf einem Laufwerk des Rechners - zweckmäßigerweise auf der Festplatte - installiert werden. So kann z.B. die Installation von AutoCAD LT auf der Festplatte C: aus der MS-DOS-Ebene wie folgt durchgeführt werden:

Einlegen der Diskette 1 des AutoCAD LT-Installationsprogramms in Laufwerk
A: C:\ **win a:\setup** ⏎   {Starten des Installationsprogramms}

Arbeitet man bereits unter Windows, so läßt sich das Installationsprogramm wie folgt über den Programm-Manager aufrufen:

[Datei]
[Ausführen ...]
Befehlszeile: **a:\setup** ⏎

☞ *Hinweis: Benutzereingaben und Erläuterungen*

Die Eingaben eines Benutzers über die Tastatur werden in der Regel durch das Drücken
der ⏎ -Taste abgeschlossen. Die Darstellung hierfür erfolgt im Buch in Fettdruck und
in der Form:

Tastatureingabe ⏎.

Entsprechend wird das Drücken einer beliebigen Sondertaste mit ⌷Sondertaste⌷ angegeben.
Die Auswahl eines Windows- oder AutoCAD LT -Menüpunktes durch Anklicken wird
in Fettdruck und in eckigen Klammern, d.h. mit **[Menüpunkt]**, dargestellt. Entsprechend erfolgt die Darstellung für das Aktivieren eines Menüpunktes durch Doppel-
klicken in der Form **[[Menüpunkt]]**. Eventuelle zusätzliche Erläuterungen zu Eingaben
und Aufrufen stehen in geschweiften Klammern dahinter.

Nach dem Start des Installationsprogramms erfolgt die Installation von AutoCAD LT im
Dialog und im wesentlichen in folgenden Schritten:

- Eingabe von benutzerspezifischen Informationen
- Festlegen der Optionen für die Konfiguration von AutoCAD LT
- Festlegen des Verzeichnisses für die Installation von AutoCAD LT
- Kopieren der erforderlichen Dateien in dieses Verzeichnis
- Eingabe des Programmgruppennamens zum Starten von AutoCAD LT
- Auswahl eines zugehörigen Symbols mit Symbolnamen

Werden bei der Installation die vorgeschlagenen Optionen und Namen gewählt, so existiert
anschließend ein Verzeichnis mit einem Unterverzeichnis, und zwar wie folgt:

- **C:\ACLTWIN**   mit Programm- und Supportdateien,
                              z.B. für Schriften und Muster
- **C:\ACLTWIN\CLIPART** mit diversen Zeichnungen und Symbolen

Die Beispielzeichnungen sind im Verzeichnis C:\ACLTWIN nur enthalten, wenn deren Installation vom Benutzer bestätigt wird.

Die Anpassung der vorhandenen Hardware, wie z.B. Bildschirm, Zeigegerät und Drucker, erfolgt automatisch entsprechend der bereits unter Windows installierten Komponenten.

Zweckmäßigerweise sollte das Durcharbeiten der Beispiele und Aufgaben dieses Buches und das Speichern der erstellten Zeichnungen in einem speziellen Verzeichnis mit dem Namen C:\ ACLTKURS erfolgen, das beispielsweise unter MS-DOS wie folgt angelegt werden kann:

C:\ MD ACLTKURS ⏎

2 Einstieg in das Arbeiten mit AutoCAD LT

2.1 Starten und Beenden von AutoCAD LT

In diesem Abschnitt sollen das Starten und Beenden von AutoCAD LT und die Hauptmöglichkeiten für das Arbeiten mit diesem System besprochen werden. Hierbei beziehen sich die einzelnen Ausführungen auf die im vorausgegangenen Abschnitt getroffenen Vereinbarungen in bezug auf die Installation und Konfiguration von AutoCAD LT, wie z.B. auf die Organisation der Festplatte.

☞ *Hinweis: Organisation der Festplatte*

> Alle für das Arbeiten mit AutoCAD LT benötigten Dateien befinden sich im Verzeichnis C:\ACLTWIN.

> AutoCAD LT ist über eine Programmgruppe gleichen Namens in die Windows-Oberfläche eingebunden und kann u.a. hierüber gestartet werden.

> Die Symboldateien sind in dem Unterverzeichnis C:\ACLTWIN\CLIPART gespeichert.

> Für das Speichern der im Rahmen dieses Kurses erstellten Beispiel- und Aufgabenzeichnungen existiert das Verzeichnis C:\ACLTKURS.

> Auf die Verzeichnisse C:\WIN, C:\ACLTWIN und C:\ACLTKURS wird nach dem Einschalten des Rechners über die AUTOEXEC.BAT-Datei ein Pfad gesetzt, so daß auf die angegebenen Verzeichnisse jederzeit ohne ein Wechseln des aktuellen Laufwerks zugegriffen werden kann.

Um AutoCAD LT zu starten, gibt es eine Reihe von Möglichkeiten, die sich im wesentlichen dadurch unterscheiden, ob der Start aus der Windows- oder MS-DOS-Ebene erfolgen soll. So läßt sich beispielsweise unter der Annahme, daß man bereits unter Windows mit dem Programm-Manager arbeitet, AutoCAD LT wie folgt starten:

[[AutoCAD LT]]   {Doppeltes Anklicken des AutoCAD LT-Symbols (Icon)}

Aus der MS-DOS-Ebene können Windows und AutoCAD LT gemeinsam mit der Eingabe:

C:\WIN ACLT ⏎

gestartet werden. Existieren bereits Zeichnungen, so lassen sich diese automatisch beim Start von AutoCAD LT laden, indem man ihren zugehörigen Zeichnungsnamen mit angibt:

C:\WIN ACLT Zeichnungsname ⏎

Existiert zu dem eingegebenen Namen noch keine Zeichnung, so wird eine neue Zeichnung unter diesem Namen angelegt. Bei der Eingabe eines Namens muß nicht auf Groß- oder Kleinschreibung geachtet werden, da unter MS-DOS und Windows hierzwischen nicht unterschieden wird.

Unabhängig von der Art des Startens von AutoCAD LT wird nach der Ausgabe einiger Grundinformationen zum System der Startbildschirm von AutoCAD LT angezeigt. Man vergleiche hierzu das untenstehende Bild 2- 1.

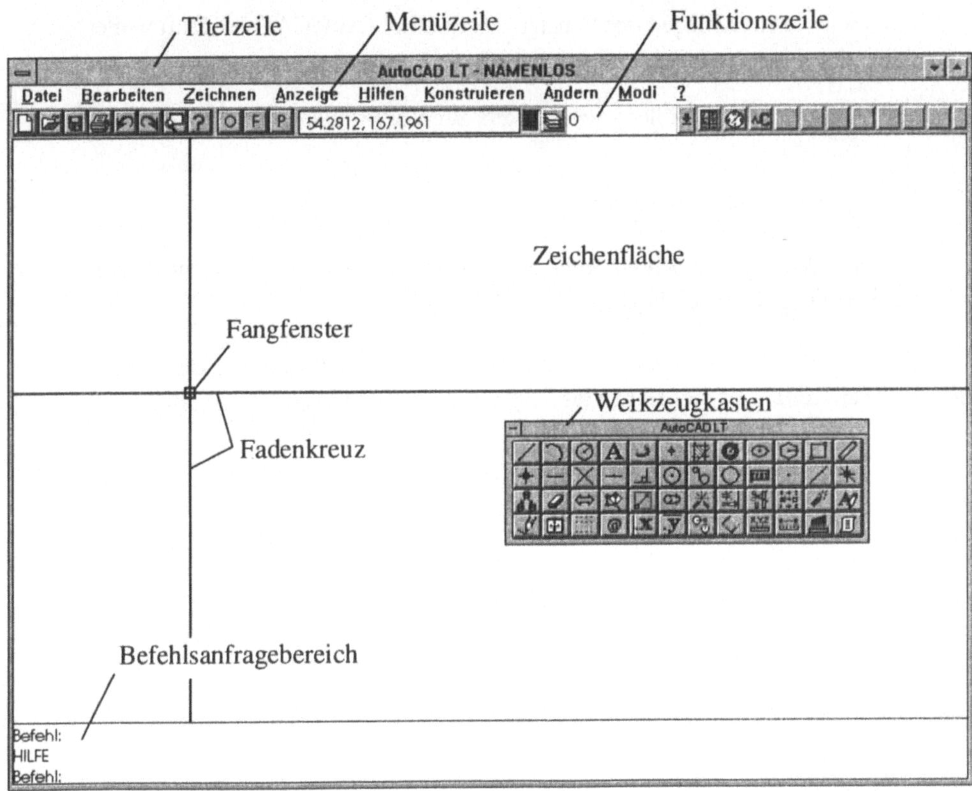

Bild 2-1: Startbildschirm von AutoCAD LT

Über diesen Bildschirm, der auch als Grafikbildschirm von AutoCAD LT bezeichnet wird, erfolgen in der Regel der Dialog zwischen Benutzer und System und das Erstellen der Zeichnungen. Unabhängig von der Art der jeweiligen Anwendung besitzt dieser Bildschirm folgenden prinzipiellen Aufbau:

– Titelzeile	mit dem Programm- und Zeichnungsnamen
– Menüzeile	zur Auswahl der Hauptmöglichkeiten von AutoCAD LT
– Funktionszeile	zur Anzeige einer Reihe von Informationen zum System
– Zeichenfläche	als Arbeitsbereich für das eigentliche Zeichnen
– Befehlszeile	für die Darstellung von Benutzereingaben über die Tastatur

In der Titelzeile werden - wie in anderen Windows-Anwendungen - der Name des aktuellen Programmsystems, d.h. in diesem Fall AutoCAD LT, und der Name der aktuellen Zeichnung angezeigt. Außerdem sind folgende Schaltflächen vorhanden:

- zum Verlassen von AutoCAD LT

- zum Ablegen des Fensters als Symbol (AutoCAD LT läuft weiter)

- zum Verkleinern des Fensters (bei Vollbilddarstellung)

- zum Vergrößern des Fensters zur Vollbilddarstellung

☞ *Hinweis: Zeichnung ohne Namen*

Ist für die aktuelle Datei noch kein Name vergeben, so wird dies mit dem Hinweis NAMENLOS gekennzeichnet.

Auf die Hauptmöglichkeiten des Arbeitens mit AutoCAD LT kann der Benutzer über die Menüleiste zugreifen. Es stehen hierfür folgende Menüpunkte zur Verfügung:

• *Datei*	Arbeiten mit Zeichnungs- und anderen Dateien
• *Bearbeiten*	Ändern von Zeichnungen
• *Zeichnen*	Zeichnen und Bemaßen von Objekten einer Zeichnung
• *Anzeige*	Festlegen der Ansichten für eine Zeichnung
• *Hilfen*	Vereinbaren von Hilfen beim Zeichnen
• *Konstruieren*	Manipulieren von Zeichnungsobjekten
• *Ändern*	Ändern von Objekten in einer Zeichnung
• *Modi*	Festlegen bestimmter Grundeinstellungen
• ?	Ausgabe von Hilfen und Informationen zu AutoCAD LT

Die Wahl eines Menüpunkts erfolgt durch Anklicken der jeweiligen Bezeichnung in der Menüzeile. Anschließend werden in einem zugehörigen Abroll-Menü die Möglichkeiten für den gewählten Menüpunkt angezeigt. Sie können wiederum durch Anklicken aktiviert werden. Beispielsweise wird durch die Befehlsfolge:

> **[Zeichnen]**   {Aufruf des Menüpunkts *Zeichnen*}
> **[Linie]**   {Aufruf des *Zeichnen*-Befehls *Linie*}

das System zum Zeichnen einer Linie von einem Start- zu einem Endpunkt veranlaßt. Für eine Reihe von Befehlen bestehen mehrere Möglichkeiten, die zunächst in einem weiteren Menü zur Auswahl angeboten werden. So kann z.B. das Zeichnen eines Kreises durch drei vorgegebene Punkte mit der Befehlsfolge:

> **[Zeichnen]**   {Aufruf des Menüpunkts *Zeichnen*}
> **[Kreis]**   {Aufruf des *Zeichnen*-Befehls *Kreis*}
> **[3 Punkte]**   {Aufruf der *Kreis*-Option}

aufgerufen werden. Die zugehörigen Menüs sind im Bild 2-2 dargestellt.

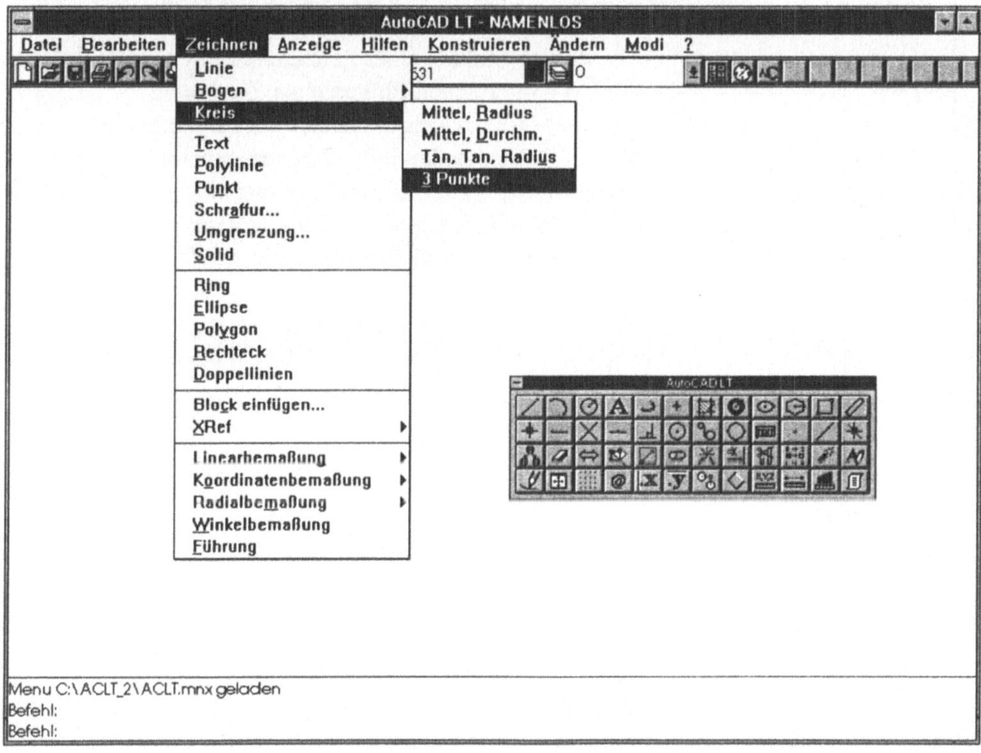

Bild 2-2:   *Zeichnen*-**Abrollmenü mit** *Kreis*-**Menü**

Im weiteren werden - wie in den obigen Befehlsdialogen bereits geschehen - für die Menüpunkte in den verschiedenen Menüformen folgende Bezeichnungen verwendet:

- Menüpunkt   für Menüpunkte in der Menüzeile
- Befehl   für Menüpunkte in Abrollmenüs
- Option   für Menüpunkte in Untermenüs zu Abrollmenüs

Außer durch Anklicken eines Menüpunkts kann dieser mit Hilfe der Cursor-Tasten: Links-, Rechts-, Hoch- und Runterpfeil ausgewählt und durch Drücken der ⏎ -Taste aktiviert werden. Ferner läßt sich ein Menüpunkt durch die Tastatureingabe eines bestimmten Buchstabens auswählen, der in der Bezeichnung des Menüpunktes durch Unterstreichen gekennzeichnet ist.

Unter der Menüzeile wird in der Regel die Funktions- oder Statuszeile dargestellt, in der Informationen zu aktuellen Einstellungen beim Zeichnen angezeigt und Schaltflächen zum Aufruf häufig benutzter Befehle zur Verfügung gestellt werden. Die verschiedenen Möglichkeiten hierbei sind in den Bildern 2-3 und 2-4 angegeben.

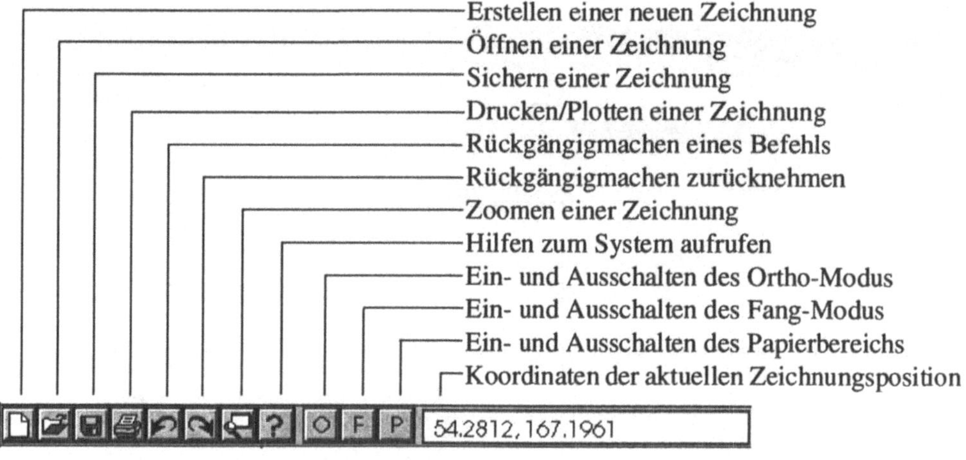

Bild 2-3: Funktionsleiste - Teil 1

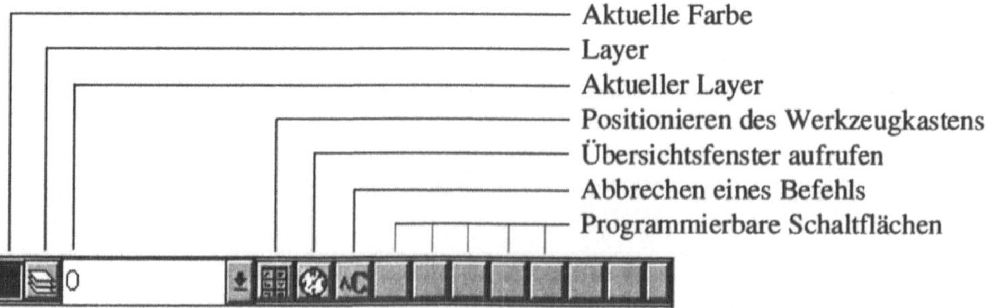

Bild 2-4: Funktionsleiste - Teil 2

Beispielsweise kann durch Anklicken des Symbols ⬚ die Position des Werkzeugkastens verändert werden, und zwar zyklisch in der Reihenfolge: Querformat - Längsformat links - nicht sichtbar - Längsformat rechts. An dieser Stelle werden die weiteren Anzeigen und Funktionen der Funktionsleiste nicht näher besprochen, da in den folgenden Kapiteln bei der Behandlung der AutoCAD LT-Befehle hierauf erneut und ausführlich eingegangen wird.

☞ *Hinweis: Verschieben des Werkzeugkastens*

Der Werkzeugkasten wird unter AutoCAD LT als Windows-Anwendungsfenster realisiert und läßt sich somit auch auf dem Bildschirm verschieben, indem man seine Titelzeile anklickt und ihn bei gedrückter linker Maustaste in die gewünschte Position bringt. Dies gilt entsprechend für alle Bedienelemente von AutoCAD LT, die durch Fenster in Windows realisiert sind.

Der sich bis zu den unteren Befehlszeilen anschließende Bildschirmbereich dient als Zeichenfläche, d.h. hier erfolgt das eigentliche Erstellen einer Zeichnung. Im Vergleich mit dem herkömmlichen Zeichnen auf einem Zeichenbrett, stellt die Zeichenfläche auf dem Bildschirm einen Ausschnitt der Fläche auf dem Zeichenbrett dar. Durch Verschieben der Bildschirm-Zeichenfläche mit Hilfe geeigneter Befehle können beliebig große Zeichnungen erstellt werden, die nicht mehr vollständig auf dem Bildschirm sichtbar sind. Für Zeichnungen dieser Art kann man in der Funktionsleiste mit dem Symbol 🌐 ein Übersichtsfenster aufrufen, in dem die gesamte Zeichnung dargestellt ist. Ferner lassen sich über dieses Fenster weitere Ansichten der Zeichnung auswählen.

Auf der Zeichenfläche wird, falls keine andere Einstellung gewählt ist, der bereits erwähnte Werkzeugkasten angezeigt. Dieser dient zum einfacheren Arbeiten mit AutoCAD Lt und enthält für die wichtigsten Befehle spezielle Symbole, über die unmittelbar durch Anklicken der zugehörige Befehl aktiviert werden kann, ohne daß man dessen Auswahl über die Menüleiste und ein Abrollmenü treffen muß. So läßt sich beispielsweise das Zeichnen einer Linie anstelle von **[Zeichnen][Linie]** mit dem Symbol ⬚ über den Werkzeugkasten aufrufen. Die Standardform des Werkzeugkasten ist im folgenden Bild 2-5 dargestellt.

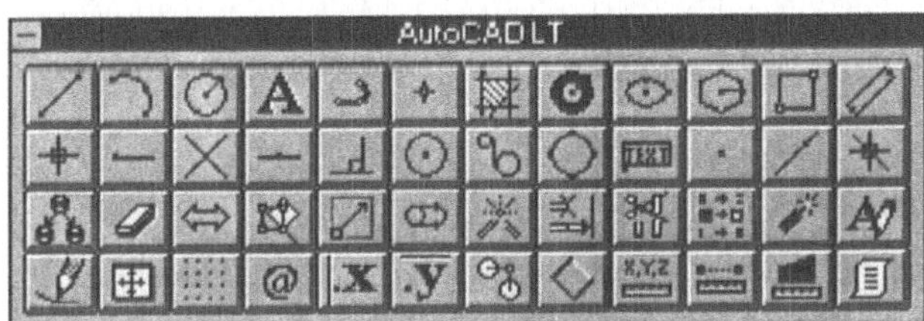

Bild 2-5: Standard-Werkzeugkasten

Der Befehlsanfragebereich besteht aus den unteren drei Zeilen des Grafik-Bildschirms. In ihm werden fortlaufend der Befehlsdialog und die Eingaben des Benutzers angezeigt.

Hierzu gehören im wesentlichen folgende Punkte:

- Befehlsnamen für aktivierte Befehle
- Hinweise auf mögliche Optionen von Befehlen
- Anfragen nach speziellen Werten
- Tastatureingaben spezieller Werte und Tastatureingaben von Befehlsnamen

Ein AutoCAD LT-Befehl kann direkt über die Tastatur aufgerufen werden, indem man bei einer Befehlsanfrage den Namen des Befehls in der Form:

> Befehl: **Befehlsname** ⏎

eingibt.

☞ *Hinweis: Text-Bildschirm*

Während im Befehlsanfragebereich des Grafik-Bildschirms nur die letzten drei Zeilen des Befehlsdialogs angezeigt werden können, erfolgt im sogenannten Text-Bildschirm die Protokollierung des vollständigen Dialogs. Durch Drücken der Funktionstaste F2 kann zwischen beiden Bildschirmarten gewechselt werden. Dies läßt sich auch mit den AutoCAD LT-Befehlen *TEXTBLD* und *GRAPHBLD* realisieren.

Über den Menüpunkt *?* stehen dem Benutzer - analog wie bei anderen Windows-Anwendungen - eine Reihe von Hilfsmöglichkeiten zur Verfügung.

Menüpunkt ?: Anzeigen von Informationen und Hilfen zu AutoCAD LT

Nach Wahl des Menüpunkts *?* werden folgende Befehle in einem Abrollmenü zur Auswahl angeboten:

• *Inhalt*	Anzeige einer Inhaltsübersicht zum Hilfesystem
• *Suchen*	Auswahl und Anzeige eines speziellen Hilfetextes
• *Hilfe benutzen*	Anzeige von Erklärungen zum Arbeiten mit dem Hilfesystem
• *Programmübersicht*	Starten eines dialoggeführten Informationssystems zum Arbeiten mit AutoCAD LT
• *Neu in AutoCAD LT*	Anzeigen von Veränderungen zu AutoCAD LT 1.0
• *Lernprogramm*	Starten eines Lernprogramms zu AutoCAD LT
• *Info über AutoCAD LT*	Anzeige allgemeiner Informationen zum installierten AutoCAD LT-System

?-Befehl *Info über AutoCAD LT:* Anzeigen allgemeiner Informationen

Mit Hilfe dieses Befehls erfolgt in dem Dialogfenster *Info*

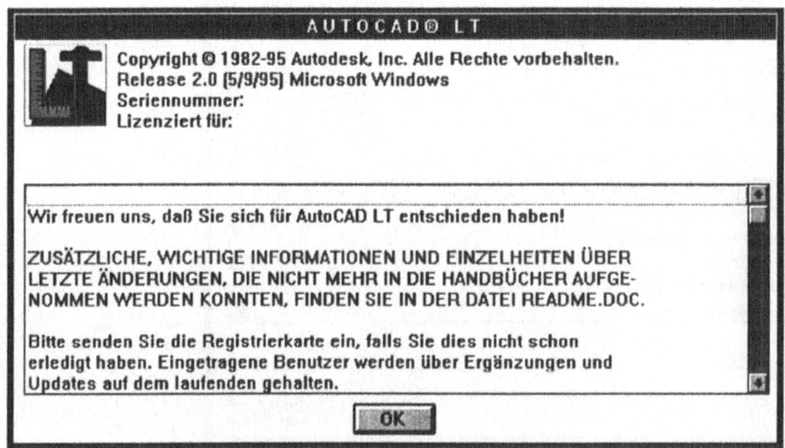

Bild 2-6: Dialogfenster *Info*

die Bildschirm-Ausgabe allgemeiner Informationen, wie z.B. die Version- und Lizenznummer des installierten AutoCAD LT-Systems.

☞ *Hinweis: Arbeiten mit Dialogfenstern*

Dialogfenster stellen in AutoCAD LT ein wichtiges Hilfsmittel beim Dialog des Anwenders mit dem System dar und ermöglichen u.a. eine sehr komfortable Form der Werteeingabe. Ein solches Dialogfenster enthält neben Bereichen für das Anzeigen von Informationen und die Eingabe von Werten eine Reihe von Standardfeldern, mit denen der Anwender den Dialog steuern kann. Hierzu gehören u.a. die Schaltflächen

- *OK*   für das Bestätigen von Eingaben bzw. das Beenden von Anzeigen,

- *Abbrechen*   für das Abbrechen von Befehlen ohne die Übernahme von bereits eingegebenen Werten und

- *Hilfe*   zum Aufruf von Hilfen zum aktuellen Befehl und Dialogfenster.

Schieberegler - wie im Dialogfenster *Info* dargestellt - ermöglichen das Verschieben von Texten und Listen innerhalb eines Fensterbereiches. Auf die verschiedenen in AutoCAD LT zur Verfügung stehenden Dialogfenster und weitere Elemente dieser Fenster wird an entsprechender Stelle näher eingegangen.

?-Befehl *Suchen*: Auswahl und Anzeigen von Hilfen

Nach dem Aufruf dieses Befehls kann in dem Dialogfenster *Suchen*:

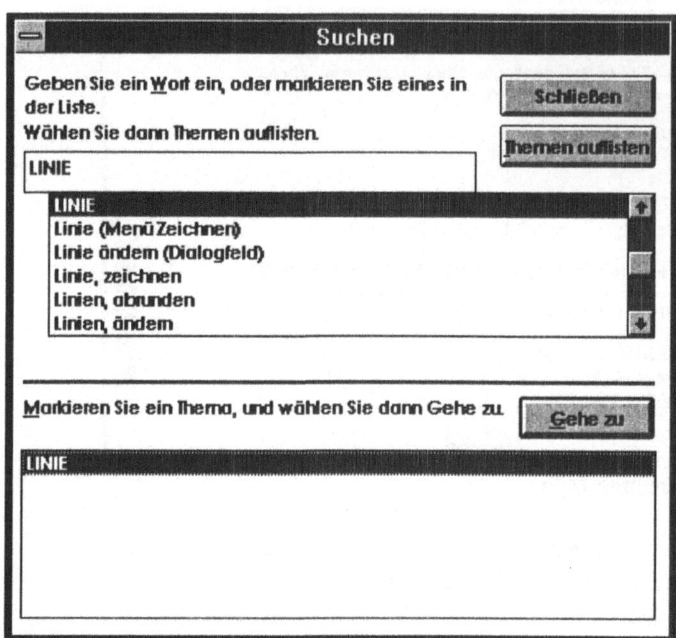

Bild 2-7: Dialogfenster *Suchen*

über die Tastatur ein Begriff eingegeben oder aus einer Liste ausgewählt werden, zu dem eine Hilfe erwünscht wird.

Auf die weiteren zum Menüpunkt ? gehörenden Befehle soll hier nicht weiter eingegangen werden. Diese und auch die bereits besprochenen Befehle lassen sich auch aus einem AutoCAD LT Hilfe-Fenster aufrufen, das aktiviert wird

- mit der Tastatureingabe des Befehls *HILFE*,
- mit der Tastatureingabe des ?-Zeichens oder
- durch Drücken der Funktionstaste F1.

☞ *Hinweis: Transparente Befehle*

Der Befehl *Hilfe* ist ein sogenannter transparenter Befehl, der während des Arbeitens mit einem anderen Befehl aufgerufen werden kann. Man kann sich hiermit zu jedem Zeitpunkt Informationen über das System ausgeben lassen, z.B. über den gerade benutzten Befehl. Nach Verlassen des Hilfe-Systems wird das Arbeiten mit dem unterbrochenen Befehl fortgesetzt.

Das Arbeiten mit AutoCAD LT kann auf verschiedene Weise beendet werden. Über das Menüsystem erfolgt dies mit dem *Datei*-Befehl *Beenden* in der Form:

[Datei][Beenden]

oder entsprechend über die Tastatur:

Befehl: **BEENDEN** ⬅

Als spezielle Windows-Anwendung kann AutoCAD LT auch über die linke Schaltfläche in der Titelzeile verlassen werden, und zwar mit:

[Linke Schaltfläche][Schließen]

Unabhängig von der gewählten Vorgehensweise erfolgt in dem Dialogfenster *Zeichnungsänderung* eine Kontrollabfrage, ob die geänderte aktuelle Zeichnung gespeichert werden soll oder nicht.

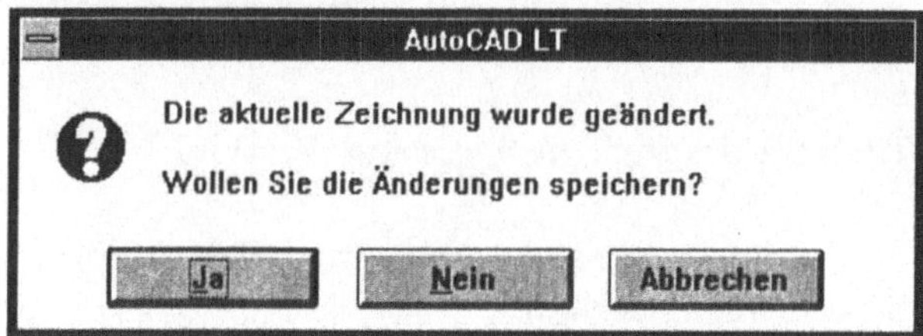

Bild 2-8: Dialogfenster *Zeichnungsänderung*

In dem folgenden Beispiel soll die Anwendung der bisher besprochenen Möglichkeiten für das Arbeiten mit AutoCAD LT exemplarisch veranschaulicht werden.

■ Beispiel 2-1: Starten und Beenden von AutoCAD LT

Um einen ersten Einblick in das Arbeiten mit AutoCAD LT zu gewinnen, sind folgende Aktionen auszuführen:

- Starten von AutoCAD LT
- Darstellung des Werkzeugkastens in verschiedenen Positionen
- Anzeigen allgemeiner Informationen zum System
- Anzeigen spezieller Informationen zum Befehl *LINIE*
- Ausdrucken der Informationen zum Befehl *LINIE*
- Anzeigen spezieller Informationen zum Befehl *KREIS*
- Anzeige der Befehls-Protokollierung
- Beenden von AutoCAD LT

Mit dem folgenden Befehlsdialog läßt sich die obige Aufgabenstellung realisieren.

```
C:\ WIN ACLT [←]                                           {AutoCAD LT starten}
[▦] [▦] [▦] [▦]                              {Lage des Werkzeugkastens verändern}
[?]
[Info über AutoCAD LT]                      {Allgemeine Informationen anzeigen}
Darstellung des Dialogfensters Info
[OK]
[?][Suchen]                         {Informationen zum Befehl Linie anzeigen}
Suchwort-Eingabefeld: Linie [←]
Markieren des Themas: [LINIE]                          {kann hier entfallen, da
                                                    nur ein Thema vorhanden ist}

[Gehe zu]
Anzeige des Hilfetexts zum Befehl Linie
[Datei]                              {Ausdrucken der angezeigten Informationen}
[Thema drucken]
[Suchen]                            {Informationen zum Befehl Kreis anzeigen}
Suchwort-Eingabefeld: Kreis [←]
[Gehe zu]
[Linke Schaltfläche in der Titelzeile des Dialogfensters AutoCAD LT Hilfe]
[Schließen]
<Funktionstaste F2>                     {Anzeige des bisherigen Befehlsdialogs}
Anzeige des Befehlsdialogs auf dem Textbildschirm
<Funktionstaste F2>
[Datei][Beenden]                                         {AutoCAD LT beenden}
```

☞ *Hinweis: Protokollierung der AutoCAD LT-Befehle*

Die Protokollierung der aufgerufenen Befehle im Textbildschirm erfolgt in der Schreibweise für die englische Version des Systems. Sie können auch in dieser Form bei einer Befehlsanfrage über die Tastatur eingegeben werden.

Im weiteren werden in diesem Buch die Aufrufe von Befehlen wegen der besseren Übersichtlichkeit in der Regel über die Menüleiste und die zugehörigen Abrollmenüs angegeben. In der Praxis wird die Anwendung der verschiedenen Formen eines Befehlsaufrufs flexibel und meist kombiniert erfolgen, wobei dies von Anwender zu Anwender verschieden sein wird.

2.2   Arbeiten mit Dateien

Unter AutoCAD LT werden alle Informationen in Dateien gespeichert, die in Abhängigkeit von der Art der Information von unterschiedlichem Typ sein können. So liegen die vom System vorgegebenen Linientypen und Standardschraffuren in Musterdateien und die vorgegebenen Beispielzeichnungen in Zeichnungsdateien vor. Die vom Anwender erstellten Zeichnungen werden ebenfalls in Zeichnungsdateien gespeichert. Für das Arbeiten mit Dateien steht unter dem Menüpunkt *Datei* eine Reihe geeigneter Befehle zur Verfügung.

Menüpunkt *Datei*: Arbeiten mit Dateien

Nach Wahl dieses Menüpunkts können folgende Befehle benutzt werden:

- *Neu*   Erstellen einer neuen Zeichnung
- *Öffnen*   Laden der Datei einer vorhandenen Zeichnung
- *Speichern*   Speichern einer Zeichnung unter ihrem Namen in eine Datei
- *Speichern unter*   Speichern einer Zeichnung unter neuem Namen in eine Datei
- *Druck/Plot*   Ausgeben einer Zeichnung über Drucker bzw. Plotter
- *Einlesen/Erstellen*   Laden und Speichern von Dateien in anderen Formaten
- *Skript ausführen*   Ausführen von in Skriptdateien gespeicherten Befehlsmakros
- *Dateien entsperren*   Freigeben einer gesperrten Datei
- *Voreinstellungen*   Festlegen von Grundeinstellungen für das Arbeiten mit AutoCAD LT
- *Beenden*   Beenden des Arbeitens mit AutoCAD LT

Zusätzlich werden die Namen der Dateien angezeigt, mit denen zuletzt gearbeitet worden ist. Durch Anklicken können diese aktiviert werden.

In diesem Abschnitt sollen die Befehle *Ende*, *Öffnen*, *Speichern unter* und *Speichern* näher behandelt werden.

Datei-Befehl *Beenden*: Beenden des Arbeitens mit AutoCAD LT

Das Arbeiten mit AutoCAD LT wird hiermit beendet. Falls die aktuelle Zeichnung geändert und nicht gesichert worden ist, erfolgt zunächst im Dialogfenster *Zeichnungsänderung* (vgl. Bild 2-8) ein entsprechender Hinweis. Der Anwender kann dann entscheiden, ob die Zeichnung gespeichert werden soll oder nicht bzw. das Beenden abbrechen und mit AutoCAD LT weiterarbeiten. Über die Tastatur wird der Befehl *Beenden* aufgerufen mit:

Befehl: **BEENDEN** ⬅

Zeichnungen werden in AutoCAD LT in sogenannten Zeichnungsdateien gesichert und können jederzeit aus diesen zur weiteren Verarbeitung geladen werden. Bei entsprechender Installation des Systems stehen im Verzeichnis C:\ACLTWIN eine Reihe von Beispiel-zeichnungen zur Verfügung. Mit den Befehlen *Öffnen*, *Speichern unter* und *Speichern* lassen sich diese laden bzw. speichern.

Datei-Befehl *Öffnen*: Laden einer Zeichnungsdatei

Nach Wahl dieses Befehls erfolgt in dem Dialogfenster *Zeichnung öffnen*:

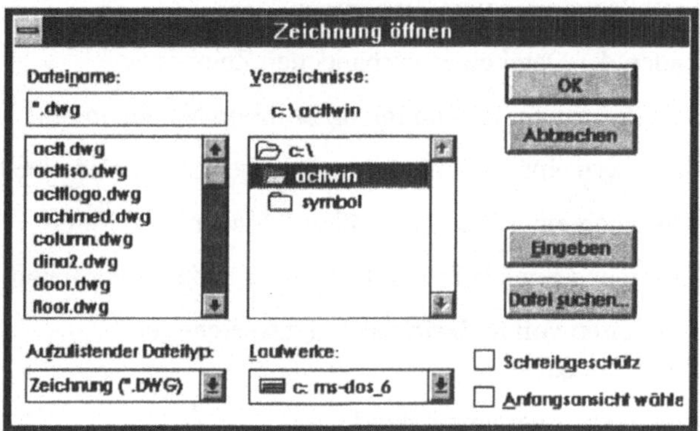

Bild 2-9: Dialogfenster *Zeichnung öffnen*

die Festlegung der zu ladenden Zeichnung, und zwar durch die Auswahl der jeweiligen Zeichnung aus einer Zusammenstellung von Namen aller im aktuellen Verzeichnis auf der Festplatte oder Diskette vorhandenen Zeichnungen oder durch die Direkteingabe des jeweiligen Zeichnungsnamens. Die wesentlichen Elemente dieses Dialogfensters und ihre zugehörigen Wirkungen sind:

– *Dateiname*	Tastatureingabe bzw. Auswahl eines Dateinamens
– *Aufzulistender Dateityp*	Auswahl eines Dateityps
– *Verzeichnisse*	Anzeige des aktuellen Verzeichnisses und Auswahl eines Verzeichnisses
– *Laufwerke*	Auswahl eines Laufwerks
– *OK*	Schließen des Dialogfensters mit Übernahme der Eingaben
– *Abbrechen*	Schließen des Dialogfensters ohne Übernahme der Eingaben

- *Eingeben*   Eingabe des Dateinamens im Befehlsanfragebereich
- *Datei suchen*   Suchen einer Datei nach verschiedenen Kriterien
- *Schreibgeschützt*   Festlegung, ob die zu öffnende Datei nach ihrer
                               Bearbeitung gesichert werden kann oder nicht
- *Anfangsansicht wählen*   Festlegen der Ansicht der Zeichnung nach dem Laden

Der *Datei*-Befehl *Öffnen* kann ferner über die Tastatur:

    Befehl: **ÖFFNEN** ⏎

oder durch Anklicken des Symbols in der Funktionsleiste aufgerufen werden.

Neben den bisher besprochenen Schaltflächen und Schiebereglern als Elemente von Dialogfenstern werden im Dialogfenster *Zeichnung öffnen* weitere Elemente verwendet, die im weiteren als Listen-, Eingabe- und Optionsfelder bezeichnet werden. So erfolgt die Auswahl eines Dateinnamens im obigen Dialogfenster durch Anklicken des Namens im zugehörigen *Dateiname*-Listenfeld. Im *Dateiname*-Eingabefeld kann der Name der Datei direkt eingegeben werden. Ferner besteht hier die Möglichkeit, eine Maske für die im Listenfeld aufzulistenden Namen einzugeben. Mit Hilfe von Optionsfeldern können Vereinbarungen über bestimmte Arbeitsmodi getroffen werden. Durch Anklicken werden diese Optionen ein- bzw. ausgeschaltet. Ist eine solche Option eingeschaltet, so wird dies mit einem kleinen Kreuz gekennzeichnet. Beispielsweise kann bei eingeschaltetem *Schreibgeschützt* eine Zeichnung geladen und bearbeitet - aber nicht anschließend gesichert - werden.

Datei-Befehl *Speichern unter*: Speichern einer Zeichnung unter einem beliebigen Namen

Hiermit kann die aktuelle Zeichnung unter einem beliebigen Namen und in einem beliebigen Verzeichnis auf der Festplatte oder Diskette gespeichert werden. Die erforderlichen Festlegungen erfolgen im Dialogfenster *Zeichnung speichern unter*:

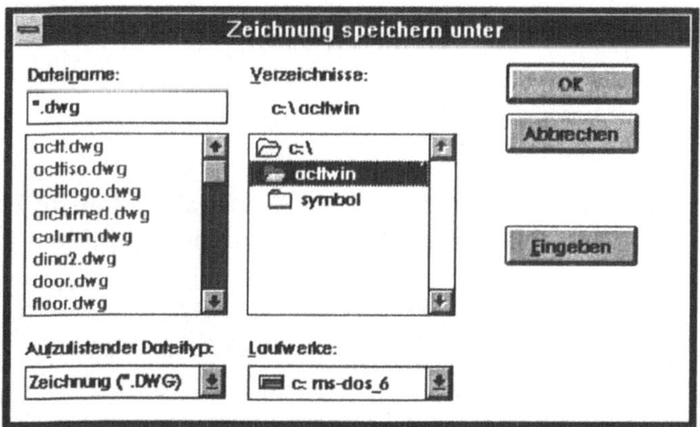

Bild 2-10: Dialogfenster *Zeichnung speichern unter*

Der Aufbau dieses Fensters entspricht im Wesentlichen dem des Dialogfensters *Zeichnung öffnen* und soll hier nicht weiter besprochen werden.

Über die Tastatur wird der *Datei*-Befehl *Speichern unter* mit:

   Befehl: **SICHALS** ⏎

oder durch Anklicken des Symbols 🖫 bei einer noch nicht gesicherten, neuen Zeichnung in der Funktionsleiste aufgerufen.

■ Beispiel 2-2: Kopieren einer Zeichnung mit Auswahl der Zeichnung

Unter der Voraussetzung, daß der Anwender im Verzeichnis C:\ACLTKURS arbeitet und AutoCAD LT bereits gestartet hat, soll die im Verzeichnis C:\ACLTWIN gespeicherte Beispielzeichnung PIPEDETL geladen und unter dem Namen ROHRST im Verzeichnis C:\ACLTKURS gespeichert werden. Dies läßt sich u.a. mit dem folgenden Befehlsdialog durchführen:

```
[Datei][Öffnen]                              {Laden der Zeichnung}
Verzeichnisse-Listenfeld [[c:\]]
Verzeichnisse-Listenfeld [[acltwin]]
Dateiname-Listenfeld [pipedetl.dwg]
[OK]
[Datei] [Speichern unter]                    {Speichern der Zeichnung}
Dateiname-Eingabefeld C:\ACLTKURS\ROHRST ⏎
oder
Verzeichnisse-Listenfeld [[c:\]]
Verzeichnisse-Listenfeld [[acltkurs]]
Dateiname-Eingabefeld rohrst
[OK]
```

☞ *Hinweis: Bearbeiten von Dateinamen*

Wird nach dem Verschieben des Cursors in das *Dateiname*-Eingabefeld dieses Feld angeklickt, so kann der dort angezeigte Name durch Überschreiben, Einfügen und Löschen geändert werden.

☞ *Hinweis: Zeichnungsname*

Ein Zeichnungsname kann aus maximal acht Zeichen bestehen. Hierbei sind Buchstaben, Ziffern und die Sonderzeichen: '-', '_' und '$' zulässig. Die zugehörige Zeichnung wird unter dem Dateinamen:

Zeichnungsname.DWG

im aktuellen oder im durch den beim Dateinamen angegebenen Pfad vereinbarten Verzeichnis gespeichert. Mit der Extension (Ergänzung, Suffix) .DWG - als Abkürzung von Drawing - am Ende des Dateinamens ist die zugehörige Datei als AutoCAD LT-Zeichnungsdatei gekennzeichnet. Die Eingabe eines Zeichnungsnamens erfolgt ohne Extension, da diese automatisch vom System vergeben wird.

Kennt ein Anwender den genauen Dateinamen für die zu ladende Zeichnung, so kann er diesen auch direkt eingeben. Die entsprechende Vorgehensweise soll im nächsten Beispiel behandelt werden. Ob die Dialogauswahl einer Zeichnung oder die Direkteingabe ihres Namens die bessere Methode ist, läßt sich allgemein nicht festlegen. In der Praxis wird man von Fall zu Fall die eine oder die andere Methode anwenden.

■ **Beispiel 2-3: Kopieren einer Zeichnung mit Direkteingabe ihres Namens**

Die Beispielzeichnung PLANE aus dem Verzeichnis C:\ACLTWIN soll unter dem Namen FLUGZEUG im Verzeichnis C:\ACLTKURS abgespeichert werden. Man gebe hierbei die Namen der zugehörigen Zeichnungen über die Tastatur ein.

```
[Datei] [Öffnen]                                        {Laden der Zeichnung}
[Eingeben]
Zeichnungsnamen eingeben: C:\ACLTWIN\PLANE ←
[Datei][Speichern unter]                             {Speichern der Zeichnung}
[Eingeben]
Zeichnungsnamen eingeben: C:\ACLTWIN\FLUGZEUG ←
```

☞ *Hinweis: Kontroll-Fenster*

Wird beim Laden einer Zeichnung der Name fehlerhaft eingegeben oder existiert zu diesem Namen keine Zeichnungsdatei, so erfolgt in einem Fenster eine entsprechender Hinweis. Ebenso wird beim Speichern einer Zeichnung mit dem Befehl *Speichern unter* kontrolliert, ob unter dem eingegebenen Namen bereits eine Zeichnung existiert. Für diesen Fall erfolgt in einem Fenster eine Kontrollabfrage zum Überschreiben dieser Datei.

☞ *Hinweis: Kopieren von Zeichnungen in der MS-DOS- oder Windows-Ebene*

Prinzipiell können Zeichnungen auch mit Hilfe des COPY-Befehls unter MS-DOS bzw. des Datei-Managers von Windows kopiert werden, dabei sind die Dateinamen mit der Extension .DWG einzugeben.

In der Regel wird eine Zeichnung nicht in einem Arbeitsgang vollständig und fehlerfrei erstellt, so daß man häufig eine vorhandene Zeichnung ergänzen bzw. verbessern muß. Man wird hierzu die jeweilige Zeichnung wie oben beschrieben laden, die aktuelle Zeichnung am Bildschirm entsprechend ändern und diese dann unter dem gleichen Namen speichern. AutoCAD LT stellt hierfür den Befehl *Speichern* zur Verfügung.

Datei-Befehl *Speichern*: Speichern einer Zeichnung unter ihrem bisherigen Namen

Aufgrund dieses Befehls wird die aktuelle Zeichnung unter ihrem alten Namen gespeichert. Handelt es sich bei der aktuellen Zeichnung um eine neu erstellte Zeichnung, so muß über ein entsprechendes Dialogfenster ein neuer Name vereinbart werden. Der *Datei*-Befehl *Speichern* kann außerdem über die Tastatur:

> Befehl: **SPEICHERN** ⏎

oder durch Anklicken des Symbols 🖫 in der Funktionsleiste aufgerufen werden.

■ **Beispiel 2-4: Ändern einer Zeichnung**

Die im Beispiel 2-2 in das Verzeichnis C:\ACLTKURS kopierte Zeichnung ROHRST soll geändert und gesichert werden. Man kann hier folgendermaßen vorgehen:

```
[Datei][Öffnen]                                     {Laden der Zeichnung}
Dateiname-Listenfeld [rohrst]
[OK]
Ausführen der erforderlichen Ergänzungen und Verbesserungen
[Datei][Speichern]                                  {Speichern der Zeichnung}
```

☞ *Hinweis: Sicherungsdateien*

Beim Ausführen des Befehls *Speichern* wird von der vorhandenen Zeichnungsdatei zunächst eine Sicherungsdatei mit dem gleichen Zeichnungsnamen und der Extension

.BAK angelegt. Anschließend wird die vorhandene Zeichnungsdatei mit den Daten und Informationen der aktuellen Zeichnung überschrieben. Für eine Zeichnung existieren in der Regel somit die beiden Dateien

- Zeichnungsname.DWG für die aktuelle Version und
- Zeichnungsname.BAK für die vorausgegangene Version.

Außerdem kann beim Festlegen der Grundeinstellungen für das Arbeiten mit AutoCAD LT vereinbart werden, daß in bestimmten Zeitabständen automatisch eine Sicherung der aktuellen Zeichnung erfolgen soll. Eine solche Sicherungsdatei erhält den Namen:

Zeichnungsname.SV$

Die so erstellten Sicherungsdateien zu einer Zeichnung werden automatisch gelöscht, wenn das Arbeiten mit dieser Zeichnung beendet wird.

◆ Aufgabe 2-1: Einstieg in AutoCAD LT

Man wende die bisher besprochenen AutoCAD LT-Befehle an, indem man folgende Schritte ausführt:

- Starten von AutoCAD LT
- Anzeigen allgemeiner Informationen zum System
- Anzeigen von Informationen zum *Datei*-Befehl *Öffnen*
- Laden der Beispielzeichnung PIPEDETL und speichern unter dem Namen ROHRST im Arbeitsverzeichnis C:\ACLTKURS
- Laden der Beispielzeichnung PLANE und speichern unter dem Namen FLUGZEUG im Arbeitsverzeichnis C:\ACLTKURS
- Laden der Beispielzeichnung TOOLPOST und speichern unter dem Namen BAUTEIL im Arbeitsverzeichnis C:\ACLTKURS
- Aufrufen der Zeichnung FLUGZEUG aus dem Arbeitsverzeichnis
- Ändern der Zeichnung
- Speichern der geänderten Zeichnung unter dem gleichen Namen
- Beenden von AutoCAD LT

Mit den bisher besprochenen Befehlen kann die Zeichnung FLUGZEUG noch nicht geändert werden, d.h. dieser Punkt der Aufgabenstellung ist zu übergehen. Nach dem Speichern wird daher die .BAK-Datei nicht existieren.

2.3   Erstellen einer neuen Zeichnung

In diesem Abschnitt soll behandelt werden, wie man eine neue Zeichnung anlegt und die hierfür erforderlichen Grundeinstellungen vornimmt. Ferner soll der Begriff der Prototypzeichnung und das Arbeiten hiermit besprochen werden. Das Erstellen einer neuen Zeichnung wird durch den Aufruf des Befehls *Neu* über den Menüpunkt *Datei* gestartet.

Datei-Befehl *Neu*: Erstellen einer neuen Zeichnung

In Abhängigkeit davon, ob der Anwender eine andere Zeichnung bearbeitet oder nicht, erfolgt nach dem Aufruf des Befehls *Neu* zunächst eine Kontrollabfrage zur Sicherung der aktuellen Zeichnung bzw. mit dem Erstellen der neuen Zeichnung kann sofort begonnen werden. Falls die aktuelle Zeichnung noch nicht gespeichert oder seit der letzten Speicherung geändert worden ist, wird in dem Dialogfenster *Zeichnungsänderung* (vgl. Bild 2-8) eine Datensicherung angeboten. Der Anwender kann hierbei zwischen folgenden Möglichkeiten wählen:

- Ja   Abspeichern der aktuellen Zeichnung,

- Nein   Nichtabspeichern der aktuellen Datei und

- Abbrechen   Beenden des Befehls *Neu* und Weiterarbeiten mit der aktuellen Zeichnung.

Anschließend kann man im Dialogfenster *Neu*:

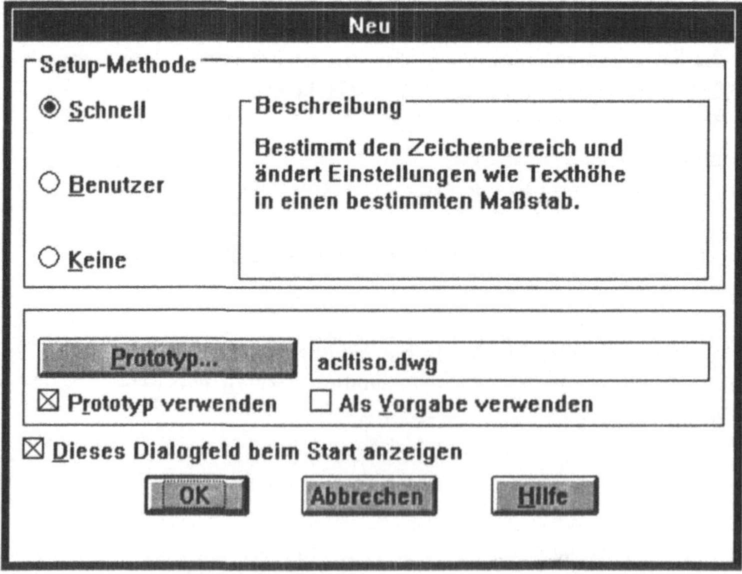

Bild 2-11: Dialogfenster *Neu*

eine Setup-Methode zum Festlegen von Basiseinstellungen und einer Prototypzeichnung als Vorgabe für die neue Zeichnung wählen

Die einzelnen Möglichkeiten hierbei sind:

- *Setup-Methode*   Auswahl einer Methode zum Vereinbaren von Grundeinstellungen für die Zeichnung

- *Prototyp*   Anzeige und Festlegen der verwendeten Prototypzeichnung

- *Prototyp verwenden*   Vereinbaren, ob eine Prototypzeichnung als Vorlage benutzt werden soll oder nicht

- *Als Vorgabe verwenden*   Vereinbaren, ob die vereinbarte Prototypzeichnung standardmäßig Anwendung finden soll oder nicht

- *Dieses Dialogfenster beim Start anzeigen*   Vereinbaren, ob das Dialogfenster beim Start von AutoCAD LT angezeigt wird oder nicht

Als Setup-Methoden können gewählt werden:

- *Schnell*   zum Vereibaren der Zeichnungsgröße und der Maßeinheiten im Dialogfenster *Schnell*

- *Benutzer*   zum Festlegen der Größen wie beim Schnellstart und weiterer Möglichkeiten, wie z.B. Titelfeld und Rahmen, im Dialogfenster *Benutzerdefinierte Zeichnungseinstellungen*

- *Keine*   zum Übernehmen der Einstellungen aus der Prototypzeichnung

Das Erstellen einer neuen Zeichnung kann ferner über die Tastatur mit:

Befehl: **NEU** ⏎

oder durch Anklicken des Symbols ▢ in der Funktionsleiste aufgerufen werden.

■ Beispiel 2-5: Neue Zeichnung anlegen

Unter der Annahme, daß keine aktuelle Zeichnung vorliegt, soll eine neue Zeichnung mit dem Namen PRODINA3 im Verzeichnis C:\ACLTKURS begonnen und gespeichert werden. Dies kann mit der Befehlsfolge realisiert werden:

```
[Datei][Neu]                                        {Anlegen der Zeichung}
 ⊙ Keine                                            {Wahl der Setup-Methode}
 ☒ Prototyp verwenden
[OK]
[Datei][Speichern unter]                            {Speichern der neuen Zeichnung}
Verzeichnisse-Listenfeld [[c:\]]
Verzeichnisse-Listenfeld [[acltkurs]]
Dateiname-Eingabefeld PRODINA3
[OK]
```

☞ *Hinweis: Prototypzeichnung*

Standardmäßig wird in AutoCAD LT als Vorlage zum Erstellen einer neuen Zeichnung die Zeichnung ACLTISO aus dem Verzeichnis C:\ACLTWIN angeboten. Wird - wie im obigen Beispiel - diese Vorgabe akzeptiert, so werden alle Festlegungen für die Zeichnung ACLTISO automatisch für die neu zu erstellende Zeichnung übernommen. Beispielsweise wird hier u.a. der sogenannte Limitenbereich von ACLTISO übernommen und damit als Zeichnungsgröße das DIN A3-Format festgelegt.

Prinzipiell kann jede beliebige Zeichnung als Prototypzeichnung, d.h. als Vorgabe, für andere Zeichnungen benutzt werden. Die Festlegung einer anderen Prototypzeichnung erfolgt durch Anklicken der Schaltfläche *Prototyp* und Auswahl im zugehörigen Listenfeld. Soll die so vereinbarte Prototypzeichnung bei weiteren Aufrufen des Befehls *Neu* standardmäßig angeboten werden, so muß das Optionsfeld *Als Vorgabe verwenden* aktiviert sein.

■ **Beispiel 2-6: Neue Prototypzeichnung anwenden**

Die im vorausgegangenen Beispiel erstellte Zeichnung PRODINA3 soll für eine Zeichnung BSP-2-6 und anschließend standardmäßig für alle weiteren Zeichnungen als Prototypzeichnung Anwendung finden.

```
[Datei][Neu]                                        {Anlegen einer neuen Zeichung}
 ⊙ Keine
[Prototyp...]                   {Zeichnung PRODINA3 als Prototypzeichnung wählen}
Verzeichnisse-Listenfeld [[c:\]]
Verzeichnisse-Listenfeld [[acltkurs]]
Dateiname-Listenfeld [[PRODINA3]]
```

> ☒ Als Vorgabe verwenden   {Zeichnung PRODINA4 standardmäßig vorgeben}
> [Datei][Speichern unter]
> Dateiname-Eingabefeld **C:\ACLTKURS\BSP-2-6** ⏎

Es kann manchmal von Vorteil sein, eine neue Zeichnung ohne irgendwelche Vorgaben zu erstellen. Man benutzt dann keine Prototypzeichnung als Vorgabe und legt dies durch Anklicken des Optionsfelds *Prototyp verwenden* fest.

In einer Prototypzeichnung wird man neben grundlegenden Vereinbarungen und Elementen einer Zeichnung, wie z.B. deren Größe oder Standard-Schriftfeld, auch Festlegungen zum eigentlichen Arbeiten mit den AutoCAD LT-Befehlen und deren Wirkungsweise vorsehen. Hierauf soll im weiteren beispielhaft eingegangen werden.

Analog zum Erstellen einer technischen Zeichnung am Zeichenbrett sind beim Arbeiten mit AutoCAD LT die entsprechenden DIN-Normen zu beachten. Hierzu gehören u.a. die Vereinbarungen für die im technischen Zeichnen zugelassenen Maßstäbe und Blattgrößen. Beispielsweise gelten für die in technischen Zeichnungen zu verwendenden Maßstäbe folgende Vereinbarungen:

- Vergrößerungen   mit 2:1, 5:1, 10:1, 20:1, 50:1 und 100:1
- Naturgetreu   mit 1:1
- Verkleinerungen   mit 1:2, 1:5, 1:10, 1:20, 1:50, 1:100, 1:200,
                      1:500 und 1:1000

Nach DIN 823 sind auf der Basis A = 1m für ein Rechteck mit den Seiten a und b im Verhältnis a:b = 2:1 folgende Abmessungen zulässig:

- DIN A01   mit 1682mm x 1189mm
- DIN A0   mit 1189mm x 841mm
- DIN A1   mit 841mm x 595mm
- DIN A2   mit 595mm x 420mm
- DIN A3   mit 420mm x 297mm
- DIN A4   mit 297mm x 210mm

Festlegungen der obigen Art, die auch in Prototypzeichnungen übernommen werden können, lassen sich in AutoCAD LT mit dem Menüpunkt *Modi* realisieren.

Menüpunkt *Modi*: Festlegen von Grundeinstellungen

Mit den Befehlen dieses Menüpunktes werden grundlegende Einstellungen für das System selbst und die Wirkungsweisen einer Reihe von Befehlen vorgenommen. Im einzelnen bestehen hierfür folgende Möglichkeiten:

- *Übersichtsfenster*   Anzeigen einer Übersicht für eine Zeichnung
- *Werkzeugkastenstile*   Positionieren des Werkzeugkastens
- *Objekteigenschaften*   Festlegen der Eigenschaften von Objekten
- *Zeichnungshilfen*   Festlegen von Einstellungen zum vereinfachten
                             Arbeiten mit AutoCAD LT
- *Layersteuerung*   Vereinbaren von Eigenschaften für Layer
- *Linientyp*   Auswahl der Darstellung einer Linie
- *Textstil*   Bestimmen der Eigenschaften für Textdarstellungen
- *Bemaßungsstil*   Festlegen und Speichern von Bemaßungsvariablen
- *Assoziativbemaßung*   Ausführen von Bemaßungen
- *Polylinienstil*   Vereinbaren der Eigenschaften von Polylinien
- *Punktstil*   Festlegen der Darstellung von Punkten
- *Einheitensteuerung*   Vereinbaren des Anzeigeformats von Zeichnungsdaten
- *Griffe*   Ein- und Ausschalten von Griffen
- *Auswahleinstellungen*   Festlegen von Objektwahl-Einstellungen
- *Zeichnung*   Festlegen der Größe und des Basispunkts einer
                             Zeichnung

An dieser Stelle sollen zunächst nur die Befehle *Zeichnung* und *Einheitensteuerung* näher behandelt werden, da für die übrigen Befehle die erforderlichen Grundlagen noch nicht behandelt worden sind.

Modi-Befehl *Zeichnung*: Festlegen von Vereinbarungen für eine Zeichnung

Nach dem Aufruf dieses Befehls werden in einem weiteren Abrollmenü die Optionen:

- *Basis*   Festlegen des Basispunkts einer Zeichnung
- *Zeichnungslimiten*   Festlegen der Größe einer Zeichnung

zur Auswahl angeboten.

Zeichnung-Option *Basis*: Festlegen des Basispunkts einer Zeichnung

Bei Wahl der Option *Basis* des *Modi*-Befehls *Zeichnung* kann anschließend im Dialog:

Basispunkt <aktueller Basispunkt>:

ein Punkt in der Zeichnung vereinbart werden, auf den sich ein eventuelles Einfügen dieser Zeichnung als Block in eine andere Zeichnung beziehen soll. Über die Befehlsanfrage kann der obige Befehl mit:

Befehl: **BASIS** ⏎

aufgerufen werden.

☞ *Hinweis: Standard-Basispunkt einer Zeichnung*

Standardmäßig ist für eine Zeichnung der Punkt mit den Koordinaten 0.0,0.0 als Basispunkt festgelegt.

Zeichnung-Option *Zeichnungslimiten*: Festlegen der Größe einer Zeichnung

Hiermit können die Abmessungen (Grenzen oder auch Limiten) einer Zeichnung vereinbart werden. Die so festgelegte Größe einer Zeichnung ist mehr formaler Art, da bei ausgeschalteter Limitenkontrolle über die vereinbarten Grenzen hinaus gezeichnet werden kann. Entsprechend können Objekte einer Zeichnung, die außerhalb des Limitenbereichs liegen, über einen Drucker oder Plotter ausgegeben werden. Die Darstellung eines vereinbarten Zeichenrasters und die Anzeige mit dem Befehl *Zoom Limiten* beziehen sich stets, d.h. auch bei ausgeschalteter Limitenkontrolle, auf die festgelegte Zeichnungsgröße.

Nach dem Aufruf der *Zeichnung*-Option *Zeichnungslimiten* können im Dialog:

Modellbereich Limiten zurücksetzen:
Ein/Aus/linke untere Ecke <aktueller Wert>:

folgende Vereinbarungen getroffen werden:

- *Ein* Einschalten der Limitenkontrolle
- *Aus* Ausschalten der Limitenkontrolle
- *Punkteingabe* Festlegen der linken untere Ecke des Limitenbereichs mit anschließender Punkteingabe für:
  Obere rechte Ecke <aktueller Wert>:

Bei eingeschalteter Limitenkontrolle kann nur im vereinbarten Zeichungsbereich gezeichnet werden. Bei Wahl eines Punktes außerhalb des Limitenbereichs erfolgt eine entsprechende Fehlermeldung.

Der Befehl zum Festlegen der Limiten einer Zeichnung kann direkt über die Tastatur mit:

> Befehl: **LIMITEN** ⏎

aufgerufen werden.

☞ *Hinweis: Modell- und Papierbereich*

Die Darstellung einer Zeichnung kann unter AutoCAD LT in zwei Bereichen erfolgen, und zwar im Modell- und im Papierbereich. Die Wahl des jeweiligen Bereichs wird über die Systemvariable *TILEMODE* gesteuert und kann z.B. über die *Anzeige*-Option *Tilemode* vereinbart werden. Das Arbeiten im Modellbereich wird dabei der Regelfall sein, zumal dies zur Durchführung von 2D-Konstruktionen meist ausreichend ist. Werden von einer Zeichnung mehrere Ansichten und Ausschnitte benötigt, ist das Arbeiten im Papierbereich zweckmäßig, wie beispielsweise bei der Darstellung von 3D-Modellen. Für Modell- und Papierbereich lassen sich verschiedene Zeichnungslimiten vereinbaren.

Modi-Befehl *Einheitensteuerung*: Festlegen des Anzeigeformats von Zeichnungsdaten

Intern werden die Daten einer Zeichnung, wie z.B. Koordinaten, Winkel und Längen, als Zeichnungseinheiten mit maximaler Genauigkeit gespeichert. Mit dem *Modi*-Befehl *Einheiten* kann der Anwender für die Anzeige dieser Daten über das folgende Dialogfenster

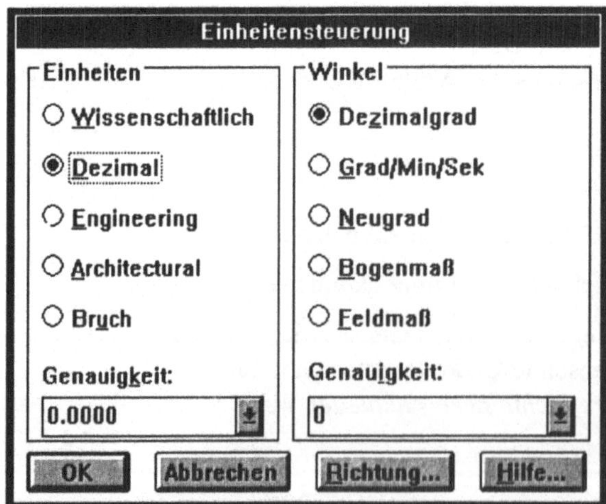

Bild 2-12: Dialogfenster *Einheitensteuerung*

spezielle Vereinbarungen treffen, und zwar in folgender Weise:

- *Einheiten*   Festlegen der Art der Darstellung und deren Genauigkeit
- *Winkel*   Festlegen der Winkelangabe und deren Genauigkeit
- *Richtung*   Festlegen der Ausgangslage und des Drehsinns für die Winkelangabe
- *Hilfe*   Anzeige von Informationen zur Einheitensteuerung
- *OK*   Beenden der Einheitensteuerung mit Übernahme der Festlegungen
- *Abbrechen*   Beenden der Einheitensteuerung ohne Übernahme der Festlegungen

Über die Tastatur kann die Einheitensteuerung mit:

Befehl: **DDUNITS** ⏎
oder
Befehl: **EINHEIT** ⏎

aufgerufen werden.

☞ *Hinweis: Standardmäßige Anzeigeformate*

Werden keine speziellen Vereinbarungen getroffen, erfolgt die Anzeige von Einheiten in dezimaler Schreibweise mit vier Stellen nach dem Dezimalpunkt. Ein Winkel wird standardmäßig im Gradmaß als ganze Zahl und im mathematisch positiven Drehsinn, d.h. im Gegenuhrzeigersinn, angezeigt.

■ Beispiel 2-7: Festlegen von Grundeinstellungen einer Zeichnung

Es soll eine Zeichnung unter dem Namen PRODINA4 erstellt und gespeichert werden, die später als Prototypzeichnung für das Erstellen von DIN A4-Zeichnungen Anwendung finden kann. Neben der Festlegung einer Zeichnungsgröße im DINA4-Format mit Kontrolle der Grenzen ist die Anzeige der Einheiten dezimal mit zwei Stellen nach dem Dezimalpunkt vorzusehen.

[Datei] [Neu]   {Anlegen der neuen Datei}
⊙ Keine
☒ Prototyp verwenden
☒ Als Vorgabe verwenden

```
[OK]
[Modi][Zeichnung]
[Zeichnungslimiten]                    {Festlegen der DIN A3-Zeichnungsgröße}
Modellbereich Limiten zurücksetzen:
Ein/Aus/Linke untere Ecke <0.0000,0.0000>: ⏎
Obere rechte Ecke <297.0000,210.0000>: 420,297 ⏎
[Modi][Zeichnung]
[Zeichnungslimiten]                    {Vereinbaren der Kontrolle der Grenzen}
Modellbereich Limiten zurücksetzen:
Ein/Aus/Linke untere Ecke (420.0000,297.0000): Ein ⏎
[Modi][Einheitensteuerung]             {Festlegen des Anzeigeformats}
⊙ Dezimal
Genauigkeits-Listenfeld [0.00]
[Datei][Speichern]                     {Speichern der Zeichnung}
```

Da in den Zeichnungen PRODINA4 und PRODINA3 lediglich der Limitenbereich mit DIN A4 bzw. DIN A3 und die Anzeigeformate vereinbart sind, stellen sie noch relativ unvollständige Prototypzeichnungen dar. Sie sollten durch weitere Festlegungen, wie z.B. durch Aktivieren eines Rasters, Vereinbaren eines Schraffurmusters oder Zeichnen eines Standard-Schriftfeldes, sinnvoll ergänzt werden. In diesem Zusammenhang ist es zweckmäßig, wenn ein Anwender sich für unterschiedliche Aufgabenbereiche jeweils geeignete Prototypzeichnungen erstellt und diese von Fall zu Fall verwendet. Dabei wird man i.a. wie folgt vorgehen:

- Aufruf des *Datei*-Befehls *Neu*
- Auswahl der zu verwendenden Prototypzeichnung
- Festlegen des Namens der neuen Zeichnung
- Erstellen der Zeichnung
- Abspeichern der Zeichnung.

Diese Vorgehensweise wird im nächsten Beispiel veranschaulicht.

■ Beispiel 2-8: Anwenden einer beliebigen Prototypzeichnung

Unter der Annahme, daß die Zeichnung PRODINA3 als Vorgabe vereinbart worden ist, ist eine neue Zeichnung ZEIDINA4 mit den Grundeinstellungen der Zeichnung PRODINA4 zu erstellen und abzuspeichern. Anschließend soll die Zeichnung PRODINA3 weiterhin die Standard-Prototypzeichnung sein.

```
[Datei][Neu]                           {Anlegen der neuen Zeichung}
[Prototyp...]              {Zeichnung PRODINA4 als Prototypzeichnung wählen}
```

> Verzeichnisse-Listenfeld [[c:\]]
> Verzeichnisse-Listenfeld [[acltkurs]]
> Dateiname-Listenfeld   [[PRODINA4]]
> ☒ Prototyp verwenden
> ☐ Als Vorgabe verwenden
> Ausführen der eigentlichen Zeichnung
> [Datei] [Speichern unter]
> Dateiname-Eingabefeld ZEIDINA4 ⏎

◆ Aufgabe 2-2: Prototypzeichnung für DIN A2 erstellen und anwenden

Es soll eine Prototypzeichnung PRODINA2 mit folgenden Grundeinstellungen

- Zeichnungsgröße DIN A2,
- dezimale Darstellung von Einheiten mit 2 Nachkommastellen und
- Darstellung von Winkeln im Gradmaß mit 1 Nachkommastelle

angelegt werden. Anschließend ist hiermit eine neue Zeichnung ZEIDINA2 zu erstellen.

2.4   Ausgabe einer Zeichnung

Eine AutoCAD LT-Zeichnung kann als sogenannte Hardcopy entweder über einen Plotter oder einen grafikfähigen Drucker auf Papier ausgegeben werden. Man spricht in diesem Zusammenhang vom Plotten bzw. Drucken einer Zeichnung, wobei zwischen beiden Ausgabeformen qualitative Unterschiede bestehen. So ist die Qualität einer gedruckten Zeichnung in der Regel schlechter als die einer geplotteten Zeichnung. Ferner können mit Druckern meist keine unterschiedlichen Strichstärken und großformatigen Darstellungen ausgegeben werden. Der wesentliche Vorteil von Druckern gegenüber Plottern liegt in der kürzeren Ausgabezeit für eine Zeichnung. Aus diesem Grund sollte beim Zeichnen die Ausgabe von Zwischen- oder Kontrollzeichnungen über einen Drucker erfolgen. Die Ausgabe der abgeschlossenen Zeichnungen ist wegen der besseren Qualität und der größeren Darstellungsmöglichkeiten über einen Plotter auszuführen.

Die wesentlichen Schritte für die Ausgabe einer Zeichnung sind

- Auswahl und Einstellen des Ausgabegeräts,
- Vereinbaren der Stiftzuordnungen,
- Festlegen von Optionen für den auszugebenden Zeichnungsbereich,
- Vereinbaren des Papierformats und seiner Orientierung,
- Festlegen des Maßstabs und einer eventuellen Drehung,

- Ausgabe einer Kontrollausgabe des Plots auf dem Bildschirm und
- eigentliche Ausgabe der Zeichnung über das gewählte Ausgabegerät.

Die Ausführung dieser Schritte wird in AutoCAD LT mit dem *Datei*-Befehl *Druck/Plot* realisiert.

Datei-Befehl *Druck/Plot*: Ausgabe einer Zeichnung

Nach Aufruf dieses Befehls kann der Anwender in dem Dialogfenster *Druck/Plot* die oben angegebenen Schritte ausführen. Die verschiedenen Optionen gliedern sich hierbei in die Punkte:

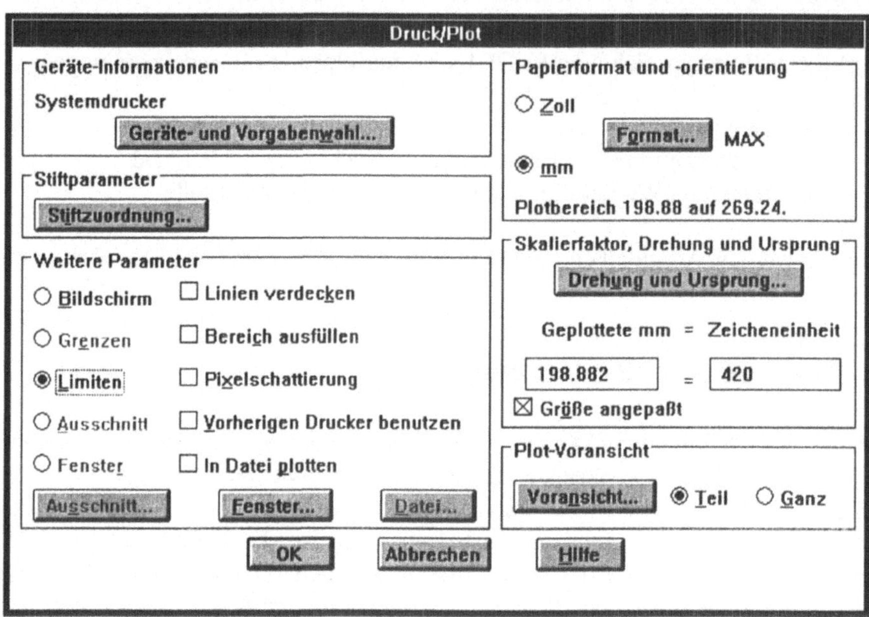

Bild 2-13: Dialogfenster *Druck/Plot*

- *Geräte-Informationen*   Wahl und Festlegungen von Einstellungen für das Ausgabegerät und Speichern und Laden dieser Einstellungen

- *Stiftparameter*   Zuordnen von Stiftnummer, Stiftbreite und Linientyp zu den verwendeten Zeichen-Farben

- *Weitere Parameter*   Wahl von Optionen zum Vereinbaren des auszugebenden Bereichs einer Zeichnung

- *Papierformat und -orientierung*   Festlegen von Größe und Orientierung des Papiers, auf dem die Ausgabe erfolgen soll

- *Skalierfaktor, Drehung und Ursprung* — Festlegen von Maßstab, Drehung und Ursprung für die Ausgabe

- *Plot-Voransicht* — Kontrollausgabe auf dem Bildschirm für den Plot der Zeichnung aufgrund der aktuellen Vereinbarungen

- *OK* — Drucken bzw. Plotten der Zeichnung und Beenden des Befehls *Druck/Plot*

- *Abbrechen* — Beenden des Befehls *Druck/Plot* ohne Ausgabe der Zeichnung

- *Hilfe* — Ausgabe von Hilfsinformationen zur Ausgabe einer Zeichnung

Die Ausgabe einer Zeichnung und damit das obige Dialogfenster können auch über die Tastatur mit:

Befehl: **PLOT** ⟵

oder durch Anklicken des Symbols in der Funktionsleiste aktiviert werden.

☞ *Hinweis: Art der Plot-Konfiguration*

Standardmäßig wird bei einer Zeichnungsausgabe das Arbeiten mit dem oben beschriebenen Dialogfenster *Druck/Plot* angeboten. Eine andere Möglichkeit besteht darin, daß man die obigen Schritte im Dialog über den Befehlsanfragebereich und die Tastatur ausführt. Welche Vorgehensweise zur Anwendung kommt, hängt vom Wert der zugehörigen Systemvariablen CMDDIA ab. Für CMDDIA = 1 wird mit dem Dialogfenster gearbeitet und für CMDDIA = 0 mit dem Befehlsdialog. Allgemein werden in AutoCAD LT mit Systemvariablen wesentliche Eigenschaften und Festlegungen für das System erfaßt. Mögliche Werte dieser Variablen können ganze oder Dezimalzahlen, Koordinaten von Punkten, Texte oder logische Werte sein. Die Standardwerte für die Systemvariablen sind in der Prototypzeichnung ACLT vorgegeben, wie beispielsweise

- CMDDIA = 1 — für das Arbeiten mit dem Dialogfenster *Druck/Plot* beim Vereinbaren einer Zeichnungsausgabe,

- LIMMAX = 420.0000, 297.0000 — für die Koordinaten des rechten oberen Punkts des Limitenbereichs und

- LIMMIN = 0.0000, 0.0000 — für die Koordinaten des linken unteren Punkts des Limitenbereichs.

Der Wert einer Systemvariable läßt sich mit Hilfe des Befehls *SETVAR* oder durch die Eingabe des Namens der jeweiligen Systemvariable bei einer Befehlsanfrage ändern. Beispielsweise wird mit den Eingaben:

    Befehl: **CMDDIA** ⏎
    Neuer Wert für CMDDIA <1>: **0** ⏎

festgelegt, daß die Durchführung der Plot-Konfiguration nicht mehr über das Dialogfenster *Druck/Plot*, sondern über den Befehlsanfragebereich erfolgt.

Die einzelnen Optionen des *Datei*-Befehls *Druck/Plot* und ihre optimale Anwendung können im Rahmen dieses Buches nicht ausführlich behandelt werden. Es erfolgt hier eine Beschränkung auf die wichtigsten Vorgehensweisen, die anhand von Beispielen dargestellt werden. Weitergehende Informationen zum Ausgeben einer Zeichnung stehen über den Menüpunkt ? zur Verfügung oder sind dem Benutzerhandbuch von AutoCAD LT zu entnehmen.

■ Beispiel 2-9: Drucken einer Zeichnung mit Standardvorgaben

Unter der Annahme, daß AutoCAD LT - wie im Kapitel 1 beschrieben - installiert worden ist und daß die im Bild 2-13 angezeigten Festlegungen gelten, ist die Zeichnung FLUGZEUG aus dem Verzeichnis C:\ACLTKURS über den unter Windows installierten Standarddrucker auszugegeben.

```
[Datei][Öffnen]                                              {Zeichnung laden}
Dateiname-Eingabefeld C:\ACLTKURS\FLUGZEUG
[Datei][Druck/Plot]                              {Aufruf zur Ausgabe der Zeichnung}
[Voransicht]                                          {Einfache Kontrollausgabe}
Anzeige einer vereinfachten Kontrollansicht
[OK]
Plot-Voransicht-Option ⊙ Ganz                        {Vollständige Kontrollausgabe}
[Voransicht]
Anzeige einer vollständigen Kontrollansicht                        {vgl. Bild 2-14}
[Voransicht beenden]
[OK]
Papier in Plotter einlegen Mit der Eingabetaste weiterfahren oder S für Stop
drücken, um wieder aufzunehmen. ⏎
Ausgabe der Zeichnung mit Anzeige des Druckerstatus
Plot beendet
Befehl:
```

Vor der eigentlichen Ausgabe einer Zeichnung über einen Drucker oder Plotter sollte man stets von der Möglichkeit einer Kontrollausgabe auf dem Bildschirm in Form einer sogenannten Voransicht Gebrauch machen, um Zeit und Kosten für fehlerhafte Ausgaben zu vermeiden. Aufgrund der Voransicht im obigen Beispiel:

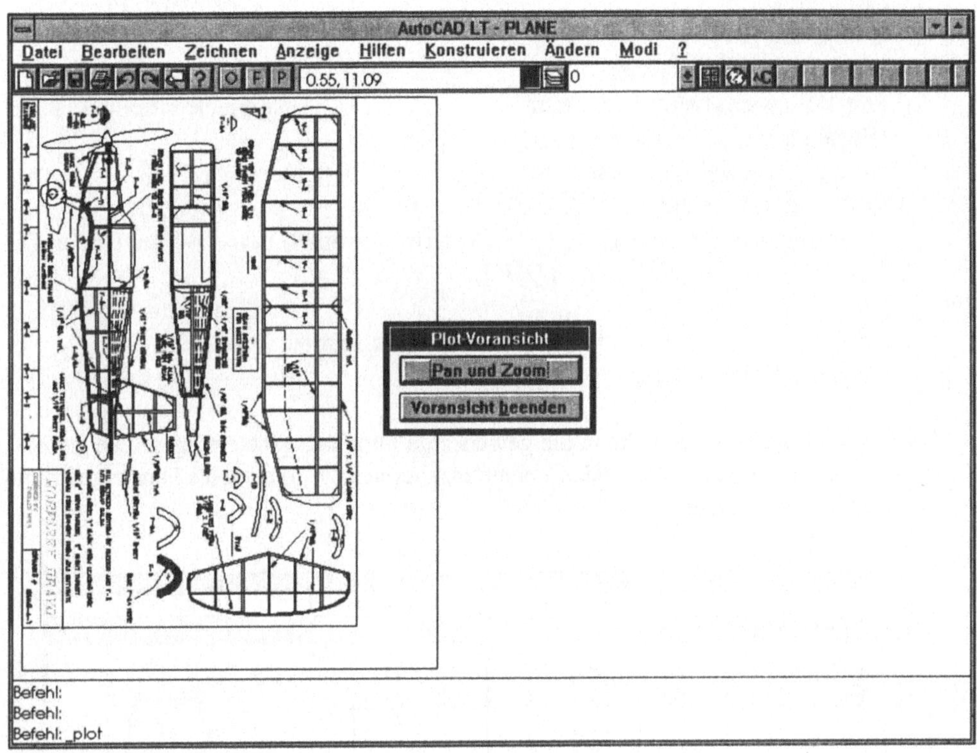

Bild 2-14: Beispiel für eine vollständige Voransicht

konnte die Druckerausgabe sofort gestartet werden. In vielen Fällen sind noch Änderungen bei der Plot-Konfiguration erforderlich. Beispielsweise will man nur einen bestimmten Bereich der Zeichnung ausgeben, oder die Zeichnung muß für die Ausgabe gedreht werden. Eine solche Drehung um 90° war im Beispiel 2-9 zufällig eingestellt. Wäre dies nicht der Fall gewesen, so hätte man dies aufgrund der Voransicht erkannt und ändern können. Im nächsten Beispiel wird eine solche Vorgehensweise erforderlich.

■ Beispiel 2-10: Drucken eines Ausschnitts

Von dem in der Zeichnung FLUGZEUG dargestellten Flugzeug soll der Bereich: Propeller - Fahrwerk - Pilotenkanzel möglichst formatfüllend auf dem Drucker ausgegeben werden.

Die Konfiguration der Druckausgabe kann wie folgt ausgeführt werden:

[Datei][Druck/Plot]   {Aufruf der Plot-Konfiguration}
[Fenster]   {Festlegen des auszugebenden Zeichnungsbereichs}
[Wählen]   {vgl. hierzu Bild 2-15}
Erste Ecke: **[P1]**
Andere Ecke: **[P2]**
Plot-Voransicht-Option ⊙ Ganz   {Vollständige Kontrollausgabe}
[Voransicht]
Anzeige einer vollständigen Kontrollansicht, die nicht passend ist.
[Voransicht beenden]
[Drehung und Ursprung]   {Vereinbaren einer Ausgabe ohne Drehung}
Plot-Drehung-Optionsfeld ⊙ **0 [OK]**
[Voransicht]   {Vollständige Kontrollausgabe}
Anzeige einer vollständigen Kontrollansicht, die jetzt passend ist.
[Voransicht beenden]

Nach Ablauf dieses Dialogs kann die gewünschte Druckausgabe erfolgen. Die getroffene Festlegung des auszugebenden Zeichnungsbereichs wird auch als Fensterauswahl durch Zeigen bezeichnet.

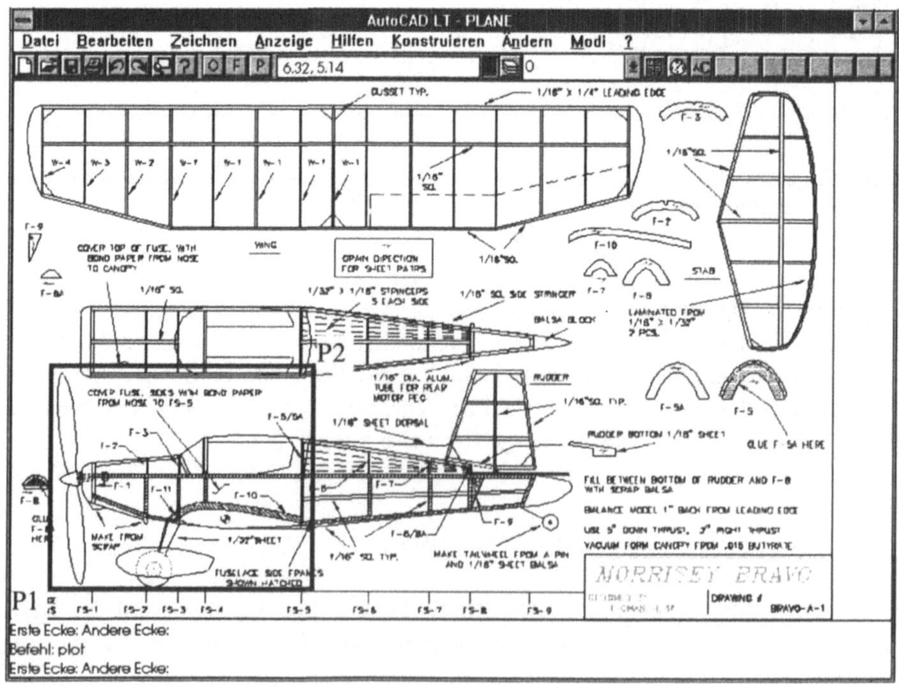

Bild 2-15: Festlegen eines Zeichnungsbereichs

Die Ausgaben in den beiden vorausgegangenen Beispielen erfolgten mit aktivierter *Größe angepaßt*-Option, d.h., die Festlegung bzgl. der Skalierung wurden automatisch so festgelegt, daß sich eine größtmögliche Darstellung beim Druck ergab. Der dabei benutzte Maßstab für die Ausgabe stellt das Verhältnis von *Geplottete mm* zu *Zeicheneinheiten* dar. Für technische Zeichnungen sollten bei Ausgaben nur normgerechte Maßstäbe nach DIN ISO 5455 Anwendung finden. Man muß hierzu bei der Plot-Konfiguration die Option zum Anpassen der Plotgröße ausschalten und gegebenenfalls den Maßstab durch die Eingabe geeigneter Werte für *Geplottete mm* und *Zeicheneinheit* festlegen.

■ Beispiel 2-11: Drucken einer Zeichnung mit Normmaßstab

Die Zeichnung FLUGZEUG ist im Maßstab 2:1 auszudrucken.Unter der Annahme, daß die Festlegungen bzgl. des Plots aus dem Beispiel 2-10 gelten, muß man hier wie folgt vorgehen:

```
[Datei][Druck/Plot]                          {Aufruf der Plot-Konfiguration}
Weitere Parameter-Optionsfeld ⊙ Limiten    {Festlegen des Ausgabebereichs}
Plot-Voransicht-Option ⊙ Ganz               {Vollständige Kontrollausgabe}
[Voransicht]
Anzeige einer vollständigen Kontrollansicht, die nicht passend ist.
[Voransicht beenden]
[Drehung und Ursprung]              {Vereinbaren einer Ausgabe ohne Drehung}
Plot-Drehung-Optionsfeld ⊙ 90 [OK]
[Voransicht]                                 {Vollständige Kontrollausgabe}
Anzeige einer vollständigen Kontrollansicht, die jetzt passend ist.
[Voransicht beenden]
Skalierfaktor-Optionsfeld □ Größe angepaßt          {Normmaßstab vereinbaren}
Geplottete mm-Eingabefeld 2 ⏎
Zeicheneinheiten 1 ⏎
[Voransicht]                                 {Vollständige Kontrollausgabe}
Anzeige einer vollständigen Kontrollansicht, die jetzt passend ist.
[Voransicht beenden]
```

Der im obigen Beispiel nach dem Ausschalten der Option zum Anpassen der Plotgröße angezeigte Maßstab mit 200:100 hätte natürlich übernommen werden können, da er dem 'per Hand' eingegebenen Maßstab von 2:1 entspricht. Die Eingabe des Maßstabs sollte hier exemplarisch gezeigt werden, da nicht immer eine Normmaßstab angeboten wird.

◆ Aufgabe 2-3: Musterzeichnung BAUTEIL drucken

Die Musterzeichnung BAUTEIL ist mit einem geeigneten Normmaßstab auszudrucken.

Die Ausgabe einer Zeichnung über einen Drucker oder Plotter kann in eine Ausgabedatei umgelenkt werden. Dies wird beispielsweise erforderlich, wenn kein Ausgabegerät zur Verfügung steht oder die eigentliche Ausgabe zu einem späteren Zeitpunkt erfolgen soll. Eine solche Dateiausgabe einer Zeichnung kann über die Option *In Datei plotten* erfolgen.

■ Beispiel 2-12: Ausgabe einer Zeichnung in eine Druckdatei

Entsprechend zur Aufgabenstellung im Beispiel 2-11 soll die Zeichnung FLUGZEUG in eine gleichnamige Druckdatei auf eine Diskette im Laufwerk A: ausgegeben werden. Man geht ganz analog wie im Beispiel 2-11 vor und vereinbart die Ausgabe in die Datei mit:

```
Weitere Parameter-Option ⊠ In Datei plotten              {Plotdatei festlegen}
[Datei]
Laufwerke-Listenfeld  [[a:]]
Dateiname-Eingabefeld flugzeug [OK]
[OK]                                                     {Starten der Ausgabe}
```

☞ *Hinweis: Druckdatei*

Die Druckdatei für eine Zeichnung erhält die Extension .PLT. Sie kann unnabhängig von AutoCAD LT über jeden HPGL-fähigen Drucker ausgegeben werden.

◆ Aufgabe 2-4: Musterzeichnung BAUTEIL in Datei ausgeben

Man drucke die Zeichnung BAUTEIL in eine Ausgabedatei mit gleichem Namen auf die Diskette im Laufwerk B: aus.

3 Das Zeichnen gerader Linien

3.1 Zeichnen eines Linienzuges

Eine Linie als geradlinige Verbindung zweier Punkte ist - nach einem einzelnen Konstruktionspunkt - das einfachste Element in einer Zeichnung. In AutoCAD LT werden Linien mit dem *Zeichnen*-Befehl *Linie* erstellt. Prinzipiell stellt der Menüpunkt *Zeichnen* Befehle zur Verfügung, die zum Erstellen einer technischen Zeichnung erforderlich sind. Hierzu gehört neben dem eigentlichen Zeichnen von Objekten und dem Einfügen solcher Objekte auch das Bemaßen, Beschriften und Schraffieren von Zeichnungen.

Menüpunkt *Zeichnen*: Erstellen von Zeichnungselementen

Die einzelnen Möglichkeiten dieses Menüpunktes sind:

- *Linie*   Zeichnen eines Linienzuges
- *Bogen*   Zeichnen eines Kreisbogens
- *Kreis*   Zeichnen eines Kreises
- *Text*   Eingeben und Ändern von Texten in einer Zeichnung
- *Polylinie*   Zeichnen eines aus Linien und Kreisbogen bestehenden Zeichnungselements
- *Punkt*   Markieren eines Punktes als Zeichnungselement
- *Schraffur*   Schraffieren und Ausfüllen von Bereichen in einer Zeichnung
- *Umgrenzung*   Erstellen einer Polylinie aus einer geschlossenen Umgrenzung
- *Solid*   Erstellen und Ausfüllen von drei- und viereckigen Flächen
- *Ring*   Erstellen und Ausfüllen von Ringen und Kreisen
- *Ellipse*   Zeichnen einer Ellipse
- *Polygon*   Erstellen von regelmäßigen Polygonen
- *Rechteck*   Zeichnen eines Rechtecks als geschlossenen Linienzug
- *Doppellinien* Zeichnen paralleler Linienzüge

- *Block einfügen*   Einfügen als Block zusammengefaßter Zeichnungs-
                             elemente in eine Zeichnung

- *XRef*   Einbinden einer externen Zeichnung in eine Zeich-
                             nung durch das Setzen einer Referenz

- *Linearbemaßung*   Bemaßen von Strecken

- *Koordinatenbemaßung*   Darstellen der Koordinaten eines Punktes

- *Radialbemaßung*   Bemaßen von Durchmessern und Radien

- *Winkelbemaßung*   Bemaßen von Winkeln

- *Führung*   Zeichnen von Führungslinien für Maßtexte

In diesem Abschnitt soll das Zeichnen von Linien mit dem *Zeichnen*-Befehl näher behandelt werden.

Zeichen-Befehl *Linie*: Zeichnen eines Linienzuges

Nach dem Aufruf des Befehls *Linie* kann der Anwender im Dialog:

> Von Punkt:
> Nach Punkt:

den Anfangs- und Endpunkt der zu zeichnenden Linie festlegen. Anschließend erfolgt eine erneute Abfrage:

> Nach Punkt:

zum Zeichnen einer weiteren Linie, deren Endpunkt dieser Punkt ist. Als Anfangspunkt wird automatisch der Endpunkt der vorausgegangenen Linie übernommen. Auf diese Weise läßt sich mit dem Befehl *Linie* ein zusammenhängender Linienzug zeichnen. Durch eine Leereingabe, d.h. Drücken der Eingabetaste, wird der Befehl *Linie* beendet. Die Teillinien eines so erzeugten Linienzuges stellen stets einzelne Elemente in einer Zeichnung dar. Für das Festlegen eines Punktes bestehen die Möglichkeiten

- Tastatureingabe seiner kartesischen Koordinaten,
- Tastatureingabe seiner Polarkoordinaten und
- Anklicken des Punktes auf der Zeichenfläche.

Hierbei kann die Koordinateneingabe absolut zum Ursprung des vereinbarten Limiten- bereichs oder relativ zum zuletzt eingegebenen Punkt erfolgen. Neben der Punkteingabe beim Zeichnen eines Linienzuges besitzt der Befehl *Linie* noch folgende drei Optionen:

- *S (Schliessen)*   Verbinden des letzten mit dem ersten Punkt für einen Linienzug

- *Z (Zurück)*   Löschen der zuletzt gezeichneten Linie in einem Linienzug

- *W (Weiter)*   Zeichnen eines Linienzuges mit Übernahme des zuletzt festgelegten Punktes als Anfangspunkt.

Der Befehl *Linie* kann ferner aufgerufen werden mit:

Befehl: **LINIE** ⏎

oder durch Anklicken des Symbols ⬜ im Werkzeugkasten.

Koordinaten-Option *x,y*: Eingabe von absoluten kartesischen Koordinaten

Die Koordinaten eines Punktes werden bezogen auf den Ursprungspunkt O(0.0,0.0) über die Tastatur z.B. mit:

Von Punkt: **x,y** ⏎

eingegeben, dabei gilt:

x   =   waagerechter Abstand des Punktes zum Ursprung und
y   =   senkrechter Abstand des Punktes zum Ursprung.

Bei der Eingabe von Dezimalzahlen ist anstelle des Dezimalkommas ein Dezimalpunkt zu setzen.

◼ **Beispiel 3-1: Linie mit absoluten kartesischen Koordinaten zeichnen**

Man zeichne eine Linie vom Punkt P1(100,100) zum Punkt P2(145,115).

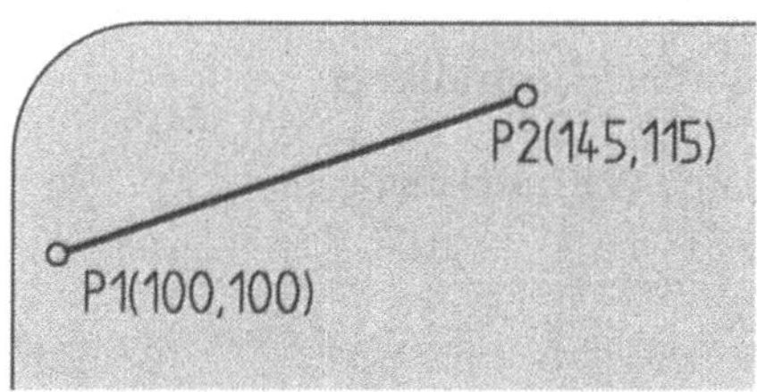

> **[Zeichnen][Linie]**
> Von Punkt: **100,100** ⏎
> Nach Punkt: **145,115** ⏎
> Nach Punkt: ⏎

Koordinaten-Option @ *x,y*: **Eingabe von relativen kartesischen Koordinaten**

Ein Punkt wird relativ zu dem zuletzt eingegebenen Punkt festgelegt, indem man seine Abstände x und y zu diesem Punkt in waagerechter bzw. senkrechter Richtung mit dem vorangestellten Zeichen @ (Klammeraffe), d.h. in der Form:

> **@x,y** ⏎

eingibt.

■ Beispiel 3-2: Linie mit relativen kartesischen Koordinaten zeichnen

Es soll eine Linie mit dem Anfangspunkt P1(100,100) gezeichnet werden, deren Endpunkt um 40 in positiver x-Richtung und um 10 in positiver y-Richtung zum Anfangspunkt verschoben ist.

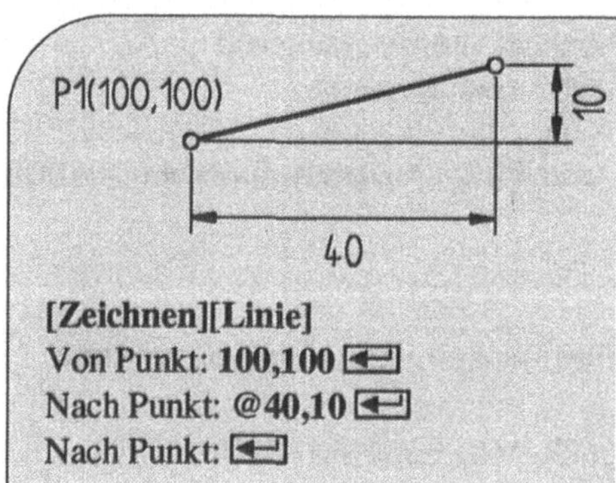

Koordinaten-Option *d<w*: **Eingabe von absoluten Polarkoordinaten**

Ein Punkt kann über seine Polarkoordinaten durch die Tastatureingabe:

> *d<w* ⏎

festgelegt werden, dabei gilt:

d = Abstand des Punktes zum Ursprungspunkt des Limitenbereichs
w = Winkel zwischen der positiven X-Richtung und dem Verbindungsstrahl vom Ursprungspunkt zum jeweiligen Punkt.

***Koordinaten*-Option @*d*<*w*: Eingabe von relativen Polarkoordinaten**

Analog zur Eingabe von kartesischen Koordinaten können auch Polarkoordinaten relativ zum zuletzt vereinbarten Punkt eingegeben werden, und zwar entsprechend mit:

@d<w ⏎

Hierbei ist dann

d = Abstand des Punktes zum zuletzt festgelegten Punkt und
w = Winkel zwischen der positiven x-Richtung und dem Verbindungsstrahl von diesem zum neuen Punkt.

■ Beispiel 3-3: Linie mit Polarkoordinaten zeichnen

Unter einem Winkel von 15° ist vom Punkt P1(100,100) eine Linie der Länge 40 zu zeichnen.

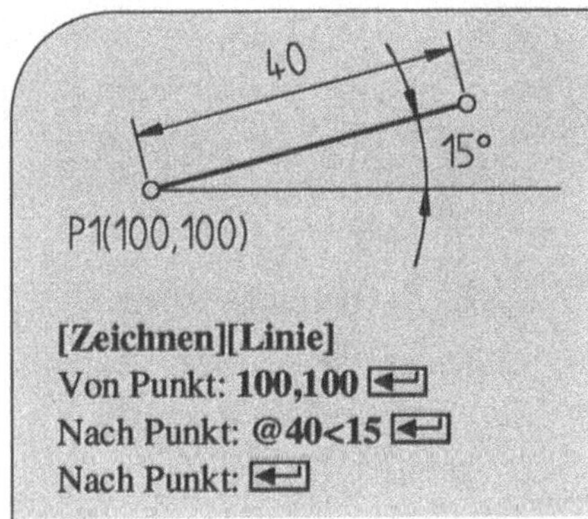

☞ *Hinweis: Winkeleingaben*

Winkel werden, falls mit dem *Modi*-Befehl *Einheitensteuerung* keine anderen Vereinbarungen getroffen sind, im mathematisch positiven Sinn (Gegenuhrzeigersinn) und im Gradmaß eingegeben.

☞ *Hinweis: Welt- und Benutzerkoordinatensystem*

Die bisher behandelten Koordinaten beziehen sich auf das sogenannte Weltkoordina-
tensystem (WKS) und sind in der Regel für das Arbeiten im 2D-Bereich ausreichend.
Neben dem Weltkoordinatensystem, das nicht veränderbar ist, kann man in AutoCAD
LT beliebig viele spezielle Benutzerkoordinatensysteme (BKS) definieren, um sich
insbesondere das Erstellen und Ändern von 3D-Darstellungen zu vereinfachen. Für das
Arbeiten im 3D-Bereich können in beiden Koordinatensystemen auch Zylinder- und
Kugelkoordinaten benutzt werden.

Koordinaten-Option *Anklicken*: Festlegen eines Punktes durch Zeigen

Ein Punkt wird durch Anklicken (Zeigen) festgelegt, indem man den Cursor mit Hilfe
der Maus zum gewünschten Punkt auf der Zeichenfläche bewegt und dann durch
Drücken der linken Maustaste übernimmt.

■ Beispiel 3-4: Linie durch Anklicken ihrer Punkte zeichnen

Man zeichne einen Linienzug durch Zeigen auf seine drei Punkte P1, P2 und P3.

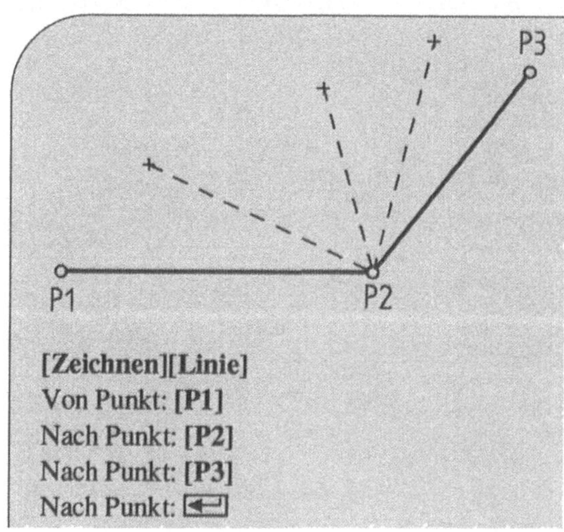

☞ *Hinweis: Gummibandlinie*

Beim Zeichnen einer Linie wird nach Festlegung ihres Anfangspunktes zwischen
diesem Punkt und der aktuellen Cursorposition eine Hilfslinie angezeigt. Diese wird
auch als Gummibandlinie bezeichnet und automatisch beim Verschieben des Cursors

entsprechend seiner jeweiligen Stellung angepaßt. In der obigen Darstellung zum Beispiel 3-4 sind mögliche Anzeigen der Gummibandlinie gestrichelt dargestellt.

Linie-Option _S_: Schließen eines Linienzuges

Mit der Eingabe:

> Nach Punkt: **S** ⬅

wird ein Linienzug geschlossen, d.h. der Endpunkt der zuletzt gezeichneten Teillinie wird mit dem Anfangspunkt der ersten Teillinie verbunden. Anschließend ist der Befehl _Linie_ beendet.

Auch ein so geschlossener Linienzug wird von AutoCAD LT nicht als ein Zeichnungselement behandelt, sondern jede seiner Teillinien stellt ein einzelnes Element dar.

■ Beispiel 3-5: Zeichnen eines geschlossenen Linienzuges

Es ist ein Rechteck mit den Seitenlängen 70 und 30 zu zeichnen, dabei soll die linke obere Ecke des Rechtecks im Punkt P1(150,150) liegen.

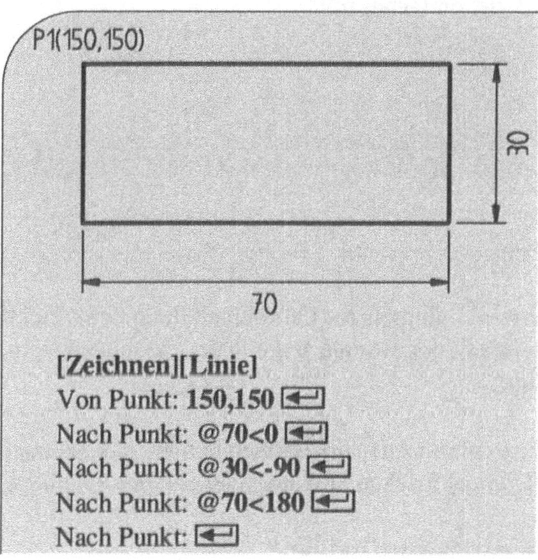

Die obige Vorgehensweise zum Zeichnen eines Rechtecks ist relativ umständlich und sollte in der Praxis in der Regel nicht angewandt werden. Sehr viel einfacher läßt sich ein Rechteck mit dem _Zeichnen_-Befehl _Rechteck_ zeichnen. Ein weiterer Vorteil hierbei besteht darin, daß ein so erstelltes Rechteck als ein einziges Zeichnungselement behandelt wird.

Zeichnen-Befehl *Rechteck*: Zeichnen eines Rechtecks als geschlossenen Linienzug

Ein Rechteck wird durch die Vorgabe zweier gegenüberliegender Eckpunkte im Dialog:

> Erste Ecke:
> Andere Ecke:

festgelegt und als geschlossener Linienzug gezeichnet. Die beiden Eckpunkte können analog wie beim Zeichnen eines beliebigen Linienzuges durch Anklicken oder die Tastatureingabe ihrer Koordinaten vereinbart werden. Der Aufruf des Befehls *Rechteck* kann auch über die Tastatur mit:

> Befehl: **RECHTECK** ⏎

oder durch Anklicken des Symbols ▣ im Werkzeugkasten aufgerufen werden.

■ Beispiel 3-6: Rechteck als geschlossenen Linienzug zeichnen

Das Rechteck aus Beispiel 3-5 ist mit Hilfe des *Zeichnen*-Befehls *Rechteck* zu zeichnen. Die Zeichnung ergibt sich hier sehr viel einfacher mit:

> **[Zeichnen][Rechteck]**
> Erste Ecke: **150,150** ⏎
> Andere Ecke: **220,120** ⏎

☞ *Hinweis: Gummibandrechteck*

Nach der Eingabe der ersten Ecke wird - ähnlich zur Gummibandlinie beim Zeichnen eines Linienzuges - ein Hilfsrechteck mit der zweiten Ecke in der aktuellen Cursorposition auf dem Bildschirm angezeigt.

Macht man beim Zeichnen einer Teillinie eines Linienzuges einen Fehler, so kann man mit der Option Z des Befehls *Linie* diese Teillinie löschen und anschließend neu zeichnen.

Linie-Option Z: Löschen der zuletzt gezeichneten Teillinie

Während des Zeichnens eines Linienzuges mit dem Befehl *Linie* kann durch die Eingabe:

> Nach Punkt: *Z* ⏎

die zuletzt gezeichnete Teillinie gelöscht werden. Durch mehrfache Wahl dieser Option hintereinander werden entsprechend viele Teillinien gelöscht.

■ Beispiel 3-7: Korrektur einer falschen Koordinateneingabe

Man zeichne eine Linie vom Punkt P1(100,100) zum Punkt P3(170,120), wobei man versehentlich zunächst als Endpunkt der Linie den Punkt P2(170,120) eingibt.

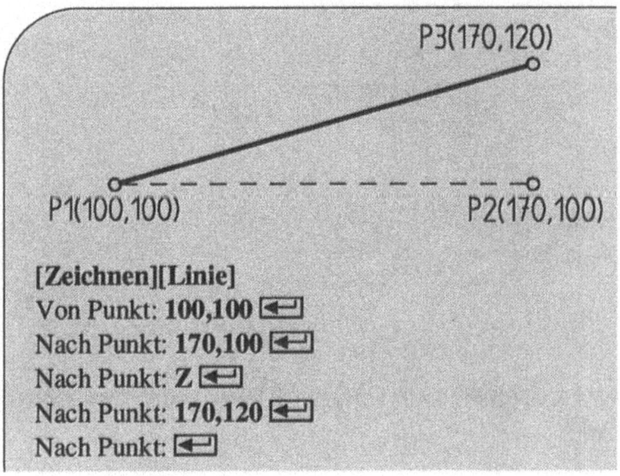

Mit der Option *W* kann nach dem Aufruf des Befehls *Linie* vereinbart werden, daß der zu zeichnende Linienzug in dem Punkt beginnen soll, der als letzter Punkt einer Linie oder eines Bogens gezeichnet wurde. Man kann hiermit z.B. einen bereits gezeichneten Linienzug fortsetzen, indem man den Befehl *Linie* erneut aufruft und die Option *W* wählt.

Linie-Option *W*: Zeichnen eines Linienzuges mit automatischer Vorgabe seines Anfangspunktes

Erfolgt nach dem Aufruf des Befehls *Linie* auf die Anfrage nach dem Anfangspunkt des Linienzuges eine Leereingabe mit:

Von Punkt:

so wird der zuletzt gezeichnete Punkt einer Linie oder eines Bogens als erster Punkt des zu zeichnenden Linienzuges übernommen.

■ Beispiel 3-8: Fortsetzen eines Linienzuges

Die im Beispiel 3-7 gezeichnete Linie vom Punkt P(100,100) zum Punkt P3(170,120) ist fortzusetzen, inden man vom Punkt P3 eine Linie zum Punkt P4(100,120) zeichnet und von dort eine Linie zum Punkt P2(170,100).

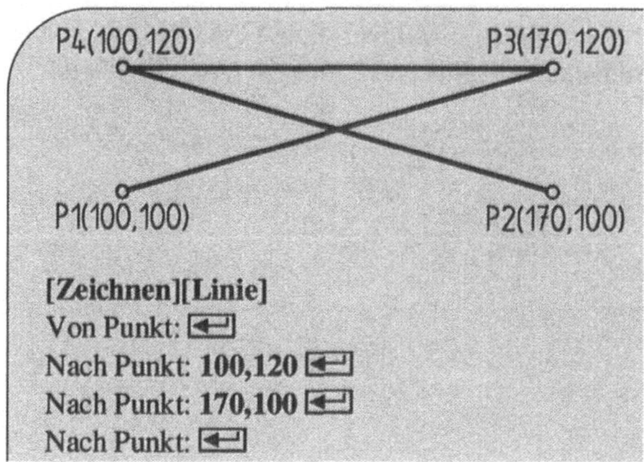

Der erneute Aufruf des Befehls *Linie* hätte auch erfolgen können durch eine Leereingabe auf die Befehlsanfrage, d.h. mit:

Befehl:

oder durch Drücken der rechten Maustaste.

☞ *Hinweis: Wiederholen eines Befehls*

Ein beliebiger Befehl kann unmittelbar nach seinem Abschluß durch Drücken der rechten Maustaste oder einer Leereingabe über die Tastatur erneut aufgerufen werden.

◆ Aufgabe 3-1: Haus vom Nikolaus zeichnen

Man zeichne das unten dargestellte Haus des Nikolaus mit den Abmessungen: $\overline{P1P2} = 70$ und $\overline{P2P3} = 61$. Hierbei ist zu beachten, daß keine Linie mehrfach gezeichnet wird. Die Zeichnung soll unter dem Namen NIKOLAUS gespeichert werden.

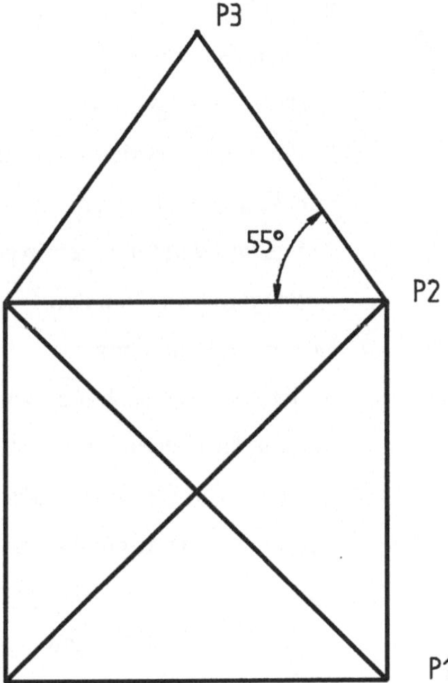

3.2 Löschen von Zeichnungselementen

Beim Erstellen einer technischen Zeichnung läßt es sich meist nicht vermeiden, daß man sich verzeichnet und Elemente der Zeichnung nachträglich ändern oder entfernen muß. Arbeitet man in herkömmlicher Weise an einem Zeichenbrett, so kommt z.B. für das Entfernen fehlerhafter Teile ein Radiergummi oder eine Rasierklinge zum Einsatz. Unter AutoCAD LT kann man dies sehr viel einfacher, schneller und sauberer erreichen, indem man die jeweiligen Zeichnungselemente löscht und gegebenenfalls neu zeichnet. Unter dem Menüpunkt *Ändern* werden geeignete Befehle hierfür bereitgestellt, wie beispielsweise der Befehl *Löschen* für das Entfernen von Elementen oder Objekten aus einer Zeichnung.

Menüpunkt *Ändern*: Ändern von Zeichnungsobjekten

Mit diesem Menüpunkt bietet AutoCAD LT eine Reihe von Möglichkeiten zum Verändern und Bearbeiten von vorhandenen Objekten einer Zeichnung. Im einzelnen sind dies:

- *Objekte ändern*   Ändern der Eigenschaften von Objekten
- *Löschen*   Entfernen von Objekten
- *Hoppla*   Rückgängigmachen vorausgegangener Löschungen
- *Schieben*   Verschieben von Objekten
- *Drehen*   Drehen von Objekten
- *Varia*   Verändern der Größe von Objekten
- *Strecken*   Strecken von Objekten
- *Bruch*   Aufspalten von Objekten in einzelne Elemente
- *Dehnen*   Verlängern von Objekten
- *Stutzen*   Kürzen von Objekten
- *Eigenschaften ändern*   Ändern der Eigenschaften von Objekten
- *Umbenennen*   Ändern der Namen bestimmter Objekttypen
- *Text bearbeiten*   Editieren von Beschriftungen
- *Schraffur bearbeiten*   Ändern der Eigenschaften einer Schraffur
- *Polylinie editieren*   Ändern von 2D- und 3D-Polylinien
- *Bemaßung editieren*   Ändern von Bemaßungen
- *Attribute editieren*   Editieren der Attribute von Blöcken
- *Ursprung*   Zerlegen eines Objekts in einzelne Teile
- Zeit/Datum   Aktualisieren der Revisionsdaten einer Zeichnung wie z.B. Zeit und Datum
- *Bereinigen*   wahlweises Entfernen nichtbenutzter Objekttypen

In diesem Unterkapitel sollen die Befehle *Löschen* und *Hoppla* näher besprochen werden.

Ändern-Befehl *Löschen*: Löschen von Zeichnungsobjekten

Dieser Befehl ist auf beliebige Objekte einer Zeichnung anwendbar und erfordert nach seinem Aufruf die Festlegung der zu löschenden Objekte im Dialog:

Objekte wählen:

Für die Auswahl der Objekte gibt es u.a. folgende Möglichkeiten:

- *Anklicken eines Objekts*   Zeigen auf ein Objekt
- *F (Fenster)*   Setzen eines Fensters oder Gesamtfensters
- *K (Kreuzen)*   Setzen eines Teil- oder Kreuzungsfensters
- *L (Letztes)*   Auswahl des zuletzt gezeichneten Elementes

Die so ausgewählten Objekte werden zunächst intern in den sogenannten Auswahlsatz übernommen und in der Zeichnung durch eine gestrichelte Darstellung markiert. Die Objektwahl wird solange fortgesetzt, bis auf die Anforderung *Objekte wählen:* eine Leereingabe erfolgt, d.h. mit:

Objekte wählen: ⏎

oder durch Drücken der rechten Maustaste. Erst danach wird das eigentliche Löschen der im Auswahlsatz zusammgefaßten Objekte ausgeführt. Der Befehl *Löschen* wird auch aufgerufen durch:

Befehl: **LÖSCHEN** ⏎

oder Anklicken des Symbols ▨ im Werkzeugkasten.

Löschen-Option *Anklicken:* Zeigen auf ein Objekt

Durch Bewegen des Cursors zum gewünschten Objekt in der Zeichnung und Drücken der linken Maustaste wird das Element zum Löschen ausgewählt. Der Cursor hat dabei die Form eines kleinen rechteckigen Fensters und wird auch als Pickbox bezeichnet. Ein Element wird ausgewählt, wenn es durch dieses Fenster geht.

▣ Beispiel 3-9: Linien durch Zeigen löschen

Unter der Annahme, daß das unten dargestellte Rechteck mit dem *Zeichnen*-Befehl *Linie* als zusammenhängender Linienzug erstellt worden ist, sind die linke und die obere Rechteckseite zu löschen.

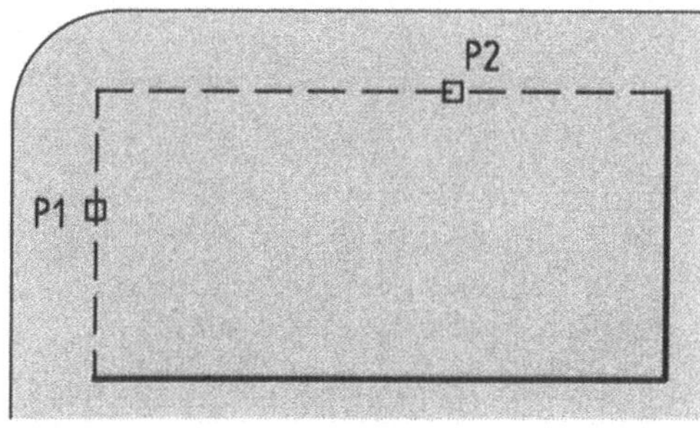

> **[Ändern][Löschen]**
> Objekte wählen: **[P1]**
> 1 gefunden
> Objekte wählen: **[P2]**
> 1 gefunden
> Objekte wählen: ⬅

Löschen-Option *F*: Setzen eines Fensters

Nach dem Aufruf dieser Option mit:

Objekte wählen: **F** ⬅

wird das Fenster durch die Vorgabe zweier diagonaler Eckpunkte auf die Anfragen:

Erste Ecke:
Andere Ecke:

festgelegt. Alle Objekte, die vollständig innerhalb dieses Fensters liegen, werden in den Auswahlsatz übernommen und zum Löschen markiert. Ein solches Fenster, das auch als Gesamtfenster bezeichnet wird, läßt sich unter Beachtung der Reihenfolge bei der Festlegung seiner Eckpunkte von links nach rechts einfacher wie folgt vereinbaren:

Objekte wählen: **[Linker Diagonaleckpunkt]**
Andere Ecke: **[Rechter Diagonaleckpunkt]**

Dabei darf beim Zeigen auf den linken Eckpunkt kein Element der Zeichnung mit der Pickbox erfaßt werden.

■ Beispiel 3-10: Linie durch Auswahl mit Fenster löschen

Das linke Seite des Rechtecks aus dem Beispiel 3-9 soll mit Hilfe eines Fensters zum Löschen ausgewählt werden.

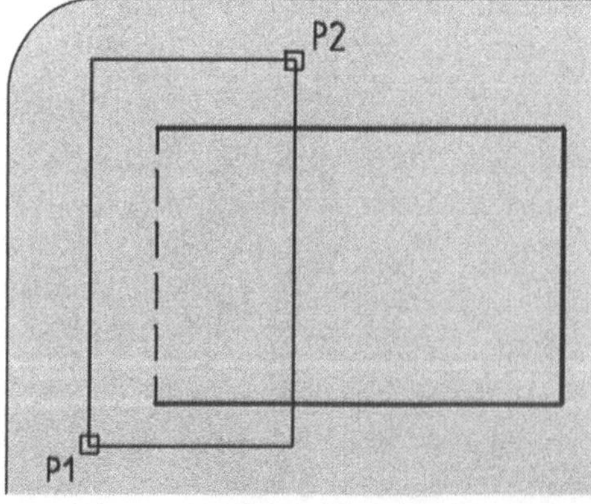

[**Ändern**][**Löschen**]
Objekte wählen: [**P1**]
Andere Ecke: [**P2**]
1 gefunden
Objekte wählen: ⏎

Löschen-Option *K*: Setzen eines Teilfensters

Bei Wahl dieser Option werden wie bei der Option *F* alle vollständig im Fenster liegenden Objekte ausgewählt. Zusätzlich werden aber auch alle Objekte zum Löschen markiert, die nur teilweise im Fenster liegen, d.h. dieses kreuzen. Bei der Vereinbarung des Fensters durch Anklicken der beiden Eckpunkte ist die Reihenfolge von rechts nach links zu beachten:

Objekte wählen: [**Rechter Diagonaleckpunkt**]
Andere Ecke: [**Linker Diagonaleckpunkt**]

■ Beispiel 3-11: Mehrere Linien durch Auswahl mit Teilfenster löschen

Bis auf die rechte Seite sind die übrigen Seiten des Rechtecks aus dem Beispiel 3-9 zu löschen.

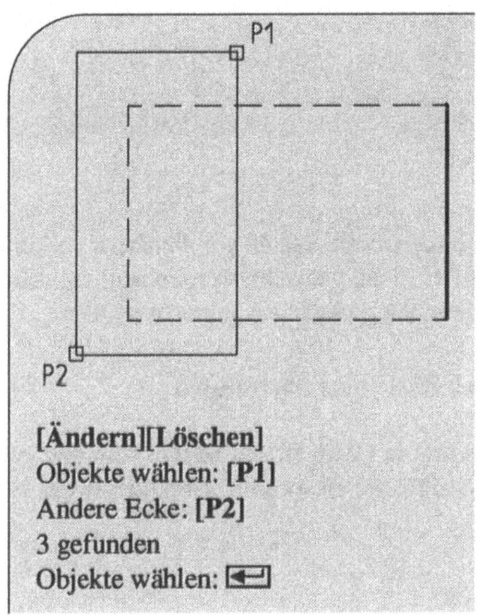

[**Ändern**][**Löschen**]
Objekte wählen: [**P1**]
Andere Ecke: [**P2**]
3 gefunden
Objekte wählen: ⏎

Löschen-Option *L*: Zuletzt gezeichnetes Objekt löschen

Nach dem Aufruf dieser Option mit:

Objekt wählen: **L** ⬅

wird das zuletzt in der Zeichnung erstellte Objekt gelöscht.

■ Beispiel 3-12: Zuletzt gezeichnete Linie löschen

Unter der Annahme, daß die linke Seite des Rechtecks aus dem Beispiel 3-9 zuletzt gezeichnet worden ist, kann man diese wie folgt löschen:

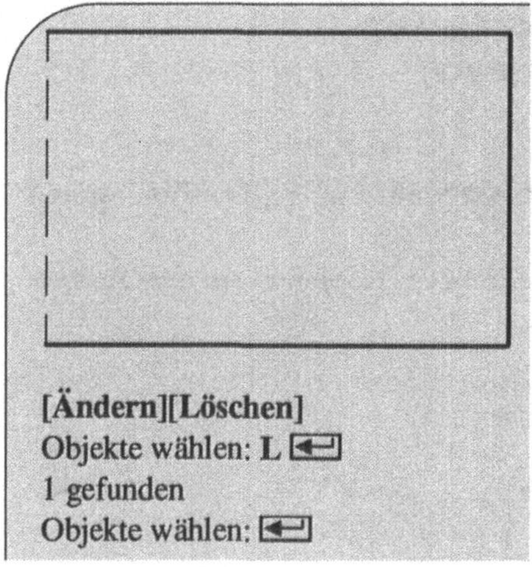

Beim Löschen von Objekten kann es insbesondere beim Setzen von Fenstern vorkommen, daß Objekte gelöscht werden, die eigentlich nicht gelöscht werden sollten. Mit dem *Ändern*-Befehl *Hoppla* können solche Löschungen rückgängig gemacht werden.

Ändern-Befehl *Hoppla*: Rückgängigmachen von Löschungen

Mit diesem Befehl können alle Objekte, die mit dem letzten Befehl *Löschen* gelöscht worden sind, wieder in die Zeichnung zurückgeholt werden. Der Aufruf des Befehls *Hoppla* ist auch möglich mit:

Befehl: **HOPPLA** ⬅

Ein wiederholter Aufruf des Befehls *Hoppla* zum Rückgängigmachen mehrerer Lösch-vorgänge mit dem Befehl *Löschen* ist nicht zulässig, da AutoCAD LT nur die Objekte der letzten Löschung speichert und nur darauf zurückgreifen kann.

■ Beispiel 3-13: Löschen eines Rechtecks rückgängig machen

Ein mit dem *Zeichnen*-Befehl *Rechteck* erstelltes Rechteck soll zunächst gelöscht und dann wieder zurückgeholt werden.

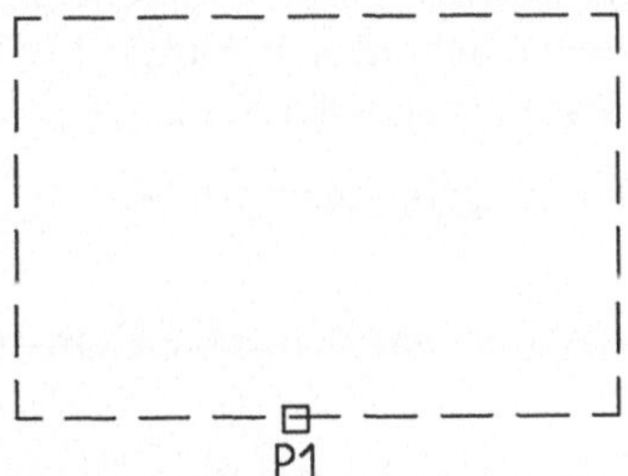

[Ändern][Löschen]
Objekte wählen: **[P1]**
Objekte wählen: ⏎
[Ändern][Hoppla]

◆ Aufgabe 3-2: Rechteck mit nachträglichen Korrekturen zeichnen

Man zeichne das unten abgebildete Rechteck in folgenden Schritten:

- Zeichnen des Linienzuges mit den Seiten 1, 2, 3 und 4,
- Löschen der falschen Seiten 3 und 4 und
- Fortsetzen des verbleibenden Linienzuges mit den Seiten 5 und 6.

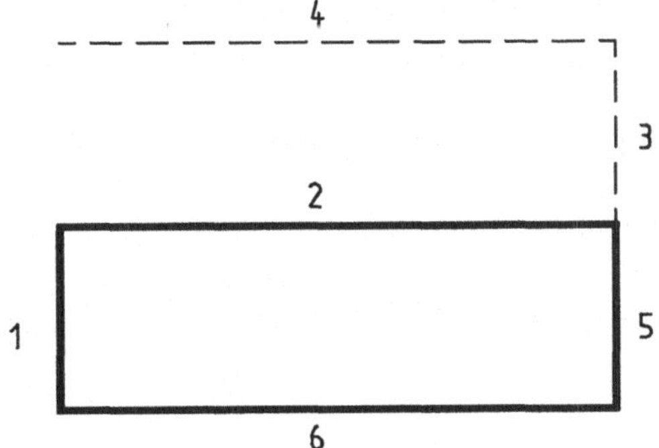

3.3   Zeichnen mit verschiedenen Linienarten

Bei den bisher erstellten Zeichnung mußte nicht beachtet werden, daß in technischen Zeichnungen zur Darstellung bestimmter Elemente, wie z.B. von Mittel- oder Maßlinien, unterschiedliche Linienarten anzuwenden sind. Nach DIN 15, Teil 2, sind u.a. folgende Linienarten vorgesehen:

- breite Vollinie   sichtbare Kanten,

- schmale Vollinie   Maßlinien, Maßhilfslinien, Lichtkanten, Hinweislinien, Schraffuren, kurze Mittellinien und Umrisse benachbarter Teile,

- schmale Freihandlinie   Ausbrüche und gebrochene Teile,

- mittelbreite Strichlinie   verdeckte Kanten und verdeckte Umrisse,

- breite Strichpunktlinie   zur Kennzeichnung der Schnittebene oder des Schnittverlaufes, Oberflächenbehandlung,

- schmale Strichpunktlinie   Mittellinie, Symmetrieachse, Teil- und Lochkreise und

- schmale Strichzweipunktlinie   Umrisse vor der Verformung.

Die einzelnen Linienarten sind verschieden breit und werden zu Liniengruppen zusammengefaßt, und zwar für breite und schmale Linien und für Maß- und Textangaben. Für die beiden am häufigsten verwendeten Liniengruppen 0,5 und 0,7 gilt

- Liniengruppe 0,5 mit den Linienbreiten 0,5 - 0,25 - 0,35 in mm und
- Liniengruppe 0,7 mit den Linienbreiten 0,7 - 0,35 - 0,5 in mm

für breite Linien - schmale Linien - Maß/Textangaben.

Zur Realisierung der verschiedenen Breiten von Linien der gleichen Linienart sind diese in AutoCAD LT mit unterschiedlichen Farben zu zeichnen. Bei der Ausgabe der Zeichnung über einen Plotter werden den einzelnen Farben die entsprechenden Stiftbreiten zugeordnet.

Für das Zeichnen mit unterschiedlichen Linienarten stehen in der Datei ACLTISO.LIN insgesamt 24 Arten von Linien, die auch als Linientypen bezeichnet werden, zur Verfügung. Mit dem *Modi*-Befehl *Linientyp* wird auf diese verschiedenen Linientypen zugegriffen.

Modi-Befehl *Linientyp*: Arbeiten mit verschiedenen Linienarten

Nach dem Aufruf dieses Befehls werden in einem weiteren Abrollmenü folgende Optionen zur Auswahl angeboten:

- *Erzeugen*   Erstellen und Speichern einer speziellen Linienart,

- *Laden*   Laden einer Linienart aus einer speziellen Linientypdatei

- *Setzen*   Festlegen einer Linienart zum Zeichnen der folgenden Elemente

- *Auflisten ?*   Anzeigen der Linienarten einer Linientypdatei

- *LTFaktor*   Festlegen eines Skalierfaktors zum Anpassen der Darstellung der Linien an den Zeichnungsmaßstab

- *LTFaktor-*   Festlegung eines Skalierfaktors analog zu oben für den
  im Pbereich   Papierbereich

Bei einem Aufruf des Befehls über die Tastatur:

Befehl: **LINIENTP** ⏎
?/Erzeugen/Laden/Setzen:

stehen nur die ersten Optionen zur Verfügung. Die Festlegung des Linientypmaßstabes kann erfolgen mit:

Befehl: **LTFAKTOR** ⏎

Linientyp-Option _Auflisten ?_: Anzeige aller verfügbaren Linienarten

Nach Wahl dieser Option ist im folgenden Dialogfenster:

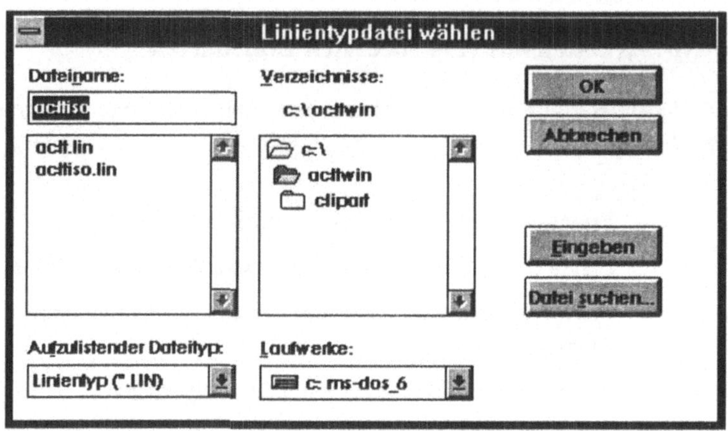

Bild 3-1: Dialogfenster _Linientypdatei wählen_

zunächst die Datei festzulegen, in der die Linientypen gespeichert sind. Man geht hier
ganz analog wie im Dialogfenster _Zeichnung öffnen_ beim Laden einer Zeichnungsdatei
vor. Anschließend werden alle in der gewählten Datei vorhandenen Linientypen auf
dem Textbildschirm von AutoCAD LT angezeigt.

■ **Beispiel 3-14: Standard-Linientypen von AutoCAD LT anzeigen**

Die in der Datei ACLTISO.LIN im VERZEICHNIS C:ACLTWIN vorgegebenen
Linientypen sollen auf dem Bildschirm angezeigt werden.

```
?/Erzeugen/Laden/Setzen: _?
In der Datei C:\ACLTWIN\ACLTISO.lin definierte Linientypen:

        Name           Beschreibung
     ____________    ________________________

RAND            — —  — — — — · — — — — · — — — — · —
RAND2           —·—·—·—·—·—·—·—·—·—·—·—·—·—·—·—·—·—·—
RANDX2          ____  ____  ____ · ____  ____  ____
MITTE           ____ _ ____ _ ____ _ ____ _ ____ _ ____
MITTE2          ___ _ ___ _ ___ _ ___ _ ___ _ ___ _

MITTEX2         ______  __  ______  __  ______  __
STRICHPUNKT     __ · __ · __ · __ · __ · __ · __ · __
STRICHPUNKT2    _·_·_·_·_·_·_·_·_·_·_·_·_·_·_·_·_·_·_
STRICHPUNKTX2   ____ · · ____ · · ____ · · ____ · ·
GESTRICHELT     __ __ __ __ __ __ __ __ __ __ __ __

GESTRICHELT2    _ _ _ _ _ _ _ _ _ _ _ _ _ _ _ _ _ _
GESTRICHELTX2   ____  ____  ____  ____  ____  ____
GETRENNT        ____ ·  ____ ·  ____ ·  ____ ·  ____
GETRENNT2       _ · _ · _ · _ · _ · _ · _ · _ · _ · _
GETRENNTX2      ____ · · · ____ · · · ____ · · · ____
Drücken Sie die EINGABETASTE, um fortzufahren:
```

[Modi][Linientyp]
[Auflisten ?]   {Aufruf der *Anzeige*-Option}
[OK]   {Bestätigen der Vorgaben für Datei im Dialogfenster}
Seitenweise Anzeige aller Linientypen
Befehl: ⏎

Die gleiche Anzeige ergibt sich bei der Tastatureingabe:

Befehl: LINIENTP ⏎
?/Erzeugen/Laden/Setzen: ? ⏎

Linientyp-Option *Setzen*: Festlegen einer Linienart zum Zeichnen

Mit der Option *Setzen* wird im Dialog:

Neuer Objektlinientyp (oder ?) <aktueller Linientyp>:

eine Linienart vereinbart, mit der im weiteren gezeichnet werden soll. Eine Auflistung
aller geladenen Linienarten kann mit der Option *?* aufgerufen werden.

■ Beispiel 3-15: Mittellinien zeichnen

Man zeichne ein Rechteck mit den Seitenlängen 100 und 80 und seiner linken unteren
Ecke im Punkt P(100,100). Vorher sind geeignete Mittellinien für das Rechteck zu
zeichnen.

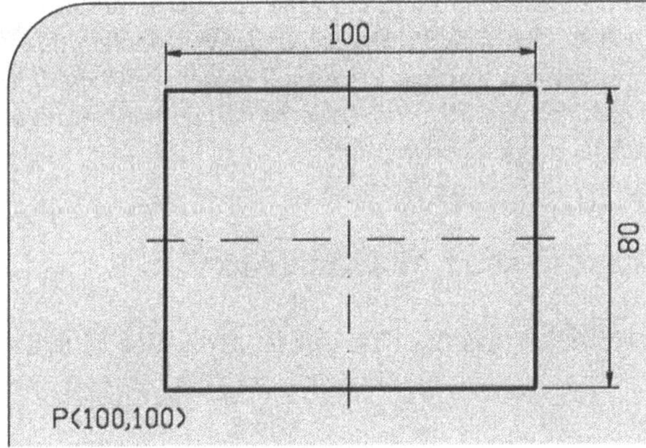

```
[Modi][Linientyp][Setzen]                    {Linienart STRICHPUNKT festlegen}
Neuer Objektlinientyp (oder ?) <VONLAYER>: STRICHPUNKT ⏎
[Zeichnen][Linie]                            {Zeichnen der Mittellinien}
Von Punkt: 95,140 ⏎
Nach Punkt: 205,140 ⏎
Nach Punkt: ⏎
Befehl: ⏎
Von Punkt: 150,95 ⏎
Nach Punkt: 150,185 ⏎
Nach Punkt: ⏎
[Modi][Linientyp][Setzen]                    {Linienart AUSGEZOGEN festlegen}
Neuer Objektlinientyp (oder ?) <STRICHPUNK>): AUSGEZOGEN ⏎
[Zeichnen][Rechteck]                         {Zeichnen des Rechtecks}
Erste Ecke: 100,100 ⏎
Andere Ecke: @ 100,80 ⏎
```

☞ *Hinweis: Standard-Linienarten*

Neben den in der Datei ACLTISO.LIN vorgegebenen Standard-Linienarten gibt es in AutoCAD LT noch die beiden Standard-Linientypen: VONLAYER und VONBLOCK, die beim Arbeiten mit Layern und Blöcken angewandt werden sollten. So bewirkt beispielsweise die Festlegung des Linientyps VONLAYER, daß zum Zeichnen immer die Linienart herangezogen wird, die für den jeweils aktuellen Layer (Zeichnungsebene) vereinbart ist.

Da die in AutoCAD LT vorgegebenen Linienarten in der Regel für die Erstellung technischer Zeichnungen ausreichen, soll an dieser Stelle auf die weiteren Optionen des Modi-Befehls *Linientyp* nicht näher eingegangen werden. Prinzipiell besteht mit den Optionen *Erzeugen* und *Laden* die Möglichkeit des Arbeitens mit benutzerdefinierbaren Linienarten, die in Dateien mit der Extension .LIN gespeichert werden.

◆ **Aufgabe 3-3: Haus vom Nikolaus durch Mittellinie ergänzen**

Das in der Aufgabe 3-2 gezeichnete Haus des Nikolaus ist durch eine Mittellinie zu ergänzen.

4 Hilfen beim Zeichnen

AutoCAD LT bietet - wie auch andere CAD-Systeme - eine Vielzahl von Hilfen, die das Erstellen einer Zeichnung vereinfachen und beschleunigen. Die konsequente Anwendung dieser Hilfen gewährleistet den optimalen Einsatz des Systems und macht die Überlegenheit gegenüber herkömmlichen Zeichnungsmethoden deutlich. Die wichtigsten Hilfen hierbei sind

- Rückgängigmachen von Befehlen
- Anzeigen von Zeichnungsausschnitten
- Zeichnen im Ortho-Modus
- Arbeiten mit Rastern
- Arbeiten im Objektfang-Modus
- Zeichnen in mehreren Ebenen

Sie stehen in verschiedenen Menüpunkten von AutoCAD LT zur Verfügung und sollen in den folgenden Unterkapiteln behandelt werden.

4.1 Rückgängigmachung von Befehlen

Nicht selten wird man beim Arbeiten mit AutoCAD LT aufgrund falscher Vorüberlegungen oder fehlerhafter Anwendung eines Befehls mit dem Ergebnis in der Zeichnung nicht zufrieden sein und möchte die Arbeit mit der Zeichnungsvariante vor der Befehlsausführung wieder aufnehmen. Mit dem Befehl *Zurück* des Menüpunkts *Bearbeiten* ist dies möglich. Dieser Befehl kann mit dem Befehl *ZLösch* ebenfalls zurückgenommen werden.

Menüpunkt *Bearbeiten*: Rückgängigmachung von Befehlen und Datenaustausch

Mit den Befehlen dieses Menüpunktes können Befehlsausführungen zurückgesetzt und der Datenaustausch zwischen AutoCAD LT und anderen Windows-Programmen in verschiedenen Formaten vorgenommen werden. Im einzelnen sind dies:

- *Zurück* Rückgängigmachung eines Befehls
- *Zlösch* Wiederausführen eines rückgängig gemachten Befehls
- *Bild kopieren* Kopieren eines Bildausschnitts in ein Bitmap-Format

- *In Zwischenablage*   Kopieren ausgewählter Objekte in die Zwischenablage
  kopieren

- *Einlagern*   Kopieren ausgewählter Objekte zum Einbetten in
                               andere Programme

- *Verbinden*   Verknüpfen der aktuellen Zeichnung über die Zwi-
                               schenablage mit OLE-fähigen Windows-Programmen

- *Einfügen*   Einfügen von Daten aus der Zwischenablage in die
                               aktuelle Zeichnung

- *Text einfügen*   Einfügen von Text aus der Zwischenablage in die
                               aktuelle Zeichnung

- *Textfenster*   Wechseln vom Grafik- zum Textbildschirm

Bearbeiten-Befehl *Zurück*: Rückgängigmachung eines Befehls

Mit diesem Befehl wird die Ausführung des zuletzt aufgerufenen Befehls zurückgenommen, d.h. die Zeichnung wird in ihren Zustand vor dem Aufruf des Befehls gebracht.
Durch den wiederholten Aufruf des Befehls *Zurück* lassen sich schrittweise mehrere
vorausgegangene Befehle zurücksetzen. Man kann auf diese Weise bis zum Ausgangs-
zustand beim Anlegen oder Laden der Zeichnung zurückgehen. Der Aufruf des Befehls
Zurück kann ferner über die Tastatur mit:

Befehl: **Z** ⏎

oder durch Anklicken des Symbols ⟳ in der Funktionsleiste erfolgen.

☞ *Hinweis: Befehl ZURÜCK über Tastatur*

Dieser Befehl kann nur über die Tastatur aufgerufen werden und bietet zusätzliche
Optionen für das Zurücknehmen von Befehlen an:

Befehl: **ZURÜCK** ⏎
Auto/Rück/Steuern/Ende/Gruppe/Markierung/<Zahl>:

Beispielsweise kann man durch die Eingabe einer Zahl die Anzahl der Befehle vereinbaren, die rückgängig gemacht werden sollen.

■ Beispiel 4-1: Mehrere Befehle zurücknehmen

Die Rechtecke R1, R2, R3 und R4 sind in dieser Reihenfolge mit dem *Zeichnen*-Befehl *Rechteck* zu zeichnen. Anschließend sollen die Rechtecke R2, R3 und R4 gelöscht werden, indem man die Zeichenbefehle für diese Rechtecke rückgängig macht.

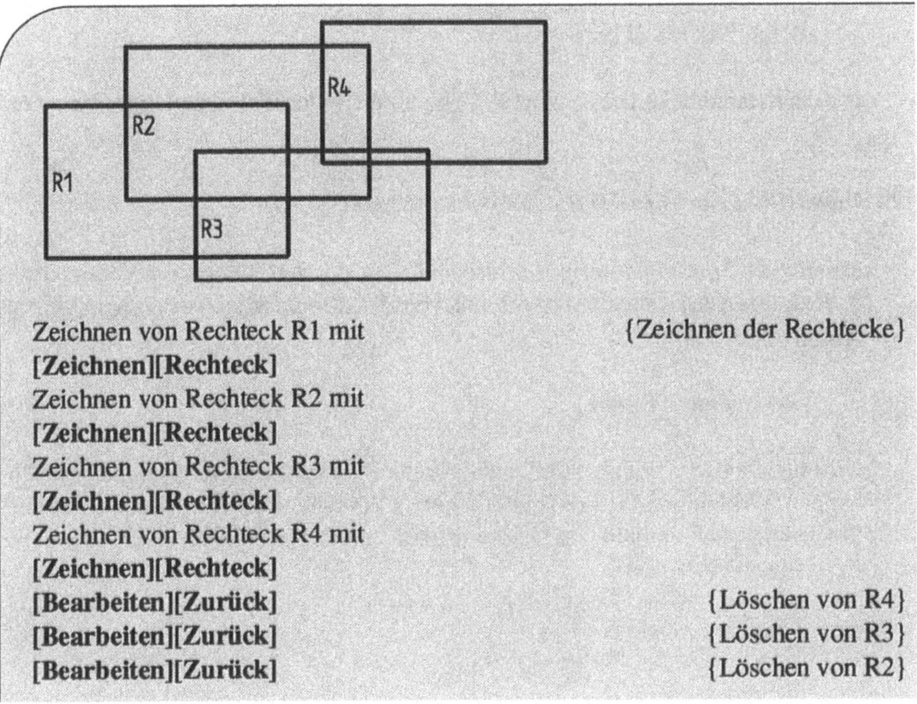

Zeichnen von Rechteck R1 mit   {Zeichnen der Rechtecke}
[Zeichnen][Rechteck]
Zeichnen von Rechteck R2 mit
[Zeichnen][Rechteck]
Zeichnen von Rechteck R3 mit
[Zeichnen][Rechteck]
Zeichnen von Rechteck R4 mit
[Zeichnen][Rechteck]
[Bearbeiten][Zurück]   {Löschen von R4}
[Bearbeiten][Zurück]   {Löschen von R3}
[Bearbeiten][Zurück]   {Löschen von R2}

Das Löschen der Rechtecke kann auch mit dem Befehl Z über die Tastatur erfolgen mit:

```
Befehl: Z ⏎
Befehl: ⏎
Befehl: ⏎
```

oder mit dem Befehl *ZURÜCK* mit:

```
Befehl: ZURÜCK ⏎
Auto/Rück/Steuern/Ende/Gruppe/Markierung/<Zahl>: 3 ⏎
```

Bearbeiten-Befehl *ZLösch*: Rückgängigmachung des Befehls *Zurück*

Hiermit wird ein unmittelbar zuvor aufgerufener *Bearbeiten*-Befehl *Zurück* rückgängig gemacht. Ein mehrfacher Aufruf des Befehls *ZLösch* zum schrittweisen Zurücksetzen mehrerer *Zurück*-Befehle ist nicht möglich. Der Befehl *Zurück* kann auch über die Tastatur mit:

    Befehl: **ZLÖSCH** ⏎

oder durch Anklicken des Symbols   in der Funktionsleiste aufgerufen werden.

■ **Beispiel 4-2: *Zurück*-Befehl zurücknehmen**

Der Befehl *ZLösch* ist auf die im Beispiel 4-1 durchgeführten drei Varianten für das Zurücksetzen des Zeichnens der Rechtecke R4, R3 und R2 anzuwenden. Aufgrund des Aufrufs mit:

    [Bearbeiten][Zlösch]

wird für alle drei Varianten der jeweils letzte *Zurück*-Befehl rückgängig gemacht. Dies hat zur Wirkung, daß für die ersten beiden Varianten das Rechteck R2 wieder in der Zeichnung erscheint und daß bei der dritten Variante die drei Rechteck R2, R3 und R4 erneut gezeichnet werden.

4.2   Arbeiten mit Bildausschnitten

Man versteht unter dem Arbeiten mit Bildausschnitten das Vergrößern, Verkleinern und Verschieben von Bereichen einer Zeichnung auf dem Bildschirm, ohne daß sich an der Zeichnung selbst etwas ändert. Beispielsweise kann man einen Teil einer Zeichnung vergrößert darstellen, um dort bestimmte Details besser einzeichnen zu können. Zum Arbeiten mit Bildausschnitten gehören auch Möglichkeiten, sich sehr große Zeichnungen, die nicht vollständig auf dem Bildschirm darstellbar sind, in ihrer Gesamtheit in einem Übersichtsfenster oder in Teilansichten mit vorgegebenem Maßstab anzusehen. Dies wird z.B. erforderlich, wenn man Zusammenbauzeichnungen erstellt. Mit den Befehlen *Zoom*, *Pan* und *Neuzeichnen* des Menüpunkts *Anzeige* und dem *Modi*-Befehl *Übersichtsfenster* können die angesprochenen Aufgabenstellungen realisiert werden.

Menüpunkt *Anzeige*: Arbeiten mit Bildausschnitten

Mit diesem Menüpunkt werden Befehle zur Verfügung gestellt, mit denen die Darstellung einer Zeichnung auf dem Bildschirm variiert werden kann, und zwar ohne Änderung der Zeichnung selbst. Es bestehen hierfür folgende Möglichkeiten:

- *Zoom* — Vergrößern und Verkleinern einer Zeichnungsdarstellung

- *Pan* — Verschieben des aktuellen Bildausschnittes einer Zeichnung

- *Ausschnitt* — Vereinbaren, Speichern und Laden von benannten Bildausschnitten

- *Neuzeichnen* — Neuaufbau des aktuellen Ansichtsfensters

- *Regen* — Neuberechnung und Neuaufbau des aktuellen Ansichtsfensters

- *Tilemode* — Wechseln in den Modell- bzw. Papierbereich

- *Ansichtsfenster* — Aufteilen des Bildschirms in Ansichtsfenster

- *AFenster-Layer* — Arbeiten mit verschiedenen Ansichtsfenstern in unterschiedlichen Zeichnungsebenen

- *3D-Ansichtspunkt* — Festlegen eines Ansichtspunktes für 3D-Darstellungen

- *3D Ansichtpunkt-Vorgaben* — Wahl von Standardansichten für 3D-Darstellungen

- *3D-Draufsicht* — Erstellen der Draufsicht für 3D-Modelle

- *Dynamische 3D-Ansicht* Festlegen einer Ansicht für 3D-Darstellungen

- *Verdeckt* — Darstellung eines 3D-Modells ohne verdeckte Kanten

- *Schattieren* — Erzeugen einer schattierten Darstellung eines 3D-Modells

Anzeige-Befehl *Zoom*: Vergrößern und Verkleinern einer Zeichnung

Der Befehl *Zoom* ermöglicht es, eine Zeichnung vergrößert oder verkleinert auf dem Bildschirm darstellen zu können. Die Festlegung der geänderten Darstellung wird in einem weiteren Abrollmenü vorgenommen, und zwar mit:

- *Alles* — Darstellung der Zeichnung mit Limitenbereich

- *Mitte* — Festlegung einer neuen Bildmitte und eines Zoomfaktors

- *Grenzen* — Größtmögliche Darstellung der gesamten Zeichnung

- *Vorher*   Anzeigen des vorausgegangenen Bildausschnittes
- *Fenster*   Festlegen des neuen Ausschnittes über ein Fenster
- *Zoomfaktor*   Festlegen eines Vergrößerungs- oder Verkleinerungsfaktors

Die gleichen Optionen werden beim Aufruf dieses Befehls über die Tastatur mit:

Befehl: **ZOOM** ⬅
Alles/Mitte/Grenzen/Vorher/Fenster/<Faktor(X/XP)>:

und beim Anklicken des Symbols 🔍 in der Funktionsleiste angeboten.

■ Beispiel 4-3: Wirkungsweisen der *Zoom*-Optionen *Grenzen* und *Alles*

Um die unterschiedliche Wirkungsweise der beiden Optionen *Grenzen* und *Alles* zu veranschaulichen, lade man die Zeichnung BAUTEIL aus dem Verzeichnis C:\ACLT-KURS. Diese Zeichnung ist mit Schriftfeld und Stückliste im sogenannten Papierbereich dargestellt. Da hier nur die eigentliche Zeichnung betrachtet werden soll, muß vorher durch die Anwendung des *Anzeige*-Befehls *Tilemode* vom Papier- in den Modellbereich gewechselt werden. Anschließemd wende man nacheinander die *Zoom*-Optionen *Alles* und *Grenzen* an.

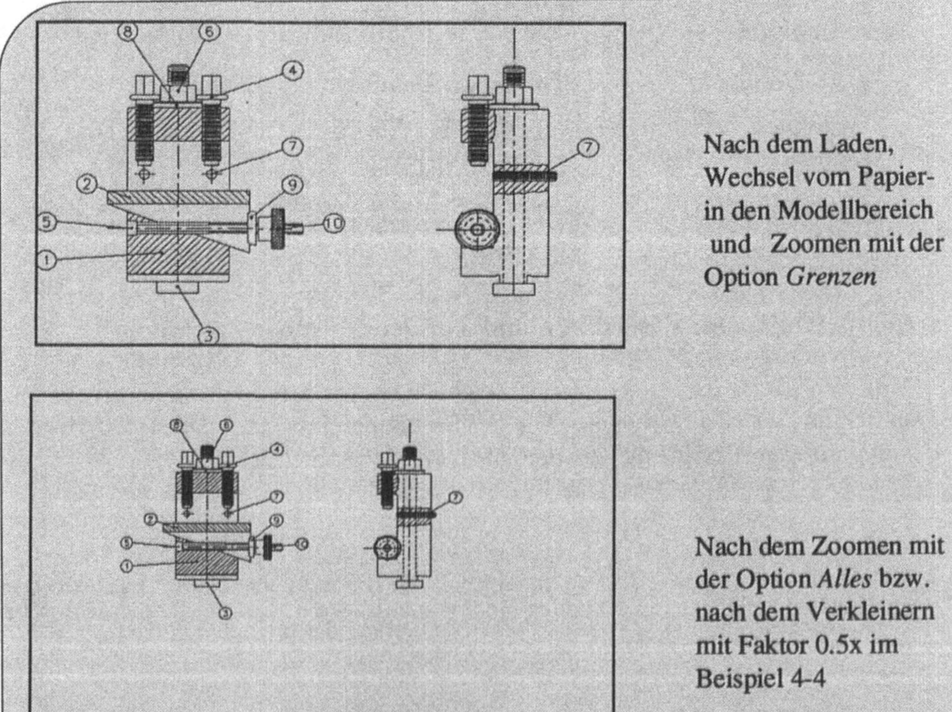

Nach dem Laden,
Wechsel vom Papier-
in den Modellbereich
und Zoomen mit der
Option *Grenzen*

Nach dem Zoomen mit
der Option *Alles* bzw.
nach dem Verkleinern
mit Faktor 0.5x im
Beispiel 4-4

> **[Datei][Öffnen]** {Zeichnung laden}
> Verzeichnisse-Listenfeld **[[c:\]]**
> Verzeichnisse-Listenfeld **[[acltkurs]]**
> Dateiname-Listenfeld **[bauteil.dwg]**
> **[Anzeige][Tilemode]** {Wechsel vom Papier- in den Modellbereich}
> **[Anzeige][Zoom][Alles]** {Zoomen mit der Option *Alles*}
> **[Anzeige][Zoom][Grenzen]** {Zoomen mit der Option *Grenzen*}

Offensichtlich wird mit beiden Optionen die gesamte Zeichnung dargestellt. Bei Wahl der Option *Grenzen* werden Leerflächen zwischen der eigentlichen Zeichnung und den Zeichenbereichsgrenzen nicht angezeigt, d.h. die Zeichnung wird in der größtmöglichen Darstellung angegeben. Mit der Option *Alles* werden auch Elemente der Zeichnung, die außerhalb der Limiten liegen, auf dem Bildschirm angezeigt. Man kann sich also für sehr große Zeichnungen mit dieser Option einen Übersichtsdarstellung verschaffen, wobei für solche Anwendungen das Arbeiten mit einem speziellen Übersichtsfenster meist zweckmäßiger ist.

Zoom-Option *Zoomfaktor*: Festlegen eines Zoomfaktors

Durch die Eingabe eines Zahlenwertes größer oder kleiner als eins wird der Zoomfaktor für die Vergrößerung bzw. Verkleinerung der Zeichnung festgelegt. Wird dieser Faktor ohne eine Ergänzung eingegeben, so bezieht er sich auf die im Limitenbereich vorgegebene Gesamtzeichnung. Für die Ergänzungen gelten die Vereinbarungen

- *X* für Anwendung des Zoomfaktors relativ zum aktuellen Bildausschnitt und
- *XP* für Anwendung des Zoomfaktors relativ zum Papierbereich.

■ Beispiel 4-4: Vergrößern und Verkleinern über einen Zoomfaktor

Die Zeichnung BAUTEIL sei geladen und soll durch die Vorgabe geeigneter Faktoren zunächst auf das Doppelte vergrößert und dann auf die ursprüngliche Größe verkleinert werden.

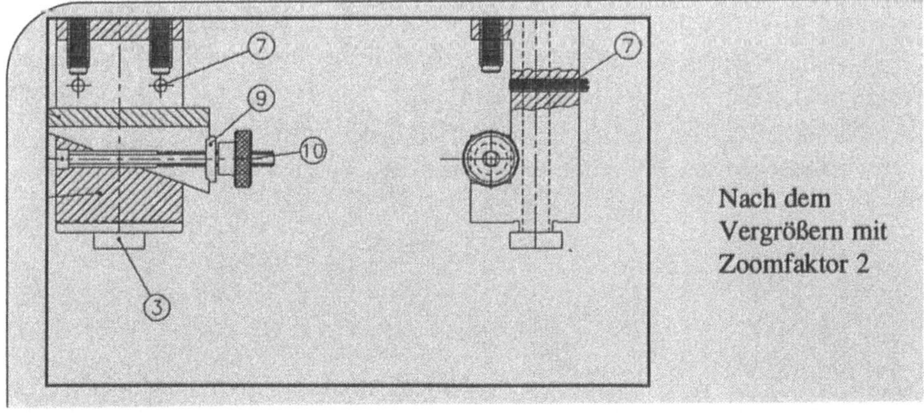

[Anzeige][Zoom][Alles]
[Anzeige][Zoom][Zoomfaktor]
Alles/Mitte/Grenzen/Vorher/Fenster/<Faktor(X/XP)>: 2 ⏎
[Anzeige][Zoom][Zoomfaktor]
Alles/Mitte/Grenzen/Vorher/Fenster/<Faktor(X/XP)>: 0.5X ⏎

Eine Eingabe des Wertes 0.5 ohne die Ergänzung mit 'X' hätte nicht das gewünschte
Ergebnis geliefert, da die Verkleinerung dann relativ zur Gesamtzeichnung und nicht relativ
zum aktuellen Bildausschnitt erfolgt wäre. Prinzipiell hätte das Zurückbringen der Zeichnung auf ihre Ausgangsdarstellung mit dem Aufruf der *Zoom*-Option *Vorher* erfolgen
können.

☞ *Hinweis: Speichern von Ansichtsfenstern*

Unter AutoCAD LT werden maximal 10 aufeinanderfolgende Ausschnitte gespeichert,
die mit der *Zoom*-Option *Vorher* nacheinander zurückgeholt werden können.

Zoom-Option *Fenster*: Festlegen eines Ausschnitts über ein Fenster

Nach Wahl dieser Option kann über die Eingabe zweier diagonaler Eckpunkte ein

Fenster im Dialog:
Erste Ecke:
Andere Ecke:

vereinbart werden, das anschließend in voller Größe auf dem Bildschirm angezeigt wird.
Die ganz oder teilweise im Fenster liegenden Zeichnungsteile werden entsprechend
vergrößert dargestellt, und zwar unabhängig davon, in welcher Reihenfolge die Ecken
des Fensters festgelegt worden sind.

■ Beispiel 4-5: Vergrößern einer Zeichnung über ein Fenster

Ausgehend von der Darstellung der Zeichnung BAUTEIL nach einem Zoom mit der
Option *Grenzen* sind nacheinander zwei Vergrößerungen vorzunehmen, mit denen man
sich zunächst den unteren Bereich der linken Teilzeichnung und dann die Rändelschrau-
be genauer ansehen kann. Anschließend ist die Ausgangsdarstellung wieder herzustel-
len.

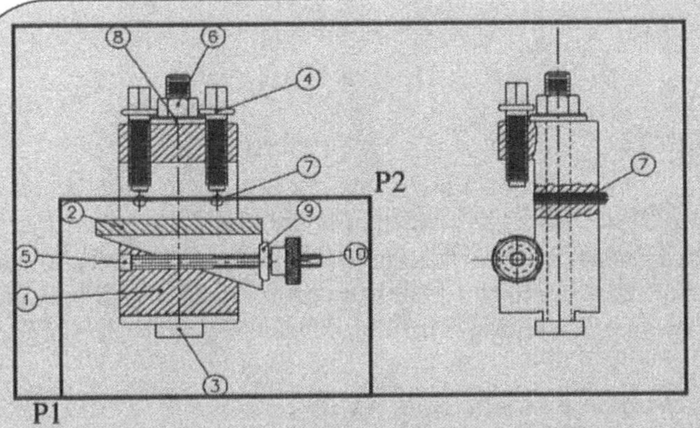

Vor dem Vergrößern
und nach dem
Rückgängigmachen

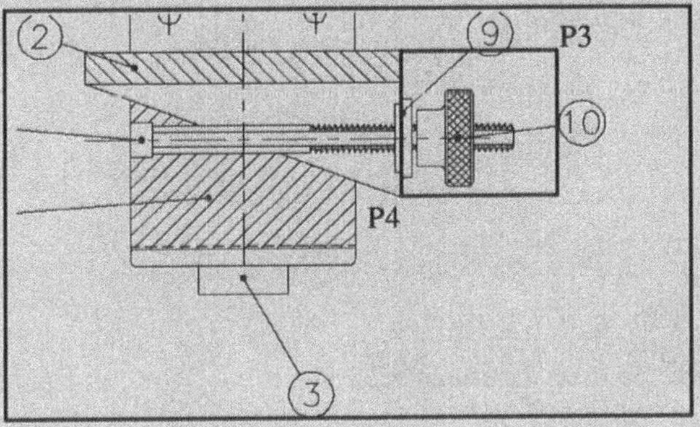

Nach dem ersten
Vergrößern

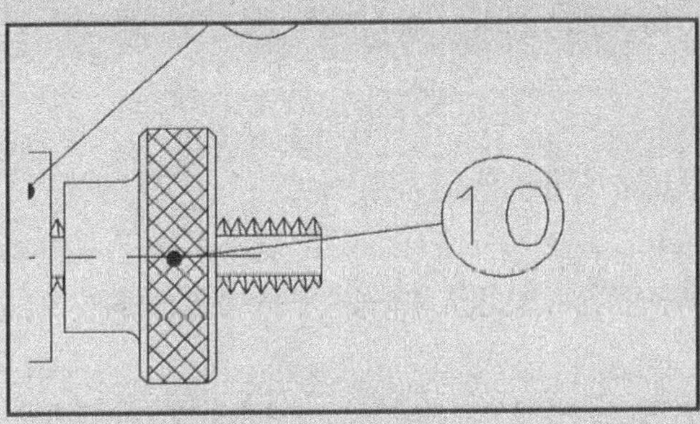

Nach dem zweiten
Vergrößern

[Anzeige][Zoom][Grenzen]	{Gesamtzeichnung anzeigen}
[Anzeige][Zoom][Fenster]	{1. Vergrößerung der Zeichnung}
Erste Ecke: **[P1]**	
Andere Ecke: **[P2]**	
[Anzeige][Zoom][Fenster]	{2. Vergrößerung der Zeichnung}

> Erste Ecke: **[P3]**
> Andere Ecke: **[P4]**
> **[Anzeige][Zoom][Vorher]**   { Vergrößerungen rückgängigmachen}
> **[Anzeige][Zoom][Vorher]**

Ein Verschieben des aktuellen Bildausschnitts ohne Änderung seiner Größe läßt sich mit dem *Anzeige*-Befehl *Pan* durchführen. Man kann sich dies in der Weise vorstellen, daß die Zeichnung durch ein Fenster betrachtet und unter diesem verschoben wird. Hiermit lassen sich benachbarte Bereiche einer Zeichnung nacheinander betrachten, wenn diese nicht vollständig auf dem Bildschirm sichtbar sind.

Anzeige-Befehl *Pan*: Verschieben von Bildausschnitten

Nach dem Aufruf des Befehls werden im Dialog die Richtung und Länge der Verschiebung festgelegt. Dies kann durch die Vorgabe zweier Punkte mit:

> Verschiebung: **Festlegen des Ausgangspunktes**
> Zweiter Punkt: **Festlegen der neuen Lage für den Ausgangspunkt**

oder durch die Eingabe der Verschiebungswerte in X- und Y-Richtung mit:

> Verschiebung: **Verschiebung in X-Richtung,**
> **Verschiebung in Y-Richtung** ⏎
> Zweiter Punkt: ⏎

erfolgen. Man spricht in diesem Zusammenhang von absoluter bzw. relativer Verschiebung. Der Befehl *Pan* kann auch aufgerufen werden mit:

> Befehl: **PAN** ⏎

oder durch Anklicken des Symbols 🖽 im Werkzeugkasten.

■ Beispiel 4-6: Absolutes Verschieben eines Ausschnitts durch Zeigen

Die Zeichnung BAUTEIL sei in doppelter Größe auf dem Bildschirm dargestellt. Der Bildausschnitt ist in geeigneter Weise zu verschieben, so daß die linke Teilzeichnung sichtbar wird.

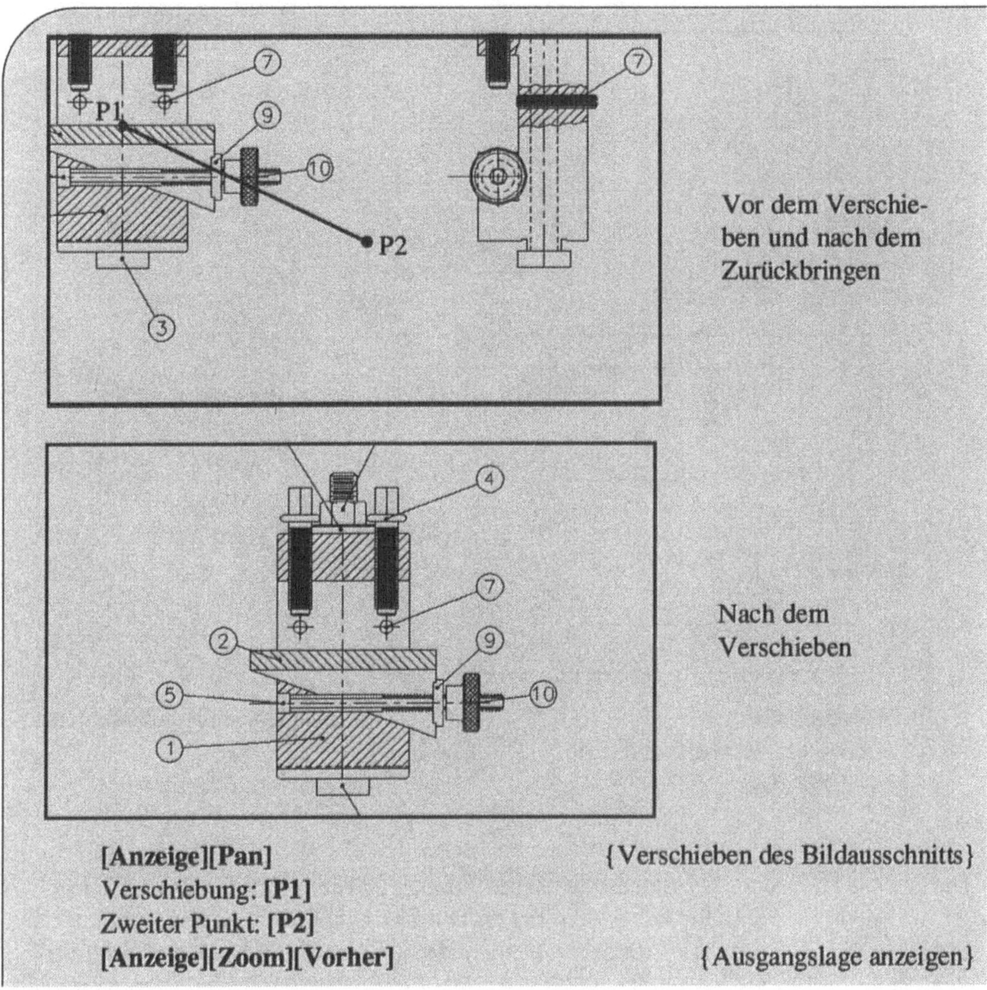

■ Beispiel 4-7: Relatives Verschieben eines Ausschnitts durch Tastatureingabe

Eine bestehende Zeichnung soll um 50 Einheiten nach links und um 30 nach unten verschoben werden.

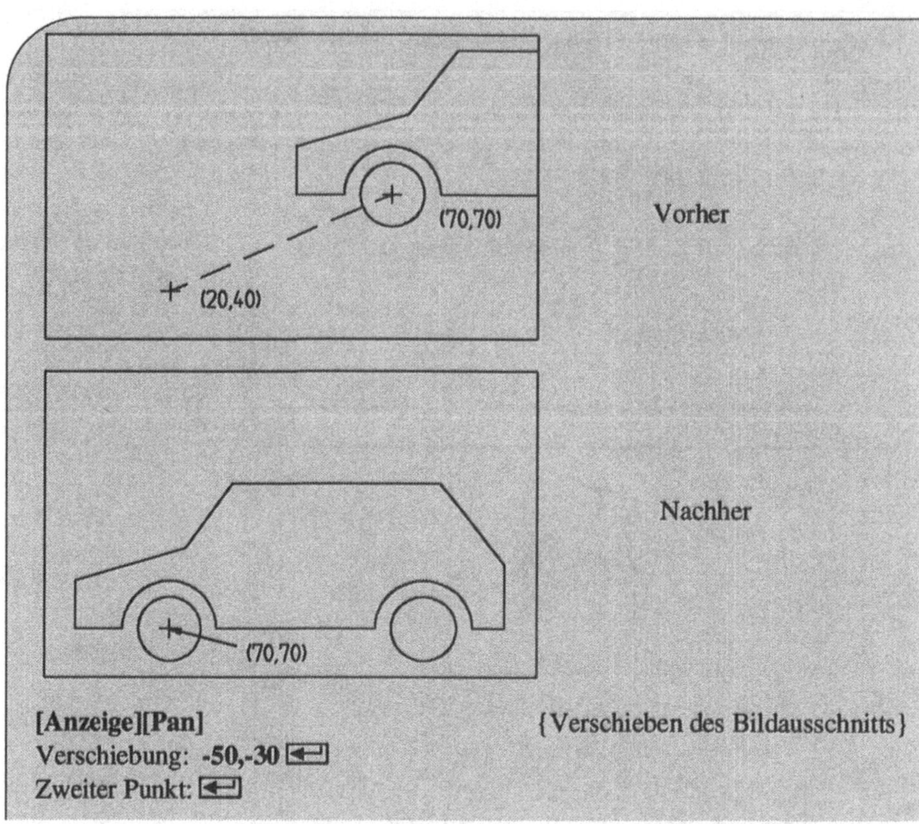

Die Befehle *Zoom* und *Pan* können auch beim Arbeiten mit dem AutoCAD LT- Übersichtsfenster benutzt werden. Sie lassen sich bei großen Zeichnungen meist noch gezielter und effektiver anwenden, da man mit dem Übersichtsfenster einen besseren Überblick über die Zeichnung besitzt als in der Darstellung auf der Gesamtzeichenfläche. Der Aufruf des Übersichtsfenster erfolgt mit dem *Modi*-Befehl *Übersichtsfenster*.

Modi-Befehl *Übersichtsfenster*: Aufruf des Übersichtsfensters

Nach dem Aufruf dieses Befehls wird die Gesamtzeichnung in einem speziellen Windows-Fenster angezeigt. Der aktuelle Bildausschnitt ist im Übersichtsfenster durch ein Rechteck markiert. Man vergleiche hierzu die Abbildung im Beispiel 4-8. Neben dem dynamischen Zoomen und Verschieben von Bildausschnitten sind hier weitere Anwendungen möglich, auf die an dieser Stellen nicht näher eingegangen werden soll.

■ Beispiel 4-8: Arbeiten mit einem Übersichtsfenster

Für die Zeichnung BAUTEIL ist das Übersichtsfenster aufzurufen. Anschließend soll
in diesem der Ausschnitt für eine Großdarstellung des unteren Teils der linken Teilzeichnung festgelegt werden.

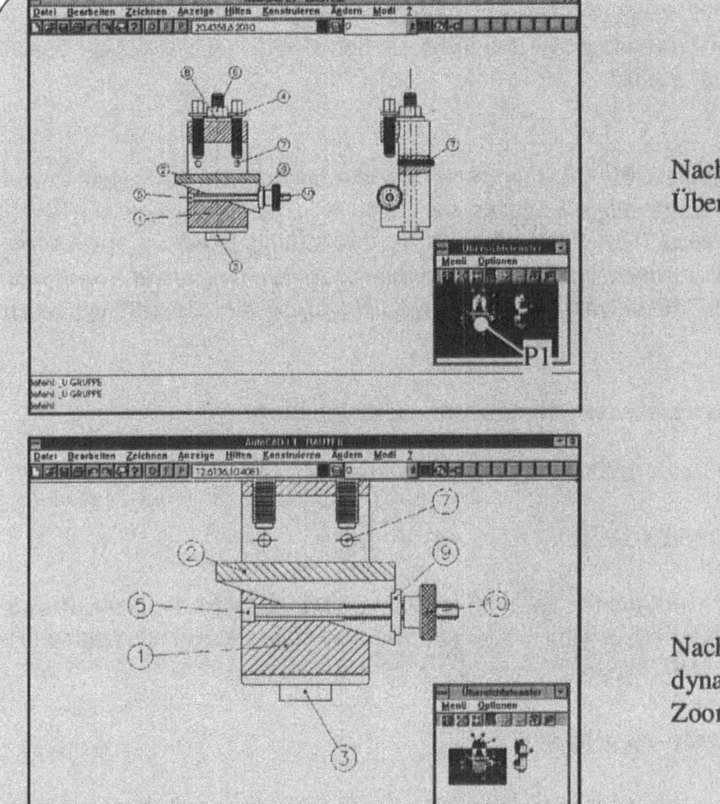

Nach dem Aufruf des
Übersichtsfensters

Nach dem
dynamischen
Zoomen

[Anzeige][Zoom][Alles]
[Modi][Übersichtsfenster]   {Aufruf des Übersichtsfensters}
[Punkt P1 im anzuzeigenden Teil]   {mit der rechten Maustaste!}
Verkleinern des Zoomfensters durch Bewegen der Maus nach links
[Linke Maustaste]

◆ Aufgabe 4-1: Zeichnung FLUGZEUG im größeren Maßstab ansehen

Die Zeichnung FLUGZEUG aus dem Verzeichnis C:\ACLTKURS ist zu laden und in 3facher Vergrößerung auf dem Bildschirm anzuzeigen. Anschließend sind Teilzeichnungen durch Verschieben sichtbar zu machen. Man sehe sich diese Teilzeichnungen auch in vergrößerter Darstellung an, indem man von der ursprünglichen Gesamtzeichnung ausgeht und geeignete Fenster wählt. Die Aufgabenstellungen sollten sowohl durch die direkte Anwendung der Befehle *Zoom* und *Pan* als auch über das Übersichtsfenster bearbeitet werden.

Beim Arbeiten mit AutoCAD LT kann es bei der Anwendung einiger Befehle, wie z.B. beim Löschen von Zeichnungselementen oder dem Rückgängigmachen von Befehlen, anschließend zu kleinen 'Unschönheiten' in der Darstellung kommen. Beispielsweise können sich Lücken in Linienzügen ergeben oder noch Markierungen von Konstruktionspunkten sichtbar sein. Mit einem Neuaufbau der Zeichnung werden diese Mängel beseitigt.

Anzeige-Befehl *Neuzeichnen*: Neuaufbau einer Zeichnung

Mit dem Aufruf dieses Befehls oder durch die Eingabe von:

>   Befehl: **NEUZEICH** ⏎

oder Anklicken des Symbols [⬚] in der Funktionsleiste wird der Neuaufbau einer Zeichnung aktiviert. Dieser kann u.U. relativ viel Zeit beanspruchen und läßt sich durch das gleichzeitige Drücken der Tasten Strg + C abbrechen.

☞ *Hinweis: Abbrechen eines Befehls*

Die Ausführung eines beliebigen AutoCAD LT-Befehls kann mit dem Drücken der Tastenkombination Strg + C vorzeitig beendet werden.

4.3   Zeichnen von Linien im Orthomodus

Das Zeichnen von waagerechten und senkrechten Linien erweist sich insbesondere beim Festlegen der einzelnen Punkte durch Anklicken als relativ umständlich, da die so erstellten Linien häufig Absätze und damit ein Treppenmuster besitzen. Zweckmäßigerweise sollte man hier im sogenannten Orthomodus arbeiten, bei dem nur das Zeichnen waagerechter und senkrechter Linien möglich ist. Diese Vorgehensweise entspricht dem Arbeiten mit einer Reißschiene am Zeichenbrett. Das Ein- und Ausschalten des Orthomodus kann auf verschiedene Weise erfolgen, z.B. im Dialogfenster *Zeichnungshilfen*, das mit dem *Modi*-Befehl *Zeichnungshilfen* aufgerufen wird.

Modi-Befehl *Zeichnungshilfen*: Festlegen von Hilfen beim Zeichnen

Nach Aufruf des Befehls *Zeichnungshilfen* können in dem gleichnamigen Dialogfenster:

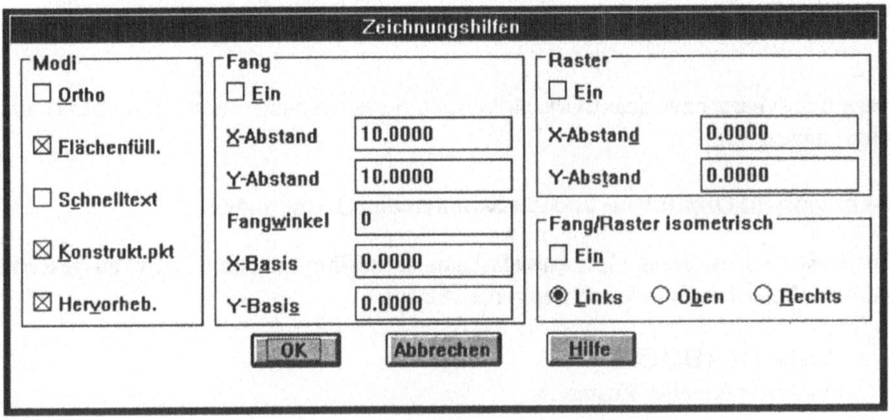

Bild 4-1: Dialogfenster *Zeichnungshilfen*

die Vereinbarungen für eine Reihe von Hilfen bei der Zeichnungserstellung, wie z.B. das Arbeiten im Orthomodus und mit Rastern, getroffen werden, und zwar über die folgenden Optionen:

- *Modi* Ein- und Ausschalten bestimmter Arbeitsmodi
- *Fang* Festlegen der Werte für ein Fangraster
- *Raster* Festlegen der Werte für ein Punktraster
- *Fang/Raster Isometrisch* Vereinbaren einer isometrischen Rasterdarstellung.

Die Optionen *OK*, *Abbrechen* und *Hilfe* haben die gleiche Wirkung wie in den bisher besprochenen Fenstern.

Zeichnungshilfen-Option *Modi*: Vereinbaren bestimmter Arbeitsmodi

Mit Hilfe der Option *Modi* kann man im Dialogfenster *Zeichnungshilfen* die folgenden Arbeitsweisen:

- *Ortho*   Zeichnen waagerechter und senkrechter Linien
- *Flächenfüll.*   Füllen von Polylinien, Ringen und Solids
- *Schnelltext*   vereinfachte Darstellung von Texten durch einen Rahmen
- *Konstrukt.pkt*   Anzeigen von Konstruktionspunkten
- *Hervorheb.*   Kennzeichnung ausgewählter Objekte bei einer Objektwahl

einzeln aktivieren bzw. deaktivieren. Eine aktivierte Arbeitsweise wird durch ein kleines Kreuz angezeigt.

Modi-Optionsfeld *Ortho*: Ein- und Ausschalten des Orthomodus

Durch Anklicken dieses Optionsfelds kann der Orthomodus ein- bzw. ausgeschaltet werden. Dies ist auch möglich durch den Aufruf:

Befehl: **ORTHO** ⏎
Ein/Aus <aktueller Zustand>:

oder durch Anklicken des Symbols [◎] in der Funktionsleiste oder Drücken der Funktionstaste [F8] .

■ Beispiel 4-9: Zeichnen von Linien im Orthomodus

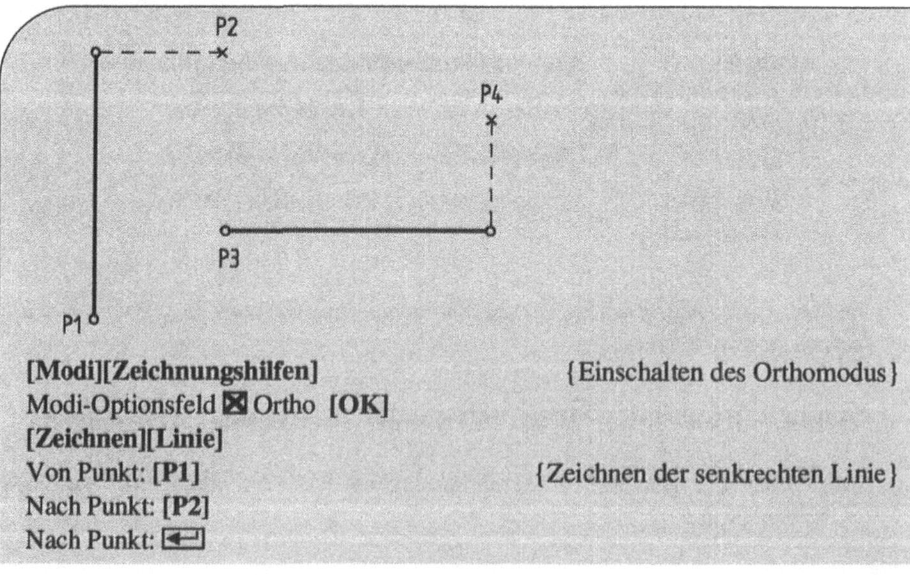


```
[Modi][Zeichnungshilfen]                          {Einschalten des Orthomodus}
Modi-Optionsfeld ⊠ Ortho  [OK]
[Zeichnen][Linie]
Von Punkt: [P1]                                   {Zeichnen der senkrechten Linie}
Nach Punkt: [P2]
Nach Punkt: ⏎
```

> Von Punkt: **[P3]**   {Zeichnen der senkrechten Linie}
> Nach Punkt: **[P4]**
> Nach Punkt: ⏎

☞ *Hinweis: Besonderheiten zum Arbeiten im Orthomodus*

Liegen die beiden gewählten Eckpunkte einer im Orthomodus zu zeichnenden Linie nicht auf einer orthogonalen Verbindungslinie, so werden zunächst intern der waagerechte und senkrechte Abstand voneinander ermittelt und verglichen. Der größere Abstand legt die Richtung der Linie fest, die dann gezeichnet wird. Mit Hilfe des Klammeraffens @ lassen sich auch bei eingeschaltetem Orthomodus nichtorthogonale - d.h. diagonale - Linien erzeugen.

☞ *Hinweis: Koordinatenanzeige in der Funktionsleiste*

Für die Anzeige der Koordinaten der aktuellen Cursorposition stehen die drei Varianten

- fortlaufende Anzeige der absoluten kartesischen Koordinaten,
- Anzeige der absoluten kartesischen Koordinaten nach Festlegen eines Punktes,
- fortlaufende Anzeige der relativen Polarkoordinaten

zur Verfügung. Durch Anklicken des Koordinaten-Anzeigefeldes oder Drücken der Funktionstaste F6 kann von einer Anzeigeform zur anderen gewechselt werden.

◆ **Aufgabe 4-2: Grundriß eines Bleches zeichnen**

Das unten angegebene Blech ist ohne Bemaßung und Beschriftung im Orthomodus zu zeichnen und unter dem Namen BLECH1 zu speichern. Man wechsle hierfür zunächst zur Anzeige der relativen Polarkoordinaten und klicke dann unter Beachtung der angezeigten Abstände und Winkel die Eckpunkte des erstellenden Linienzuges an.

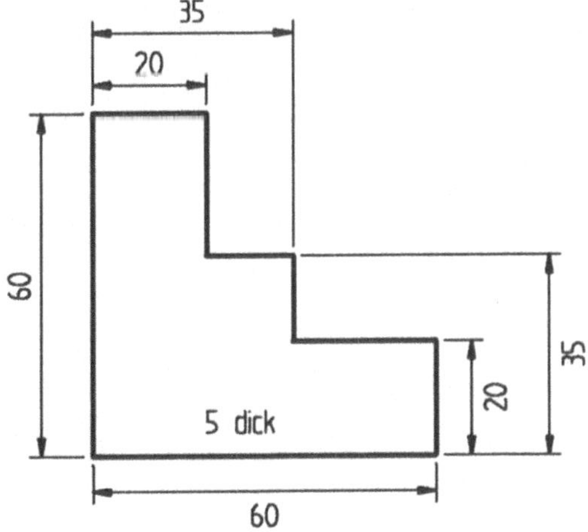

4.4   Arbeiten mit Rastern

Eine weitere wesentliche Hilfe beim Zeichnen mit AutoCAD LT ist das Arbeiten mit Rastern, die bei Bedarf aktiviert werden können. Man unterscheidet hierbei zwischen sichtbaren Punkt- und unsichtbaren Fangrastern. Ein Punktraster ist ein Hilfsnetz von Punkten, die auf dem Zeichenfläche angezeigt werden und zur besseren Orientierung für den Anwender dienen sollen. Unabhängig davon, ob ein Punktraster aktiviert ist oder nicht, kann jeder beliebige Punkt der Zeichenfläche - d.h. auch ein Nichtrasterpunkt - als Konstruktionspunkt verwendet werden. Die Vereinbarung der Abstände der Rasterpunkte voneinander und das Ein- bzw. Ausschalten eines Punktrasters werden zweckmäßigerweise im Dialogfenster *Zeichnungshilfen* vorgenommen.

Zeichnungshilfen-Option *Raster*: Arbeiten mit einem Punktraster

Die Möglichkeiten dieser Option sind:

- *Ein*   Ein- und Ausschalten eines Punktrasters
- *X-Abstand*   Festlegen des Rasterabstands in X-Richtung
- *Y-Abstand*   Festlegen des Rasterabstands in Y-Richtung

Entsprechende Möglichkeiten ergeben sich mit dem Aufruf:

Befehl: **RASTER** ⏎
Rasterwert(X) oder Ein/AUs/Fang/ASpekt <aktueller Rasterwert>:

Ein festgelegtes Punktraster kann ferner durch Drücken der Funktionstaste F7 aktiviert bzw. deaktiviert werden.

■ Beispiel 4-10: Punktraster mit gleichen Abständen vereinbaren

Es soll ein Punktraster mit einem Rasterabstand von 5 in X- und Y-Richtung vereinbart und eingeschaltet werden.

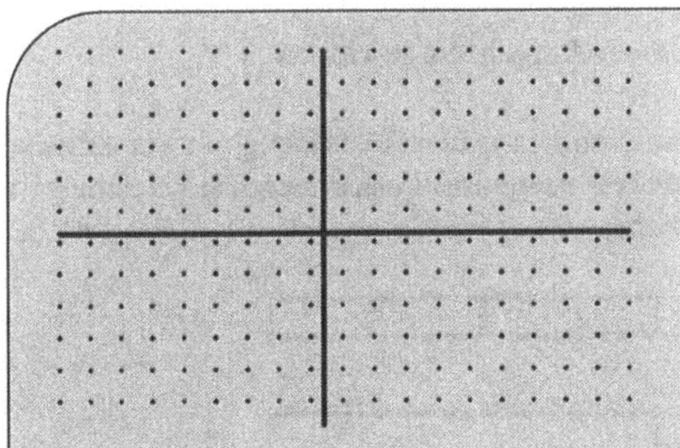

[Modi][Zeichnungshilfen]
Raster-Optionsfeld ⊠ Ein
Raster-Eingabefeld X-Abstand 5 ⏎
[OK]

☞ *Hinweis: Gleiche Rasterabstände in X- und Y-Richtung*

Beim Festlegen eines Rasters wird für den Y-Abstand zunächst standardmäßig der eingegebene X-Abstand übernommen.

■ **Beispiel 4-11: Punktraster mit unterschiedlichen Abständen vereinbaren**

Es soll ein Punktraster mit dem Abstand 5 in der Waagerechten und dem Abstand 10 in der Senkrechten festgelegt werden.

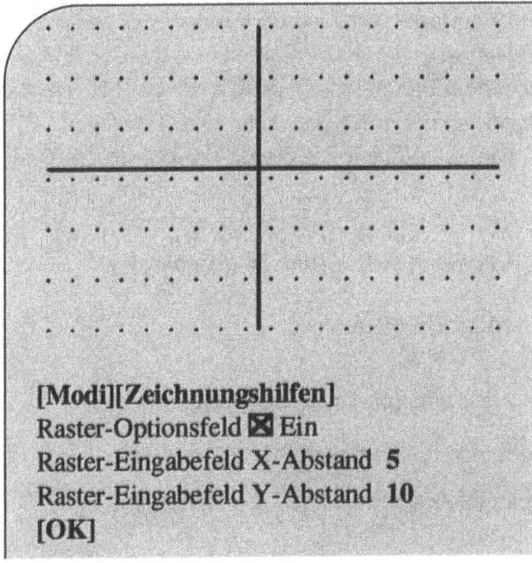

[Modi][Zeichnungshilfen]
Raster-Optionsfeld ⊠ Ein
Raster-Eingabefeld X-Abstand **5**
Raster-Eingabefeld Y-Abstand **10**
[OK]

◆ Aufgabe 4-3: Grundplatte in zwei Ansichten zeichnen

Man zeichne im Orthomodus eine Grundplatte ohne Bemaßung in zwei Ansichten auf
ein DIN A4-Blatt und benutze dabei ein geeignetes Punktraster. Die Zeichnung ist unter
dem Namen GRUNDPL1 zu sichern.

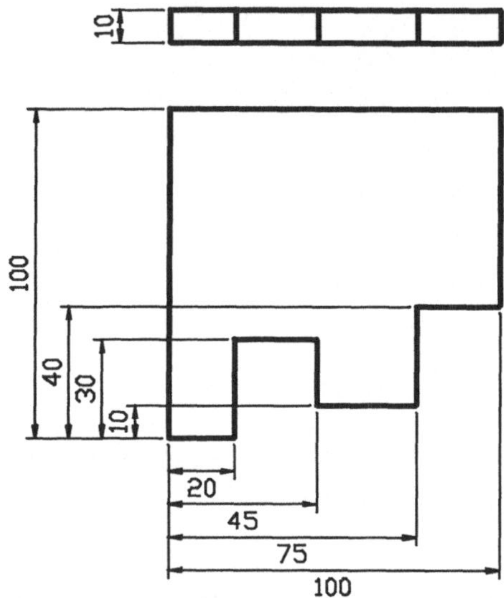

Obwohl das Zeichnen von waagerechten und senkrechten Linien im Orthomodus und mit
einem Punktraster einfacher ist als ohne diese Hilfen, ist die Arbeitsweise noch nicht
optimal. Beispielsweise ist die Maßgenauigkeit einer so erstellten Zeichnung nicht gut,
wenn die einzelnen Punkte unter Beachtung der Koordinatenanzeige durch Anklicken
festgelegt werden. Beim Arbeiten mit einem Fangraster stellt sich dieses Problem nicht, da
hier nur Punkte des Fangrasters angeklickt werden können. Das Festlegen, Ein- und
Ausschalten eines Fangrasters erfolgt ganz analog wie bei einem Punktraster im Dialogfenster *Zeichnungshilfen*.

Zeichnungshilfen-Option *Fang*: Arbeiten mit einem Fangraster

Es bestehen hierfür die folgenden Möglichkeiten:

- *Ein*   Ein- und Ausschalten eines Fangrasters
- *X-Abstand*   Festlegen des Rasterabstands in X-Richtung
- *Y-Abstand*   Festlegen des Rasterabstands in Y-Richtung

- *Fangwinkel*   Festlegen eines Winkels für Drehung des Rasters

- *X-Basis*   Festlegen der X-Koordinate für Basispunkt des Rasters

- *Y-Basis*   Festlegen der Y-Koordinate für Basispunkt des Rasters

Entsprechende Möglichkeiten ergeben sich mit dem Aufruf:

Befehl: **FANG** ⏎
Fangwert oder Ein/AUs/ASpekt/Drehen/Stil <aktueller Rasterwert>:

Das Ein- und Ausschalten eines festgelegten Fangrasters kann durch Anklicken des Symbols F oder Drücken der Funktionstaste F9 erfolgen.

■ Beispiel 4-12: Fangraster mit unterschiedlichen Abständen vereinbaren

Es soll ein Fangraster mit den Abständen 5 und 10 in waagerechter bzw. senkrechter Richtung vereinbart werden. Dieses Fangraster ist durch ein Punktraster mit gleichen Abständen sichtbar zu machen.

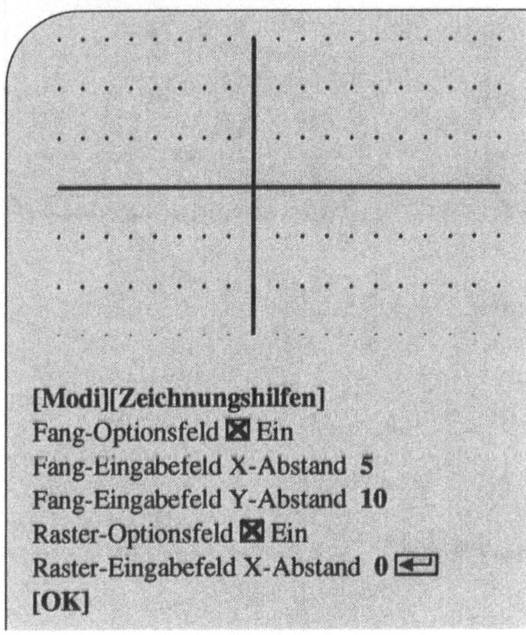

☞ *Hinweis: Fang- und Punktraster mit gleichen Abständen*

Die festgelegten Abstände für ein Fangraster werden automatisch für ein entsprechendes Punktraster übernommen, wenn man dort für den X-Abstand den Wert Null eingibt.

☞ *Hinweis: Koordinateneingabe für Nichtrasterpunkte*

Ein Nichtrasterpunkt läßt sich bei eingeschaltetem Fangraster auch als Konstruktionspunkt in einer Zeichnung festlegen, wenn seine Koordinaten über die Tastatur eingegeben werden. Dies läßt sich ebenfalls erreichen, indem man das Fangraster kurzfristig ausschaltet.

■ Beispiel 4-13: Drehen eines Fangrasters

Ein vorgegebenes Fangraster mit dem Abstand 10 in beiden Richtungen ist um einen Winkel von 20° um den Basispunkt P(20,10) zu drehen.

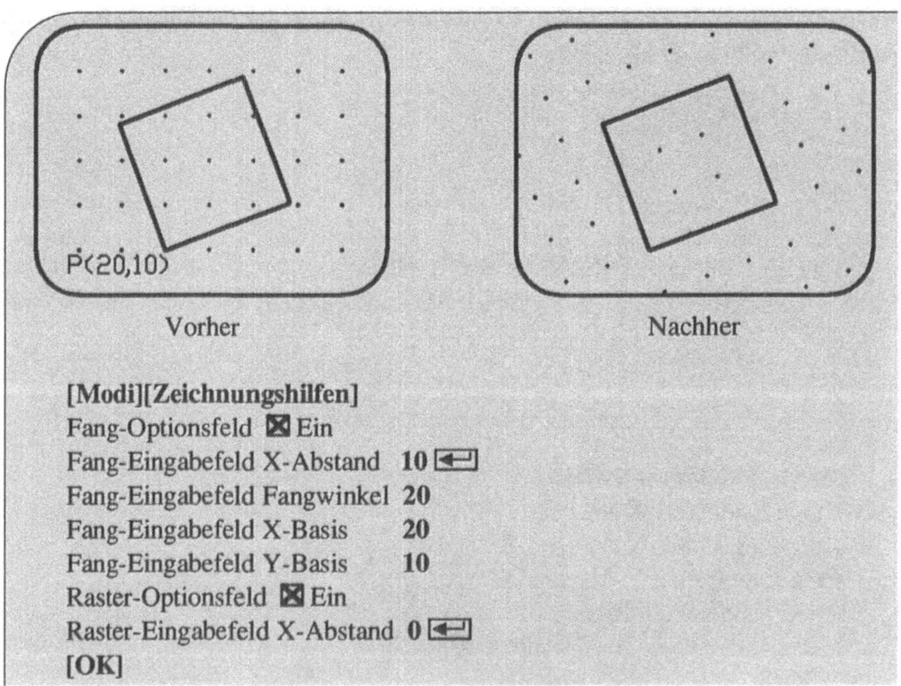

Da das Arbeiten mit Rastern sich als sehr vorteilhaft erweist, sollten entsprechende Einstellungen in Prototypzeichnungen vorgesehen werden, die beim Anlegen einer neuen Zeichnung übernommen werden können.

■ Beispiel 4-14: Anpassen einer Prototypzeichnung

Für die unter dem Namen PRODINA4 gespeicherte Prototypzeichnung sind folgende Grundeinstellungen vorzusehen:

- eingeschaltetes Fangraster mit Abstand 5 in X- und Y-Richtung
- eingeschaltetes Punktraster mit Abstand 10 in X- und Y-Richtung
- Anzeige der Gesamtzeichnung im Limitenbereich

Nach dem Laden der Zeichnungsdatei PRODINA4 können die gewünschten Vorgaben wie folgt durchgeführt werden:

```
[Modi][Zeichnungshilfen]
Fang-Optionsfeld ⊠ Ein                            {Fangraster vereinbaren}
Fang-Eingabefeld X-Abstand  5 ⏎
Raster-Optionsfeld ⊠ Ein                          {Punktraster}
Raster-Eingabefeld X-Abstand 10 ⏎
[OK]
[Anzeige][Zoom][Alles]                            {Anzeige im Limitenbereich}
[Datei][Sichern]                   {Speichern der geänderten Prototypdatei}
```

◆ Aufgabe 4-4: Prototypzeichnung aktualisieren

Man sehe für die Prototypzeichnung PRODINA2 Fang- und Punktraster mit gleichen Abständen von 20 in X- und Y-Richtung vor. Ferner soll hier ebenfalls der Limitenbereich auf dem Bildschirm angezeigt werden.

4.5   Arbeiten mit Objektfang

Die Objekte in einer technischen Zeichnung bestehen in der Regel aus mehreren Elementen, die meist zueinander in einem bestimmten funktionalen Zusammenhang stehen. Unter Berücksichtigung solcher Zusammhänge muß man beim Zeichnen häufig spezielle Punkte von bereits erstellte Zeichnungselemente exakt anwählen und anschließend die Zeichnung an diesen Stellen fortsetzen. Beispielsweise ist zur Darstellung einer Bohrung zunächst der Schnittpunkt zweier Linien zu bestimmen und dann ein Kreis um diesen Punkt zu zeichnen. Mit Hilfe des sogenannten Objektfangs kann man in AutoCAD LT gezielt Punkte in einer

Zeichnung ansteuern und zur weiteren Verarbeitung benutzen. Beim Arbeiten mit einem Objektfangmodus wird das Fadenkreuz mit einem zusätzlichen rechteckigen Fangfenster mit einer Kantenlänge zwischen 1 und 50 Zeicheneinheiten angezeigt. Standardmäßig wird hierfür die Kantenlänge 5 vorgegeben. Wird ein Punkt mit Objektfang festgelegt, so werden alle Punkte der durch das Fangfenster erfaßten Zeichnungselemente dahingehend überprüft, ob sie die durch den jeweiligen Objektfangmodus spezifizierten Bedingungen erfüllen oder nicht. Wird genau ein solcher Punkt gefunden, so wird dieser als Konstruktionspunkt für den auszuführenden Zeichenbefehl verwendet. Werden mehrere Punkte gefunden, die die Bedingungen erfüllen, so wird i.a. der am nächsten zum Fadenkreuz liegende Punkt gewählt.

Unter AutoCAD LT stehen folgende speziellen Objektfangmodi zur Verfügung:

- *Endpunkt*   Einfangen des Endpunktes einer Linie oder eines Kreisbogens

- *Mittelpunkt*   Einfangen des Mittelpunktes einer Linie oder eines Kreisbogens

- *Zentrum*   Einfangen des Mittelpunktes eines Kreises oder Kreisbogens

- *Punkt*   Einfangen eines einzelnen Punktes, der mit dem *Zeichnen*-Befehl *Punkt* erstellt worden ist

- *Quadrant*   Einfangen eines Kreis- oder Kreisbogenpunktes, der zu einem der Winkel 0°, 90°, 180° oder 270° gehört

- *Schnittpunkt* Einfangen des Schnittpunktes zweier Objekte

- *Basispunkt*   Einfangen des Einfüge- oder Basispunktes eines Textes, Blockes oder Symbols

- *Lot*   Einfangen eines Punktes zum Zeichnen eines Lotes auf ein Objekt

- *Tangente*   Einfangen eines Punktes zum Zeichnen einer Tangente an ein Objekt

- *Nächster*   Einfangen des Punktes, der sich am nächsten zum Fadenkreuz befindet

- *Quick*   Einschalten des sogenannten Schnell-Objektfangs

- *Keiner*   Ausschalten von auf Dauer vereinbarten Objektfangmodi

☞ *Hinweis: Schnell-Objektfang*

Erfüllen mehrere Punkte innerhalb des Fangfensters die durch den Fangmodus vorgegebene Bedingung, so wird in der Regel der Punkt ausgewählt, der am dichtesten am Fadenkreuz liegt. Diese Auswahl erfordert relativ viel Zeit und kann durch Einschalten des Schnell-Objektfangs verkürzt werden, indem hier der erste gefundene Punkt übernommen wird. Da diese Vorgehensweise zu falschen Punkten führen kann, sollte man sie zweckmäßigerweise nur bei eindeutigen Sachverhalten anwenden.

In den beiden folgenden Bildern werden die verschiedenen Objektfangmodi an kleinen Beispielen veranschaulicht, wobei die eingefangenen - d.h. die aufgrund des jeweiligen Objektfangmodus ausgewählten - Punkte mit einem Kreuz gekennzeichnet sind.

Einfangen eines Endpunktes

Einfangen eines Mittelpunktes

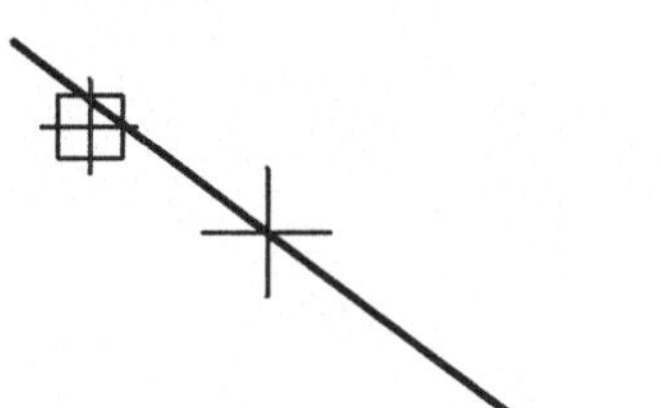
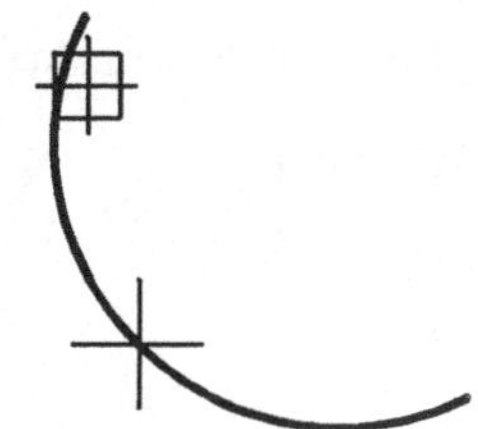

Einfangen eines Zentrumpunktes

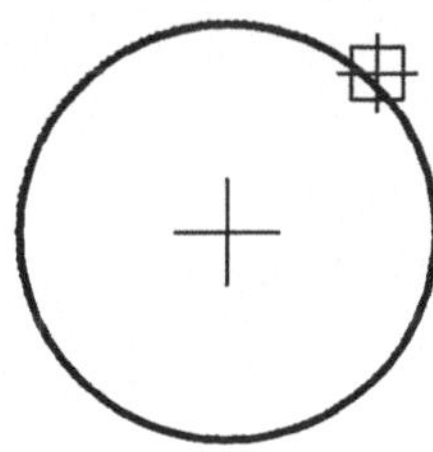
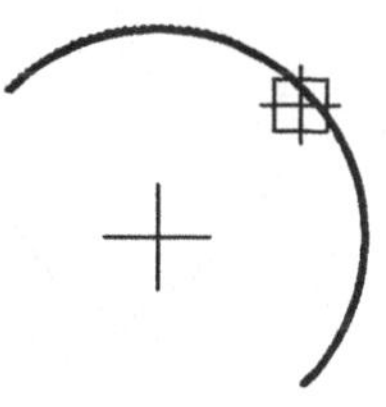

Einfangen eines Quadrantenpunktes

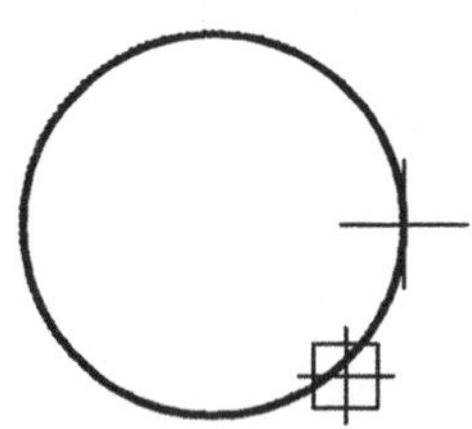
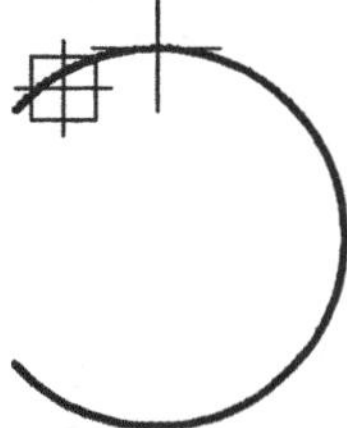

Bild 4-2: Beispiele für Objektfangmodi - Teil 1

Einfangen eines Schnittpunktes

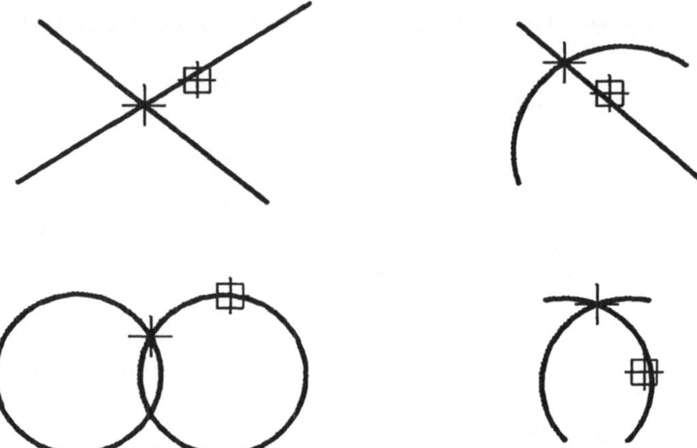

Einfangen eines Einfügepunktes

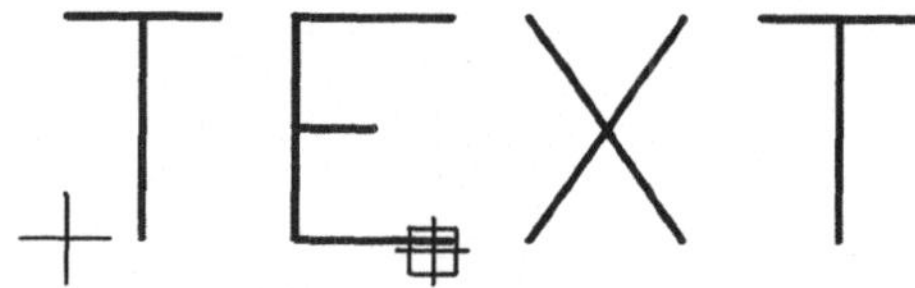

Einfangen eines Lotfußpunktes

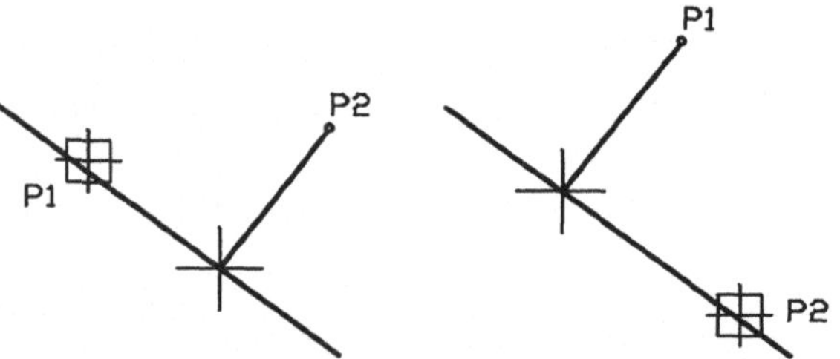

Einfangen eines Tangentenpunktes

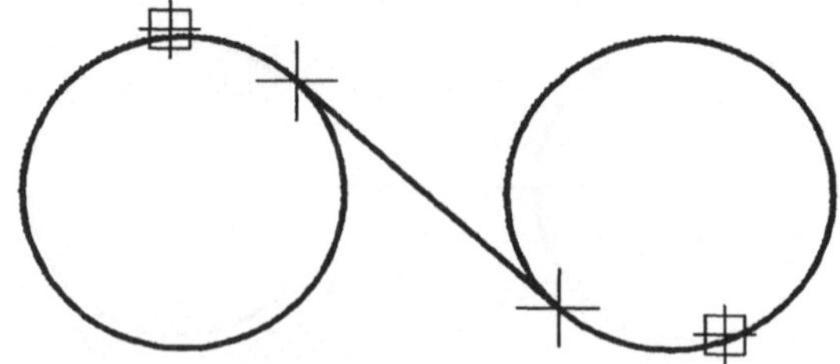

Bild 4-3: Beispiele für Objektfangmodi - Teil 2

Bei der Festlegung von Objektfangmodi unterscheidet man im wesentlichen die beiden Vorgehensweisen:

- Festlegen eines Objektfangmodus 'von Fall zu Fall' bei Eingabe eines Punktes oder
- Festlegen eines oder mehrerer Objektfangmodi 'auf Dauer'

Auf beide Varianten soll im weiteren näher eingegangen werden.

Wahl eines Objektfangmodus für eine Punkteingabe

Ein spezieller Objektfangmodus kann bei jeder Eingabe eines Punktes über die Tastatur mit:

Punktanfrage: **Erste drei Buchstaben der Bezeichnung des Fangmodus** ⏎

oder durch Anklicken des entsprechenden Symbols im Werkzeugkasten oder durch Anklicken in einem Auswahlmenü erfolgen. Man vergleiche hierzu auch die Bilder 4-4 und 4-5. Die Symbole für die Wahl des Objektfangmodus befinden sich i.a. in der zweiten Zeile des Werkzeugkastens.

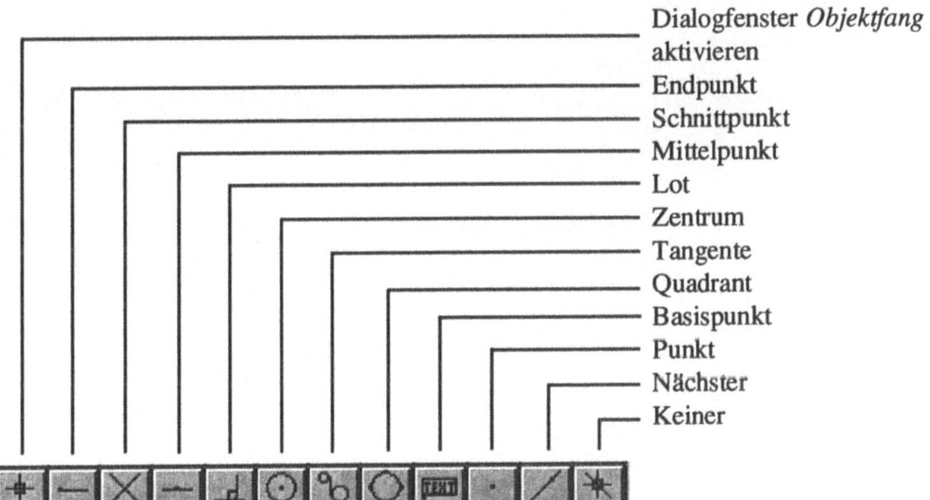

Bild 4-4: Symbole im Werkzeugkasten für Objektfangmodi

Arbeitet man mit einer Maus mit drei Tasten, so kann man durch Anklicken der mittleren Taste ein Auswahlmenü zum Festlegen des Fangmodus aktivieren (vgl. Bild 4-5).

Bild 4-5: Auswahlmenü für Objektfangmodi

■ **Beispiel 4-15: Zeichnen eines Rechtecks mit Diagonalen**

Es soll ein Rechteck mit einer Diagonalen und einer Halbdiagonalen gezeichnet werden. Die beiden Diagonalen sind mit Hilfe geeigneter Objektfangmodi zu erstellen, die man von Fall zu Fall geeignet vereinbart.

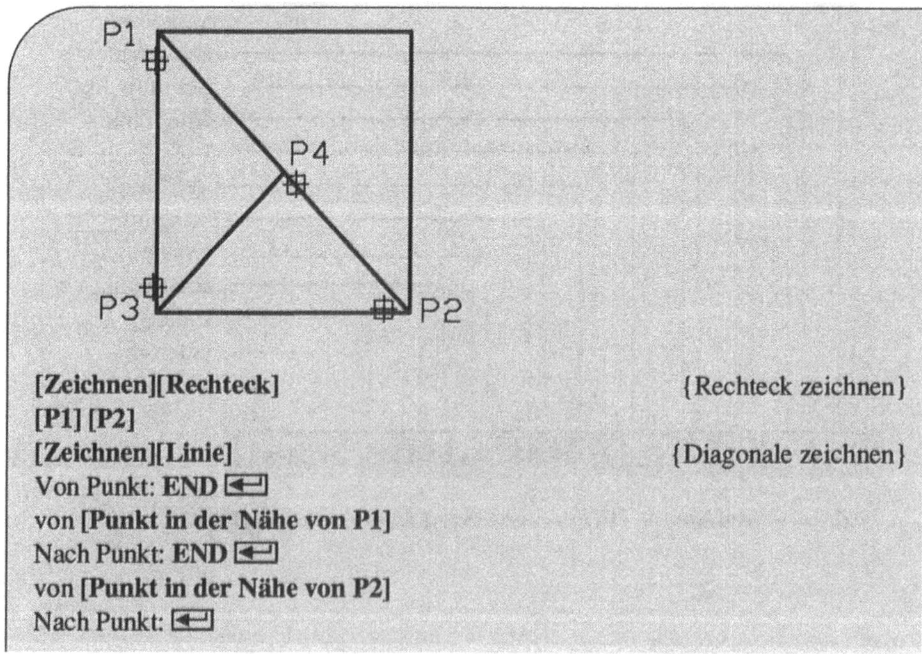


```
[Zeichnen][Rechteck]                              {Rechteck zeichnen}
[P1] [P2]
[Zeichnen][Linie]                                 {Diagonale zeichnen}
Von Punkt: END ⏎
von [Punkt in der Nähe von P1]
Nach Punkt: END ⏎
von [Punkt in der Nähe von P2]
Nach Punkt: ⏎
```

> **[Zeichnen][Linie]**																	{Halbdiagonale zeichnen}
> Von Punkt: **SCH** ⬅
> von **[Punkt in der Nähe von P3]**
> Nach Punkt: **MIT** ⬅
> von **[Punkt in der Nähe von P4]**
> Nach Punkt: ⬅

Offensichtlich kann man beim Einfangen von Punkten mit verschiedenen Objektfangmodi zum Ziel kommen, wobei einige Modi häufiger zur Anwendung kommen werden als andere. Diese häufiger verwendeten Fangmodi sollten zweckmäßigerweise mit dem *Hilfen*-Befehl *Objektfang* für die gesamte Zeit des Zeichnens eingestellt werden. Sie sind Bestandteil der Zeichnung und werden beim Sichern ebenfalls abgespeichert. Benötigt man während des Zeichnens einen anderen Objektfangmodus als die vereinbarten, so kann dieser nach der oben beschriebenen Methode kurzzeitig aktiviert werden. Anschließend gelten dann wieder die auf Dauer festgelegten Modi.

Menüpunkt *Hilfen*: Vereinbaren von Hilfen und Ausführen von Abfragen

Für diesen Menüpunkt bestehen folgende Möglichkeiten:

- *Objektfang* — Festlegen von Objektfangmodi auf Dauer
- *Objektwahl* — Vereinbaren von Optionen zur Objektauswahl
- *XYZ Filter* — Festsetzen von Filtern für die Koordinateneingabe
- *BKS-Ausrichtung* — Dialogauswahl von Benutzerkoordinatensystemen
- *Benanntes BKS* — Wechseln und Speichern von Benutzerkoordinatensystemen
- *BKS setzen* — Arbeiten mit einem neuen Benutzerkoordinatensystem
- *BKS-Symbol* — Steuerung der Anzeige eines Symbols für BKS
- *ID-Punkt* — Ermitteln und Anzeige der Koordinaten eines Punktes
- *Abstand* — Ermitteln und Anzeige des Abstandes zweier Punkte
- *Fläche* — Ermitteln und Anzeige des Flächeninhalts und Umfangs beliebiger Flächen
- *Liste* — Anzeige der Geometriedaten und Eigenschaften ausgewählter Objekte
- *Zeit* — Anzeige des Datums der Erstellung und Aktualisierung einer Zeichnung

Hilfen-Befehl *Objektfang*: Festlegen von Objektfangmodi auf Dauer

Nach dem Aufruf des Befehls *Objektfang* können in dem Dialogfenster *Objektfang*:

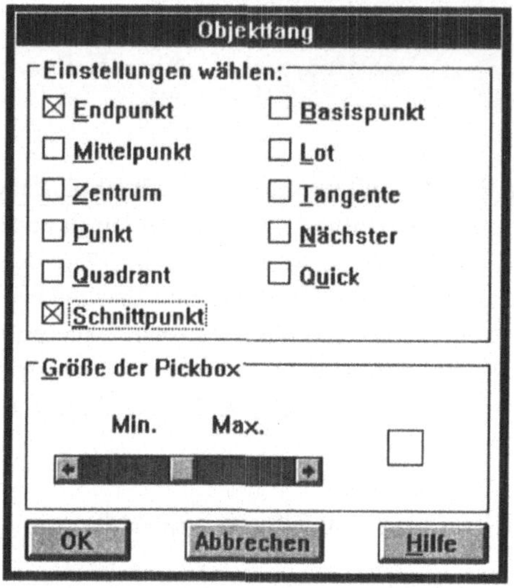

Bild 4-6: Dialogfenster *Objektfang*

ein oder mehrere Modi für den Objektfang und die Größe des Fangfensters vereinbart werden. Hierfür werden die Optionen

- *Einstellungen wählen*   Ein- und Ausschalten einzelner Objektfangmodi und
- *Größe der Pickbox*   Festlegen der Größe des Fangfensters zwischen 1 und 50 unter Anzeige seiner Originalgröße rechts daneben

bereitgestellt. Die Optionen *OK*, *Abbrechen* und *Hilfe* haben die Wirkung wie bisher.

Auf gleiche Weise lassen sich Objektfangmodi und Fenstergröße mit dem Aufruf:

Befehl: **DDOSNAP** ⏎

oder durch Anklicken des Symbols ⊞ festlegen. Ferner ist dies auch einzeln möglich mit den Aufrufen:

Befehl: **OFANG** ⏎
Objektfang-Modi:

und

Befehl: **ÖFFNUNG** ⏎
Größe des Objektfangfensters (1-50 Pixel) <aktueller Wert>:

Bei der Anwendung des Befehls *OFANG* werden mehrere Modi vereinbart, indem man die drei Anfangsbuchstaben der entsprechenden Modi - durch Komma getrennt - zusammen eingibt.

■ Beispiel 4-16: Zeichnen eines Rechtecks mit Diagonalen

Das Rechteck und die Diagonalen aus Beispiel 4-15 sind erneut zu zeichnen, wobei man zunächst die Objektfangmodi *Schnittpunkt* und *Mittelpunkt* aktiviert und dann die eigentliche Zeichnung durchführt.

```
[Hilfen][Objektfang]                                    {Festlegen der Objektfangmodi}
Einstellungen wählen-Optionsfeld ⊠ Mittelpunkt
Einstellungen wählen-Optionsfeld ⊠ Schnittpunkt
[OK]
[Zeichnen][Rechteck]                                    {Rechteck zeichnen}
[P1] [P2]
[Zeichnen][Linie]                                       {Diagonale zeichnen}
Von Punkt: [Punkt in der Nähe von P1]
Nach Punkt: [Punkt in der Nähe von P2]
Nach Punkt: ⏎
[Zeichnen][Linie]                                       {Halbdiagonale zeichnen}
Von Punkt: [Punkt in der Nähe von P3]
Nach Punkt: [Punkt in der Nähe von P4]
Nach Punkt: ⏎
```

◆ Aufgabe 4-5: Werkstück in drei Ansichten zeichnen

Ein Werkstück ist in drei Ansichten ohne Bemaßung und Text im DIN A4-Format zu zeichnen und unter dem Namen KONSOLE zu speichern. Man arbeite hierbei mit einem geeigneten Fangraster und geeigneten Objektfangmodi.

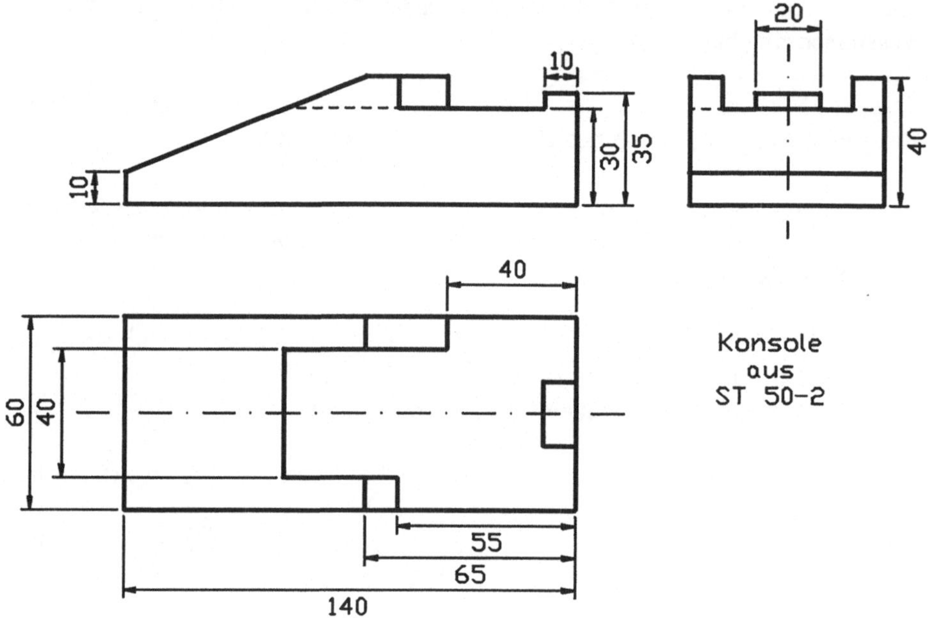

5 Das Arbeiten mit Layern

Mit AutoCAD LT kann in beliebig vielen Ebenen gezeichnet werden. Man nennt diese verschiedenen Zeichnungsebenen auch Layer und kann sie über ihren Namen auswählen. Für die Festlegung von Layernamen gelten die gleichen Vereinbarungen wie für Zeichnungsnamen. Das Arbeiten mit Layern kann man sich wie das Arbeiten auf mehreren Klarsichtfolien vorstellen, auf die man jeweils mit einer bestimmten Farbe und Linienart zeichnet. Dabei liegen die Folien deckungsgleich übereinander und lassen sich nach Bedarf ein- und ausblenden. Es kann immer nur auf einer Ebene - auf dem sogenannten aktuellen Layer - gezeichnet werden. Unabhängig davon werden Änderungen von Zeichnungselementen, die in mehreren Layern vorhanden sind oder mit Objekten auf anderen Layern zusammenhängen, entsprechend in allen anderen Layern berücksichtigt. Dies kann ausgeschlossen werden, indem man bestimmte Layer einfriert.

Die oben beschriebene Arbeitsweise wird als Layer- oder Ebenentechnik bezeichnet und stellt ein wichtiges Hilfsmittel beim Erstellen von Zeichnungen dar. Sie findet im technischen Zeichnen mit einem CAD-System vielfältigen Einsatz. Mögliche Anwendungen sind beispielsweise

- Zeichnen von Konturen, Mittellinien, Schraffuren, Bemaßungen und verdeckten Kanten jeweils in einem speziellen Layer,
- Darstellen der Einzelteile für eine Zusammenbauzeichnung in verschiedenen Layern,
- Erstellen von Hilfskonstruktionen in speziellen Layern, die anschließend in der eigentlichen Zeichnung ausgeblendet werden, und
- Zuordnen von Ansichtsfenstern zu mehreren Layern bei der Ausgabe einer Zeichnung über einen Plotter oder Drucker.

Für das Zeichnen verschiedener Zeichnungselemente, wie z.B. von Kontur- oder Mittellinien, in speziellen Ebenen vergleiche man die im Bild 5-1 angegebene Darstellung.

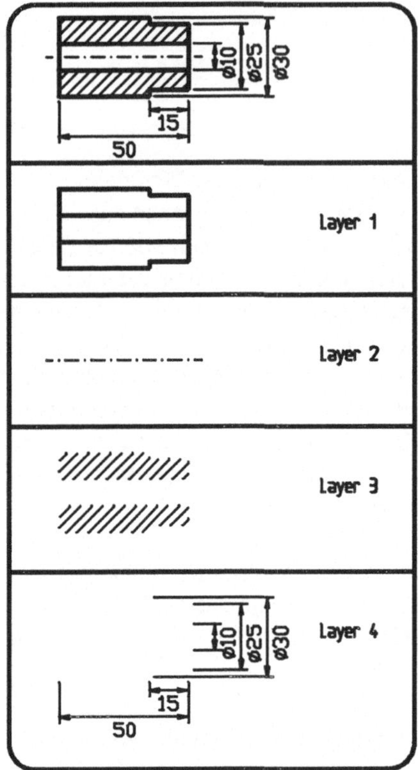

Bild 5-1: Darstellung eines Drehkörpers in mehreren Layern

Unter dem Menüpunkt *Modi* werden mit dem Befehl *Layersteuerung* die Möglichkeiten für die Anwendung der Layertechnik bereitgestellt.

Modi-Befehl *Layersteuerung*: **Arbeiten mit Layern**

Nach Aufruf dieses Befehls können in dem - im Bild 5-2 dargestellten - Dialogfenster die speziellen Vorgehensweisen beim Arbeiten mit verschiedenen Zeichenebenen realisiert werden.

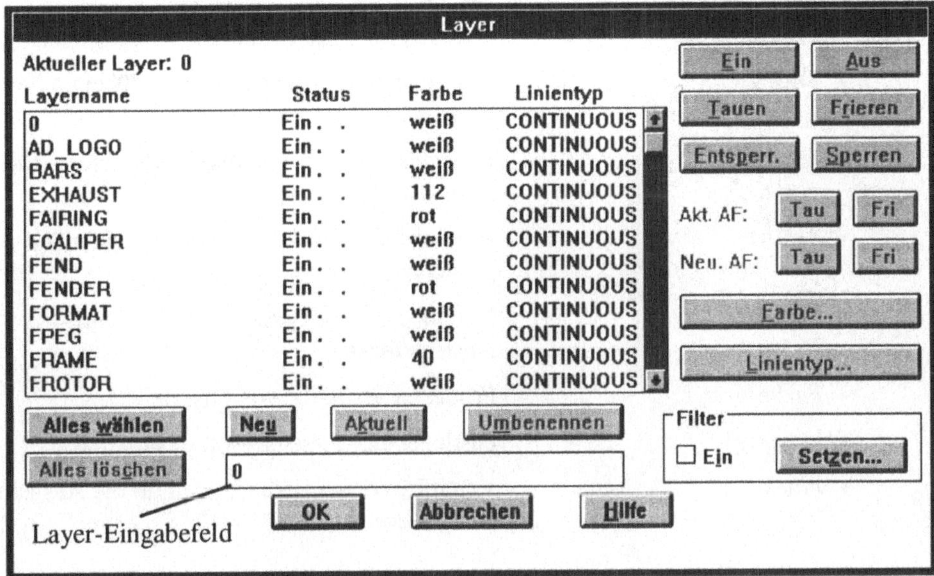

Bild 5-2: Dialogfenster *Layer*

Im einzelnen stehen hierfür die Anzeigefelder

– *Aktueller Layer*	Anzeige des aktuellen Layers und
– *Layer-Listenfeld*	Anzeige aller Layer mit Status, Farbe und Linientyp und Möglichkeit zur Auswahl von Layern durch Anklicken für weitere Bearbeitung

und die Optionen

• *Alles wählen*	Auswahl aller Layer für weitere Bearbeitung,
• *Alles löschen*	Aufheben der Auswahl von Layern,
• *Layername-Eingabefeld*	Tastatureingabe eines Layernamens,
• *Neu*	Erstellen eines neuen Layers,
• *Aktuell*	Festlegen eines Layers als aktuellen Layer,
• *Umbenennen*	Ändern des Namens eines Layers,
• *Ein*	Sichtbarmachen von Layern,
• *Aus*	Unsichtbarmachen von Layern,
• *Tauen*	Einblenden eines gefrorenen Layers in eine Zeichnung,

- *Frieren*   Ausblenden eines Layers aus einer Zeichnung,

- *Entsperr*   Einschalten der Änderungsmöglichkeiten für
                         gesperrten Layer,

- *Sperren*   Ausschalten der Änderungsmöglichkeiten für
                         einen Layer,

- *Akt. AF*   Vereinbaren von Festlegungen für aktuelles
                         Ansichtsfenster,

- *Neues AF*   Vereinbaren von Festlegungen für neues
                         Ansichtsfenster,

- *Farbe*   Festlegen der Farbe von Layern,

- *Linientyp*   Festlegen der Linienart von Layern und

- *Filter*   Vereinbaren von Bedingungen für die Auswahl
                         von Layern

und die Standardschaltflächen *OK*, *Abbrechen* und *Hilfe* zur Verfügung. Die meisten dieser Optionen können auf einen oder mehrere Layer angewandt werden, indem man die zu bearbeitenden Layer zunächst im *Layer-Listenfeld* durch Anklicken auswählt und dann die gewünschte Option anklickt. Das obige Dialogfenster wird ferner mit der Befehlseingabe:

Befehl: **DDLMODI** ⏎

oder durch Anklicken von 🖾 in der Funktionsleiste aktiviert. Mit dem Aufruf des Befehls *LAYER* stehen die gleichen Optionen zur Verfügung, und zwar in der Form:

Befehl: **LAYER** ⏎
?/Mach/SEtzen/Neu/EIn/Aus/FArbe/Ltyp/FRieren/Tauen/SPerren/ENtsperren:

Dieser Befehl wird mit einer Leereingabe beendet, d.h. durch Drücken der Taste ⏎.

■ Beispiel 5-1: Anzeige aller Layer einer Zeichnung

Für die Zeichnung FLUGZEUG sind die verwendeten Layer anzuzeigen. Nach dem Laden der Zeichnung erhält man mit dem Aufruf:

[Modi][Layersteuerung]

im *Layer-Listenfeld* des Dialogfensters *Layer* die gewünschte Anzeige. Man vergleiche hierzu das Bild 5-2. Eine analoge Auflistung der Layer ergibt sich mit der Eingabe:

Befehl: LAYER ⏎
?/Mach/SEtzen/Neu/EIn/FArbe/Ltyp/FRieren/Tauen/SPerren/ENTsperren:? ⏎

☞ *Hinweis: Standardlayer 0*

Der Standardlayer 0 ist immer mit der Farbe 7 (weiß) und der Linienart CONTINUOUS (AUSGEZOGEN) angelegt und kann in dieser Hinsicht nicht geändert werden. Ferner ist der Layer 0 zunächst als aktueller Layer festgesetzt.

Layersteuerung-Option *Neu*: Erstellen eines neuen Layers

Nach der Eingabe eines neuen Layernamens in das *Layername*-Eingabefeld im Dialogfenster *Layer* wird durch Anklicken der Schaltfläche *Neu* ein Layer mit der Farbe 7 (weiß) und der Linienart CONTINUOUS (AUSGEZOGEN) und mit aktivierter Sichtbarkeit erstellt. Ist bereits ein Layer mit dem vorgesehenen Namen vorhanden, so erfolgt ein entsprechender Fehlerhinweis und es wird kein neuer Layer angelegt.

Für das Arbeiten mit Layern ist es sinnvoll, wenn man in den zur Anwendung kommenden Prototypzeichnungen geeignete Layer vereinbart. Dies soll im nächsten Beispiel veranschaulicht werden.

■ Beispiel 5-2: Erstellen neuer Layer

Man erstelle für die Prototypzeichnung PRODINA4 die folgenden neuen Layer:
LINIE_BREIT, LINIE_SCHMAL, LINIE_VERDECKT, MITTELINIE, SCHRAFFUR, BEMASSUNG und BESCHRIFTUNG.

```
[Modi][Layersteuerung]
Layer-Eingabefeld  LINIE_BREIT       [Neu]
Layer Eingabefeld  LINIE_SCHMAL      [Ncu]
Layer-Eingabefeld  LINIE_VERDECKT    [Neu]
Layer-Eingabefeld  MITTELLINIE       [Neu]
Layer-Eingabefeld  SCHRAFFUR         [Neu]
Layer-Eingabefeld  BEMASSUNG         [Neu]
Layer-Eingabefeld  BESCHRIFTUNG      [Neu]
[OK]
```

Mit den so erzeugten Layern, die zunächst alle die gleiche Farbe und Linienart besitzen, kann man noch nicht sinnvoll arbeiten, da man z.B. nach DIN 15, Teil 2, zur Darstellung bestimmter Zeichnungselemente unterschiedliche Linienarten benutzen muß. Entsprechend benötigt man für eine spätere Ausgabe der Zeichnung über einen Plotter mit unterschiedlichen Stiftbreiten die entsprechende Zuordnungen verschiedener Farben. Mit Hilfe der Optionen *Farbe* und *Linientyp* können im Dialogfenster *Layer-Steuerung* die erforderlichen Änderungen der vorhandenen Layer ausgeführt werden.

Layersteuerung-Option *Farbe*: Festlegen der Farbe von Layern

Nach der Auswahl eines oder mehrerer Layer wird die Option *Farbe* gewählt und damit das Dialogfenster *Farbe wählen* aufgerufen. In diesem Fenster:

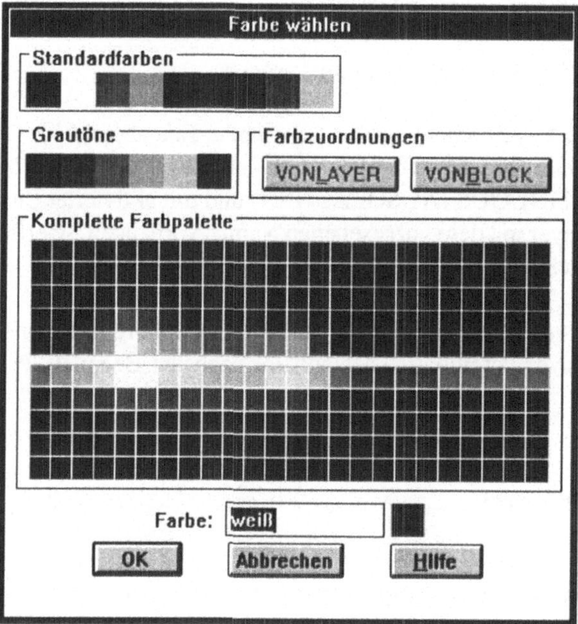

Bild 5-3: Dialogfenster *Farbe wählen*

mit den Möglichkeiten

- *Standardfarben*   Auswahl einer Standardfarbe,

- *Grautöne*   Festlegen von Grautönen beim Arbeiten mit SW-Bildschirm,

- *Farbzuordnungen*   Vereinbaren von Farbzuordnungen,

- *Komplette Farbpalette* Auswahl einer beliebigen Farbe und

- *Farbe-Eingabefeld*   Tastatureingabe einer Farbnummer oder des Namens einer Standardfarbe

und den Standards *OK, Abbrechen* und *Hilfe* erfolgt die Festlegung einer Farbe für die ausgewählten Layer.

☞ *Hinweis: Standardfarben*

Das Festlegen einer der Standardfarben: 1 (rot), 2 (gelb), 3 (grün), 4 (cyan), 5 (blau), 6 (magenta) oder 7 (weiß) kann über die Tastatur mit der Eingabe der zugehörigen Nummer oder Bezeichnung erfolgen. Für alle übrigen Farben kann die Festlegung nicht über deren Bezeichnung vorgenommen werden. Maximal stehen 255 verschiedene Farben zur Verfügung.

Layersteuerung-Option *Linientyp*: Festlegen des Linientyps von Layern

Man geht hier analog zum Festlegen einer Farbe vor und trifft die entsprechenden Vereinbarungen im Dialogfenster *Linientyp wählen*:

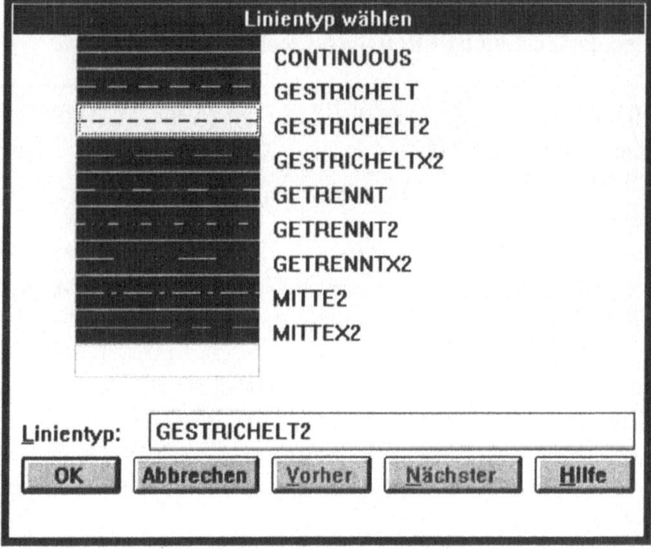

Bild 5-4: Dialogfenster *Linientyp wählen*

Hierbei bestehen die Möglichkeiten

- *Linientyp-Listenfeld*   Auswahl einer Linienart durch Anklicken,
- *Linientyp-Eingabefeld*   Eingabe einer Linienart über die Tastatur,

– *Vorher*	Vorwärtsblättern im Linientyp-Listenfeld und
– *Nächster*	Rückwärtsblättern im Linientyp-Listenfeld

und die Standardschaltflächen *OK*, *Abbrechen* und *Hilfe*. Die Auswahl einer Linienart kann nur erfolgen, wenn zusätzlich zur Linienart CONTINUOUS (AUSGEZOGEN) weitere Linientypen geladen sind.

■ Beispiel 5-3: Festsetzen der Farben und Linientypen von Layern

Für die im vorangegangenen Beispiel erstellten Layer in der Prototypzeichnung PRO-DINA4 sind geeignete Farben und Linienarten festzulegen. Im einzelnen soll gelten:

– LINIE_BREIT	mit Farbe 7 (weiß) und Linienart AUSGEZOGEN
– LINIE_SCHMAL	mit Farbe 4 (cyan) und Linienart AUSGEZOGEN
– LINIE_VERDECKT	mit Farbe 3 (grün) und Linienart VERDECKT
– MITTELLINIE	mit Farbe 1 (rot) und Linienart STRICHPUNKT
– SCHRAFFUR	mit Farbe 7 (weiß) und Linienart AUSGEZOGEN
– BEMASSUNG	mit Farbe 2 (gelb) und Linienart AUSGEZOGEN
– BESCHRIFTUNG	mit Farbe 2 (gelb) und Linienart AUSGEZOGEN

Dies wird nach dem Laden der Zeichnung PRODINA4 realisiert mit:

```
[Modi][Linientyp][Laden]          {Laden aller Linientypen aus ACLTISO.LIN}
Name des zu ladenden Linientyps: * ⏎          {Festlegung für alle Typen}
Verzeichnisse-Listenfeld [[c:\]]
Verzeichnisse-Listenfeld [[acltwin]]
Dateiname-Listenfeld [[acltiso.lin]] oder [OK]          {Nur Bestätigen, falls Datei
                                                          ACLTISO bereits angezeigt wird.}
?/Erzeugen/Laden/Setzen: S ⏎          {Linientyp VONLAYER als aktuelle
                                        Linienart festsetzen}
Neuer Objektlinientyp (oder ?) <CONTINUOUS>: VONLAYER ⏎
?/Erzeugen/Laden/Setzen: ⏎
[Modi][Layersteuerung] {Aufruf des Dialogfensters zum Arbeiten mit Layern}
Layer-Listenfeld [LINIE_BREIT] {Farben für die einzelnen Layer vereinbaren}
Layer-Listenfeld [SCHRAFFUR]
[Farbe]
Farbe-Eingabefeld weiß [OK] [Alles löschen]
Layer-Listenfeld [LINIE_SCHMAL]
[Farbe]
Farbe-Eingabefeld cyan [OK] [Alles löschen]
Layer-Listenfeld [LINIE_VERDECKT]
```

[Farbe]
Farbe-Eingabefeld **3 [OK] [Alles löschen]**
Layer-Listenfeld **[MITTELLINIE]**
[Farbe]
Farbe-Eingabefeld **1 [OK] [Alles löschen]**
Layer-Listenfeld **[BEMASSUNG]**
[Farbe]
Farbe-Eingabefeld **gelb [OK] [Alles löschen]**
Layer-Listenfeld **[BESCHRIFTUNG]**
[Farbe]
Farbe-Eingabefeld **blau [OK] [Alles löschen]**
Layer-Listenfeld **[LINIE_BREIT]**   {Linienarten für die einzelnen
                                             Layer vereinbaren}

Layer-Listenfeld **[LINIE_SCHMAL]**
Layer-Listenfeld **[SCHRAFFUR]**
Layer-Listenfeld **[BEMASSUNG]**
Layer-Listenfeld **[BESCHRIFTUNG]**
[Linientyp]
Linientyp-Listenfeld **[CONTINUOUS] [OK] [Alles löschen]**
Layer-Listenfeld **[LINIE_VERDECKT]**
[Linientyp]
Linientyp-Listenfeld **[VERDECKT] [OK] [Alles löschen]**
Layer-Listenfeld **[MITTELLINIE]**
[Linientyp]
Linientyp-Listenfeld **[STRICHPUNKT2] [OK] [Alles löschen]**
[OK]
[Datei][Speichern]   {Geänderte Zeichnung speichern}

☞ *Hinweis: Standardlinientyp VONLAYER*

Zweckmäßigerweise sollte beim Arbeiten mit Layern als aktueller Linientyp die Linien-art VONLAYER gesetzt werden, da damit sichergestellt wird, daß für einen Layer automatisch die ihm zugeordnete Linienart Verwendung findet.

■ Beispiel 5-4: Umbenennen von Layern

Die in der Zeichnung PRODINA4 vereinbarten Layer LINIE_BREIT und LI-NIE_SCHMAL sind in KONTURLINIE und HILFSLINIE umzubenennen. Man geht hier wie folgt vor:

```
[Modi][Layersteuerung]  {Aufruf des Dialogfensters zum Arbeiten mit Layern}
Layer-Listenfeld [LINIE_BREIT]           {Layer LINIE_BREIT umbenennen}
Layer-Eingabefeld  KONTURLINIE
[Umbenennen]
Layer-Listenfeld [LINIE_SCHMAL]        {Layer LINIE_SCHMAL umbenennen}
Layer-Eingabefeld  HILFSLINIE
[Umbenennen]
[OK]
[Datei][Speichern]                              {Geänderte Datei speichern}
```

☞ *Hinweis: Festlegen von Layernamen*

Bei der Vergabe von Layernamen ist zu beachten, daß diese Namen einerseits dem Anwender Informationen zu den Layern liefern und andererseits nicht zu lang sein sollten.

◆ **Aufgabe 5-1: Prototypzeichnung um Layer ergänzen**

Für die Prototypzeichnung PRODINA2 sind analog zu den Beispielen 5-2 und 5-3 geeignete Layer zu vereinbaren.

Layersteuerung-Option *Aktuell*: **Festsetzen des aktuellen Layers**

Nachdem man im *Layernamen-Listenfeld* des Dialogfenster *Layer* einen Layer durch Anklicken ausgewählt hat, wird dieser durch Anklicken der Schaltfläche Aktuell als aktueller Layer festgesetzt, in dem anschließend gezeichnet werden kann. Über das *Layer-Listenfeld* in der Funktionsleiste kann ebenfalls das Setzen des aktuellen Layers erfolgen, indem man dort den jeweiligen Layernamen anklickt.

■ **Beispiel 5-5: Zeichnen in mehreren Ebenen**

Entsprechend dem Beispiel 3-15 ist ein Rechteck mit den Seitenlängen 150 und 100 und seine Mittellinien zu zeichnen, dabei befinde sich seine linke untere Ecke im Punkt P(50,50). Unter der Voraussetzung, daß beim Anlegen der Zeichnung als Prototypzeichnung die Zeichnung PRODINA4 gewählt worden ist, läßt sich die gewünschte Zeichnung wie folgt erstellen:

> [Modi][Layersteuerung]   {Zeichnen der Mittellinien}
> Layer-Listenfeld **[MITTELLINIE]**
> **[Aktuell]**
> **[OK]**
> **[Zeichnen][Linie]**
> Von Punkt: **45,100** ⏎
> Nach Punkt: **205,100** ⏎
> Nach Punkt: ⏎
> **[Zeichnen][Linie]**
> Von Punkt: **125,45** ⏎
> Nach Punkt: **125,155** ⏎
> Nach Punkt: ⏎
> Layer-Listenfeld-Funktionsleiste **[KONTURLINIE]**   {Zeichnen des Rechtecks}
> **[Zeichnen][Rechteck]**
> Erste Ecke: **50,50** ⏎
> Andere Ecke: **200,150** ⏎

☞ *Hinweis: Aktueller Layer*

Es kann immer nur im aktuellen Layer gezeichnet werden. Das Setzen des aktuellen Layers erfolgt am einfachsten über das Listenfeld in der Funktionsleiste.

Layersteuerung-Option *Aus*: Unsichtbarmachen von Layern

Layer werden ausgeschaltet, indem man sie durch Anklicken markiert und dann die Option *Aus* im Dialogfenster *Layer-Steuerung* wählt. Ein ausgeschalteter Layer ist in der Zeichnung nicht mehr sichtbar und wird auch nicht über Drucker oder Plotter ausgegeben.

Layersteuerung-Option *Ein*: Sichtbarmachen von Layern

Man geht hier ganz analog wie beim Unsichtbarmachen von Layern vor, wobei hier die Option *Ein* zu aktivieren ist.

■ Beispiel 5-6: Wechseln der Sichtbarkeit von Layern

In der Zeichnung aus Beispiel 5-5 sind zunächst alle Layer unsichtbar und dann nacheinander sichtbar zu machen.

[Modi][Layersteuerung]   {Unsichtbarmachen der gesamten Zeichnung}
Layer-Listenfeld **[MITTELLINIE]**
Layer-Listenfeld **[KONTURLINIE]**
[Aus]
[OK]
[Modi][Layersteuerung]   {Sichtbarmachen der beiden Mittellinien}
Layer-Listenfeld **[MITTELLINIE]**
[Ein]
[OK]
[Modi][Layersteuerung]   {Sichtbarmachen des Rechtecks}
Layer-Listenfeld **[KONTURLINIE]**
[Ein]
[OK]

☞ *Hinweis: Anwendung der Layertechnik*

Im weiteren soll in diesem Buch, wenn es zweckmäßig ist, die Layertechnik konsequent angewendet werden. Werden keine speziellen Vereinbarungen getroffen, so sind die in den vorausgegangenen Beispielen festgelegten Layer: KONTURLINIE, HILFSLINIE, LINIE_VERDECKT, MITTELLINIE, SCHRAFFUR, BEMASSUNG und BESCHRIFTUNG in den folgenden Beispielen und Aufgaben als vorgegeben vorauszusetzen.

Auf die übrigen Optionen des Befehls *Layersteuerung* soll hier nicht näher eingegangen werden, da ihre Anwendung ähnlich wie bei den bisher behandelten Optionen ist. So werden Layer mit den Optionen *Frieren* und *Tauen* - wie mit den Optionen *Aus* und *Ein* - unsichtbar bzw. sichtbar gemacht. Der Vorteil des sogenannten Einfrierens von Layern besteht in einer Zeitersparnis beim Regenerieren einer Zeichnung, da eingefrorene Layer im Gegensatz zu nur ausgeschalteten Layern hierbei ignoriert werden. Das Einschalten, Ausschalten, Auftauen und Einfrieren von Layern mit den Optionen *Ein, Aus, Tauen* bzw. *Frieren* wird global für alle Ansichtsfenster einer Zeichnung durchgeführt. Die Optionen *Akt.AF* und *Neu.AF* ermöglichen das Auftauen und Einfrieren für ein einzelnes Ansichtsfenster. Man kann Layer unabhängig von ihrer Sichtbarkeit gegen eventuelle Änderungen mit der Option *Sperren* sichern bzw. mit der Option *Entsperr.* wieder zum Ändern freigeben.

◆ Aufgabe 5-2: Drehkörper zeichnen

Unter Benutzung einer geeigneten Prototypzeichnung soll der unten dargestellte Drehkörper ohne Bemaßung und Schraffur in zwei Layern gezeichnet und unter dem Namen DKOERPER gesichert werden.

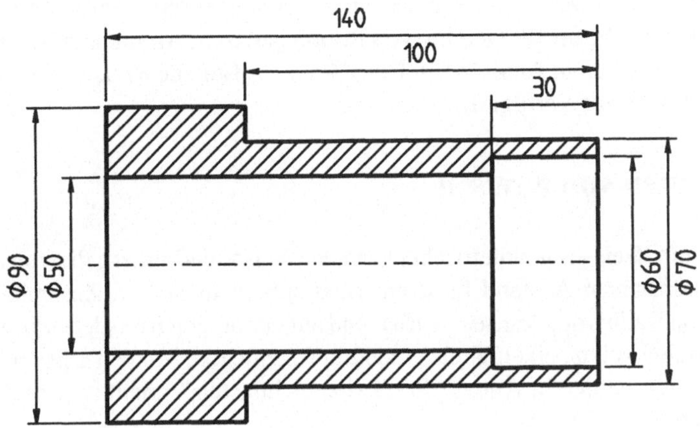

◆ Aufgabe 5-3: Platte mit Durchbrüchen zeichnen

Die unten abgebildete Platte ist ohne Bemaßung in zwei Layern zu zeichnen und unter dem Namen PLATTE_1 zu speichern.

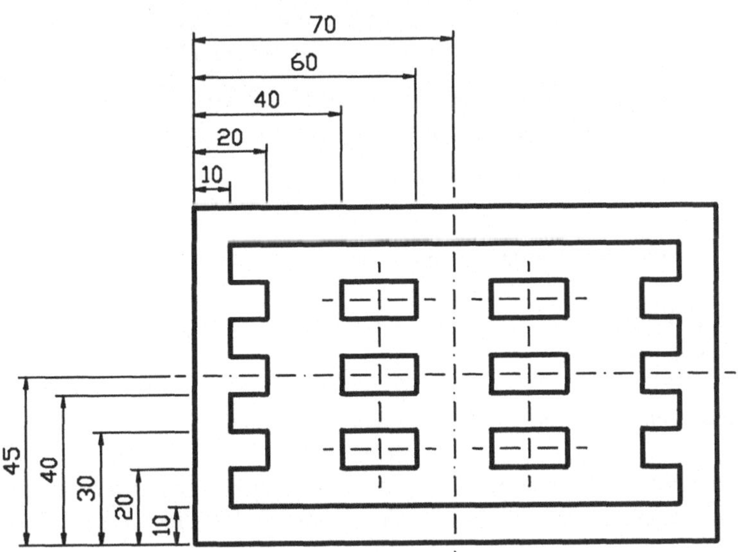

6 Zeichnen von Kreisen und Kreisbögen

Neben geraden Linien werden in technischen Zeichnungen sehr häufig Kreise und Kreisbögen benutzt, wie z.B. zur Darstellung von Bohrungen bzw. Abrundungen. Zum Zeichnen solcher Elemente stehen in AutoCAD LT die *Zeichnen*-Befehle *Kreis* und *Bogen* mit einer Reihe von Optionen zur Verfügung.

6.1 Zeichnen von Kreisen

Allgemein ist ein Kreis als geometrischer Ort aller Punkte definiert, die von einem festen Punkt einen konstanten Abstand besitzen. Man spricht in diesem Zusammenhang vom Mittelpunkt und Radius des Kreises. Aufbauend auf der obigen Kreisdefinition, gibt es eine Reihe von Möglichkeiten, einen Kreis eindeutig festzulegen. Mit den Optionen des *Zeichnen*-Befehls *Kreis* werden in AutoCAD LT die wichtigsten Varianten zum Zeichnen von Kreisen realisiert.

Zeichnen-Befehl *Kreis*: Zeichnen eines Kreises

Nach dem Aufruf des Befehls *Kreis* kann eine der vier Möglichkeiten:

- Mittel, Radius   Zeichnen eines Kreises mit einem vorgegebenen Radius um einen vorgegebenen Mittelpunkt,

- Mittel, Durchm.   Zeichnen eines Kreises mit vorgegebenem Durchmesser um einen vorgegebenen Mittelpunkt

- Tan, Tan, Radius   Zeichnen eines Kreises mit vorgegebenem Radius tangential an zwei Linien, Kreise oder Kreisbögen und

- 3 Punkte   Zeichnen eines Kreises durch drei vorgegebene Punkte

gewählt werden. Weitere Aufrufe des Befehls *Kreis* sind möglich mit:

Befehl: **KREIS** ⏎
3P/TTR/<Mittelpunkt>:

oder durch Anklicken des Symbols ⌀ im Werkzeugkasten.

Die obigen Optionen zum Zeichnen eines Kreises sollten in der Praxis des technischen Zeichnens ausreichend sein, zumal man bei Vorliegen anderer Vorgaben für das Zeichnen eines Kreises - wie beim Arbeiten am Zeichenbrett - auf geeignete Grundkonstruktionen zurückgreifen kann.

Kreis-Option *Mittel, Radius*: Zeichnen eines Kreises mit vorgegebenem Radius um einen vorgegebenen Punkt

Die Festlegung der erforderlichen Werte erfolgt im Dialog:

Mittelpunkt:
Radius <aktueller Wert>:

Hierbei kann die Eingabe - wie für Linienpunkte - über die Tastatur oder durch Zeigen mit der Maus erfolgen.

■ Beispiel 6-1: Kreis mit bestimmtem Radius um einen Punkt zeichnen

Es soll ein Kreis mit dem Radius 25 um den Punkt M(100,80) gezeichnet werden.

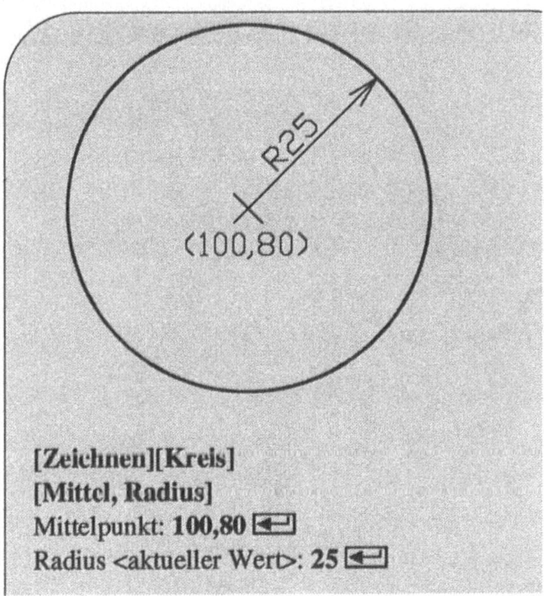

☞ *Hinweis: Anzeige des zu zeichnenden Kreises*

Nach der Festlegung des Kreismittelpunkts wird die aktuelle Cursorposition als Punkt auf dem zu zeichnenden Kreis angenommen und hierdurch ein Hilfskreis gelegt und gestrichelt auf dem Bildschirm angezeigt. Beim Bewegen des Cursors wird der Hilfskreis der jeweiligen Position des Cursors automatisch angepaßt. Diese Vorgehensweise gilt für die meisten Optionen der *Zeichnen*-Befehle *Kreis* und *Bogen*.

Kreis-Option *Tan, Tan, Radius*: Zeichnen eines Kreises bei gegebenen Tangenten und Radius

Nach der Vereinbarung zweier Zeichenelemente und eines Radius im Dialog:

> Eingabe der Tangentenspezifikation:
> Eingabe der zweiten Tangentenspezifikation:
> Radius <aktueller Wert>:

wird ein Kreis mit dem eingegebenen Radius tangential an die beiden gewählten Elemente gezeichnet, z.B. tangential an zwei Linien oder tangential an zwei Kreise.

■ Beispiel 6-2: Kreis mit vorgegebenem Radius tangential an Kreis und Linie zeichnen

Man zeichne einen Kreis mit dem Radius 20, der den vorgegebenen Kreis und die Linie tangential berührt.

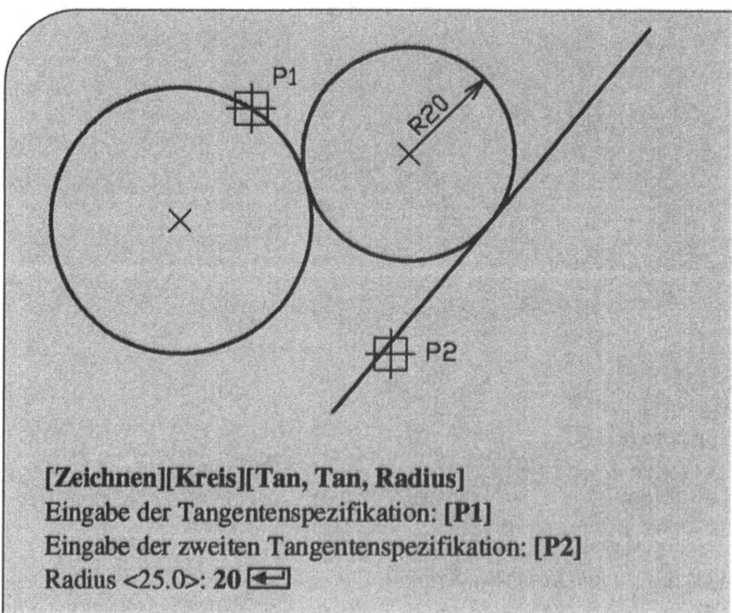

[Zeichnen][Kreis][Tan, Tan, Radius]
Eingabe der Tangentenspezifikation: **[P1]**
Eingabe der zweiten Tangentenspezifikation: **[P2]**
Radius <25.0>: **20** ⏎

Kreis-Option *3 Punkte*: Zeichnen eines Kreises durch drei Punkte

Hier sind im Dialog:

> Erster Punkt:
> Zweiter Punkt:
> Dritter Punkt:

drei Punkte festzulegen, durch die ein Kreis gezeichnet werden soll.

■ Beispiel 6-3: Kreis durch drei Punkte legen

Es ist ein Kreis zu zeichnen, der durch die Punkte P1(90,90), P2(115,65) und P3(65,65) geht.

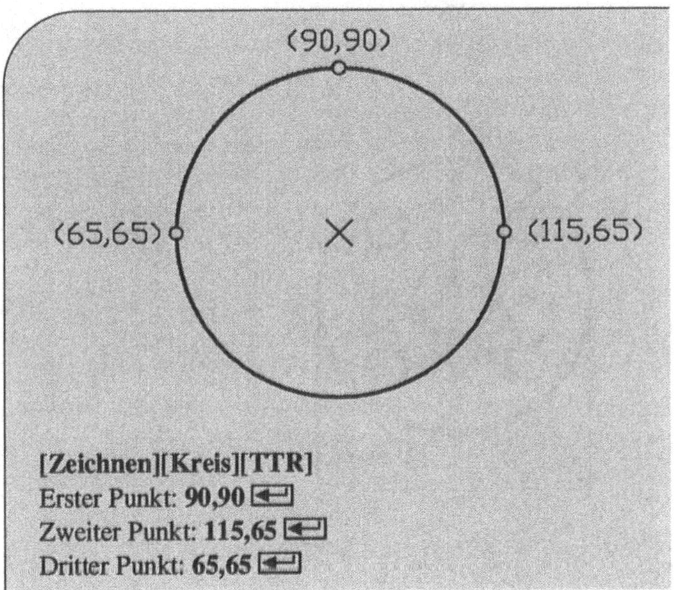

◆ Aufgabe 6-1: Bleche mit Bohrungen zeichnen

Man zeichne die beiden Bleche ohne Bemaßung und Beschriftung und speichere sie in einer Datei mit dem Namen 2BLECHE ab.

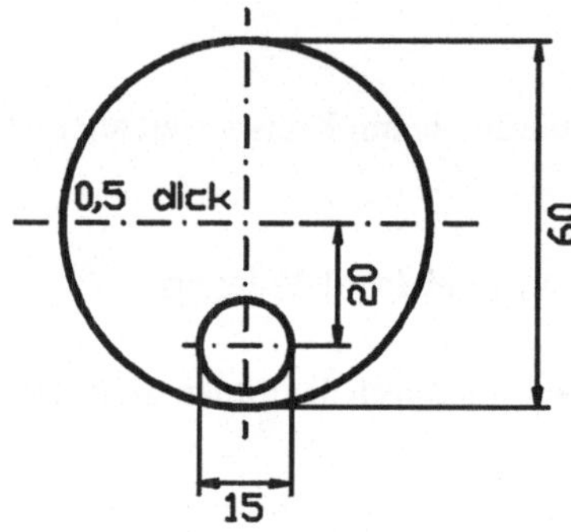

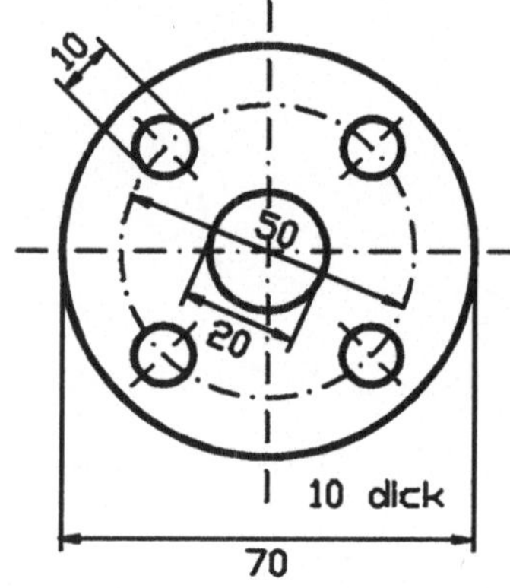

◆ Aufgabe 6-2: Keilriementrieb zeichnen

Unter Anwendung geeigneter Objektfangmodi ist der unten dargestellte Keilriementrieb ohne Bemaßung in der Reihenfolge: Mittellinien - Kreise - Tangenten zu zeichnen und unter dem Namen KEILRIEM zu sichern.

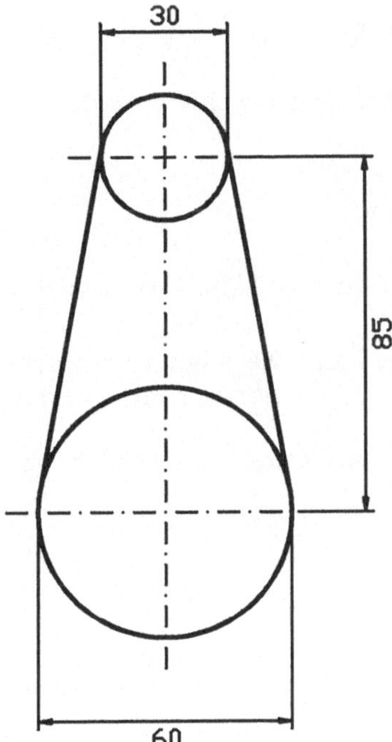

6.2   Zeichnen von Kreisbögen

Das Zeichnen eines Kreisbogens kann in AutoCAD LT mit dem *Zeichnen*-Befehl *Bogen* auf 7 Arten durchgeführt werden.

Zeichnen-Befehl *Bogen*: Zeichnen eines Kreisbogens

Mit dem Aufruf dieses Befehls werden in einem weiteren Abrollmenü die verschiedenen Möglichkeiten zum Zeichnen eines Kreisbogens zur Auswahl angeboten, und zwar kann ein Bogen gezeichnet werden durch die Vorgabe von:

- Startp, Mittelp, Endp
- Startp, Mittelp, Winkel
- Startp, Endp, Winkel
- Mittelp, Startp, Endp
- Mittelp, Startp, Winkel
- 3 Punkte
- Weiter Linie/Bogen

Der Befehl *Bogen* kann außerdem aufgerufen werden mit:

Befehl: **BOGEN** ⏎
Mittelpunkt/<Startpunkt>:

oder durch Anklicken des Symbols ▧ im Werkzeugkasten.

**Bogen-Option *Startp, Mittelp, Endp*: Zeichnen eines Bogens durch
Start-, Mittel- und Endpunkt**

Die Festlegung der erforderlichen drei Punkte erfolgt im Dialog:

Startpunkt:
Mittelpunkt:
Endpunkt:

Hierbei können die Punkte über die Eingabe ihrer Koordinaten oder durch Zeigen mit
der Maus vereinbart werden.

**Bogen-Option *Startp, Mittelp, Winkel*: Zeichnen eines Kreisbogens durch
Start- und Mittelpunkt und Winkel**

Die Festlegung der beiden Punkte und des Winkels erfolgt im Dialog:

Startpunkt:
Mittelpunkt:
Eingeschlossener Winkel:

■ Beispiel 6-4: Bogen mit Start-, Mittel- und Endpunkt zeichnen

Man zeichne einen Kreisbogen vom Startpunkt S(90,90) um den Mittelpunkt M(90,65) bis zum Endpunkt E(115,65).

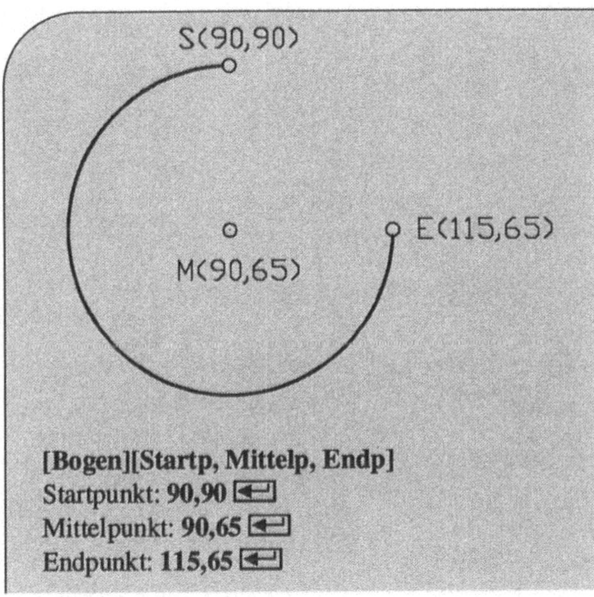

☞ *Hinweis: Richtungssinn beim Zeichnen eines Bogens*

Standardmäßig wird ein Bogen im mathematisch positiven Drehsinn (Gegenuhrzeigersinn) gezeichnet. Entsprechend hat bei einigen Optionen die Eingabe des eingeschlossenen Winkels zu erfolgen, und zwar positiv oder negativ für Bögen im Gegenuhrzeigerbzw. im Uhrzeigersinn.

Bogen-Option *Startp, Endp, Winkel*: **Zeichnen eines Kreisbogens durch Start- und Endpunkt und Winkel**

Die Festlegung der beiden Punkte und des Winkels erfolgt im Dialog:

Startpunkt:
Endpunkt:
Eingeschlossener Winkel:

■ Beispiel 6-5: Bogen mit Start- und Endpunkt und Winkel zeichnen

Es soll vom Startpunkt S(90,90) zum Endpunkt E(65,65) ein Bogen gezeichnet werden, der einen Winkel von 270° einschließt.

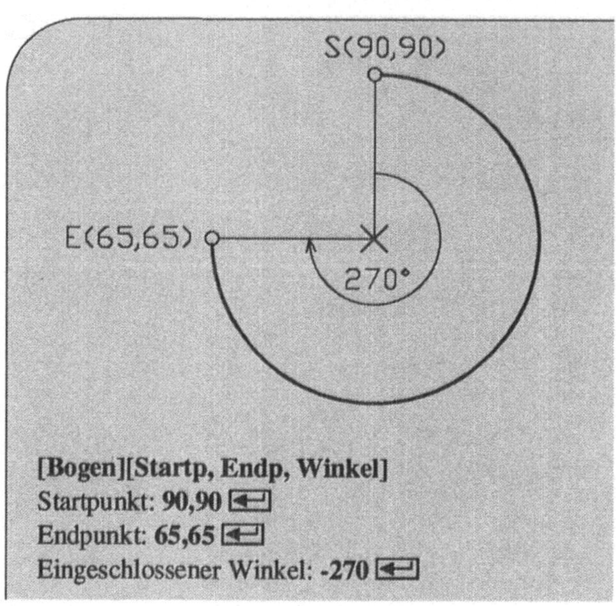

Bogen-Option *Mittelp, Startp, Endp*: Zeichnen eines Bogens durch Mittel-, Start- und Endpunkt

Die Festlegung der erforderlichen drei Punkte erfolgt im Dialog:

    Mittelpunkt:
    Startpunkt:
    Endpunkt:

Bogen-Option *Mittelp, Startp, Winkel*: Zeichnen eines Kreisbogens durch Mittel- und Startpunkt und Winkel

Die Festlegung der beiden Punkte und des Winkels erfolgt im Dialog:

    Mittelpunkt:
    Startpunkt:
    Eingeschlossener Winkel:

■ Beispiel 6-6: Bogen mit Mittel-, Start- und Endpunkt zeichnen

Ein vorgegebener Winkel ist durch einen zugehörigen Kreisbogen zu kennzeichnen.
Unter Anwendung geeigneter Objektfangmodi vereinbare man die erforderlichen Punkte durch Zeigen.

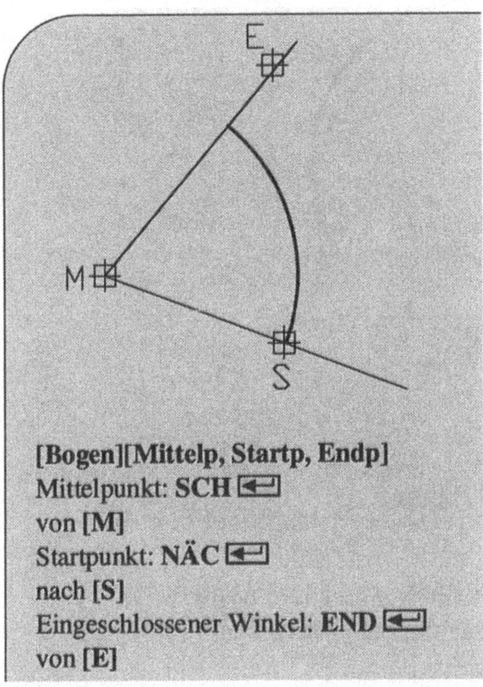

***Bogen*-Option *3 Punkte*: Zeichnen eines Kreisbogens durch
Start-, Zwischen- und Endpunkt**

Die drei Punkte, durch die der Bogen verlaufen soll, werden in der Reihenfolge:

Startpunkt:
Zweiter Punkt:
Endpunkt:

vereinbart.

■ Beispiel 6-7: Bogen durch Start-, Zwischen- und Endpunkt zeichnen

Man lege durch die drei Punkte P1(90,90), P2(115,65) und P3(65,65) einen Kreisbogen.

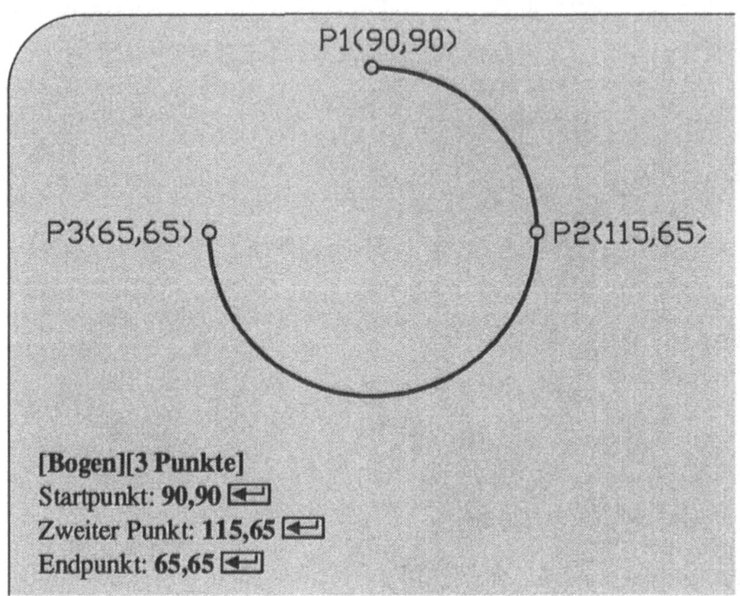

Bogen-Option _Weiter Linie/Bogen_: Zeichnen eines Kreisbogens durch tangentiales Fortsetzen und Endpunkt

Nach Aufruf dieser Option wird ein Bogen gezeichnet, der tangential am Ende des zuletzt gezeichneten Zeichnungselements vom Typ Linie oder Kreisbogen ansetzt und bis zu einem vorgegebenen Endpunkt verläuft. Dieser Punkt ist im Dialog:

Endpunkt:

festzulegen.

■ Beispiel 6-8: Linien- und Bogenzug mit tangentialen Übergängen zeichnen

Ausgehend von einem beliebigen Startpunkt ist unter Beachtung der angegebenen Maße eine Kombination von geraden Linien und Halbkreisen zu zeichnen, die tangential ineinander übergehen.

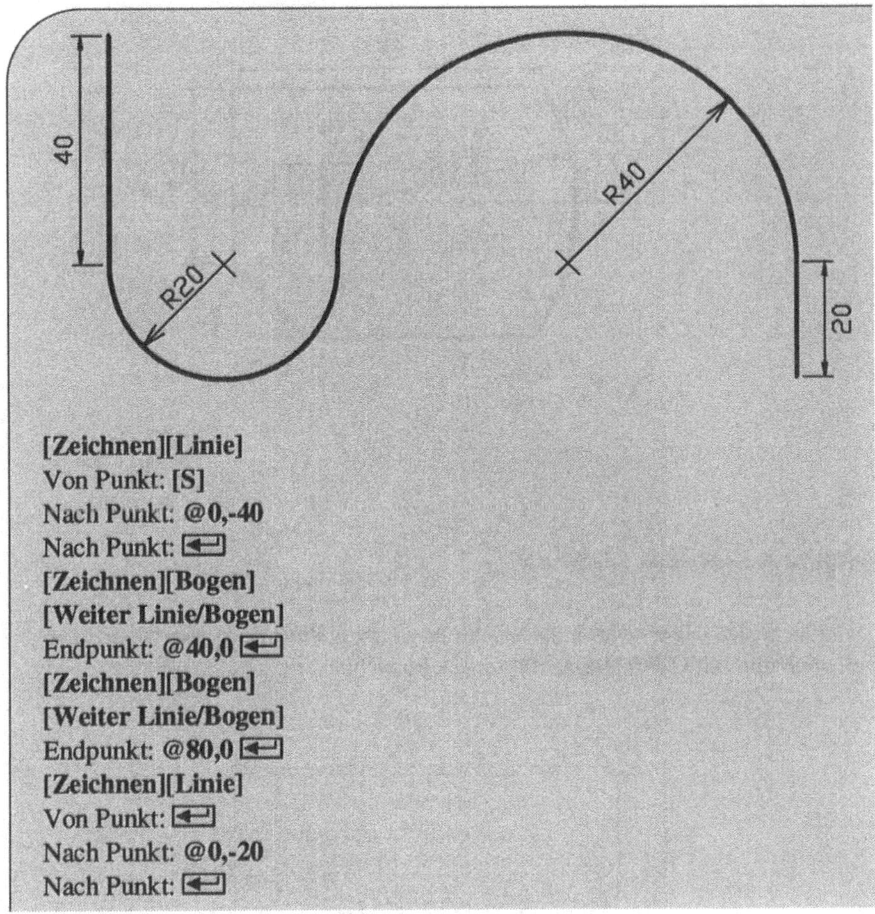

◆ Aufgabe 6-3: Blech zeichnen

Das unten abgebildete Blech ist ohne Bemaßung und Beschriftung zu zeichnen und unter dem Namen BLECH_1 zu speichern. Man kann dabei in folgenden Schritten vorgehen:

- Zeichnen der Senkrechten mit der Länge 45
- Zeichnen der Waagerechten mit der Länge 80
- Festlegen des Bogenmittelpunktes mit dem *Zeichnen*-Befehl *Punkt* durch Eingabe seiner relativen Polarkoordinaten zum linken Eckpunkt der Waagrechten
- Zeichnen des Kreisbogens mit einer geeigneten Option
- Vervollständigen der Außenkontur
- Zeichnen des Durchbruchs mit Mittellinien

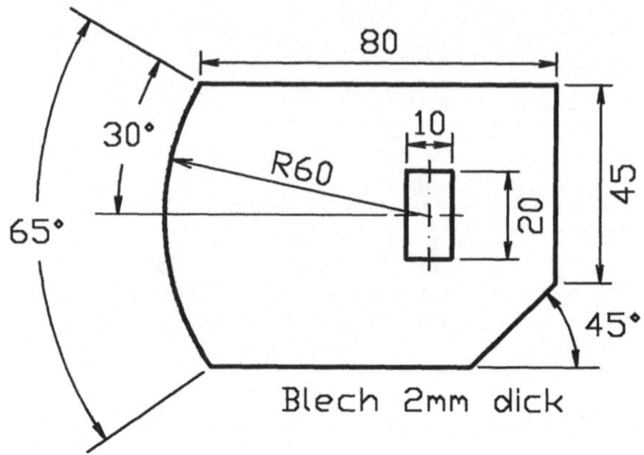

◆ Aufgabe 6-4: Haken zeichnen

Der abgebildete Haken ist ohne Bemaßung - analog zum Vorgehen im Beispiel 6-7 - zu zeichnen und unter dem Namen HAKEN zu sichern.

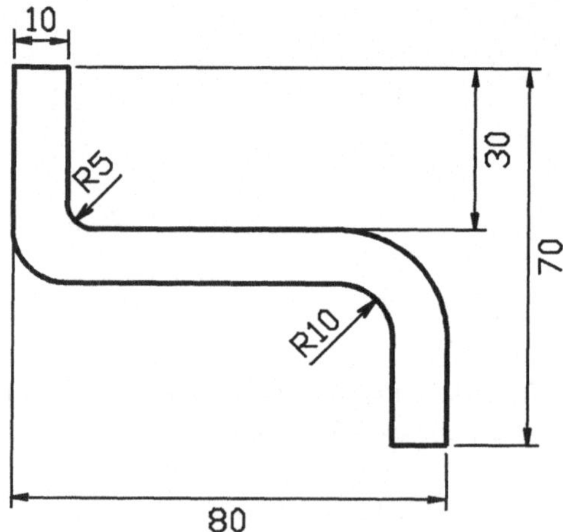

◆ Aufgabe 6-5: Blech zeichnen

Man zeichne das unten dargestellte Blech ohne Bemaßung und sichere die Zeichnung in der Datei BLECH_2.

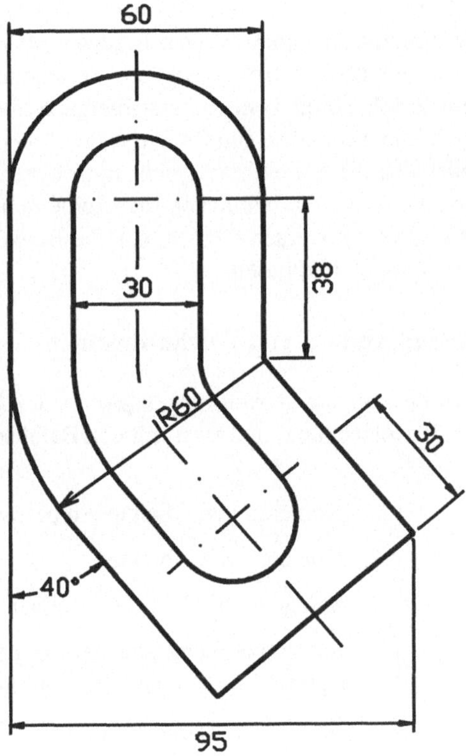

7 Erstellen von Abrundungen und Fasen

Vielfach besitzen Bauteile und Werkstücke abgerundete oder abgeschrägte Kanten, die auch als Rundungsradien bzw. Fasen bezeichnet werden. In technischen Zeichnungen werden diese durch sogenannte Anschlußbögen bzw. geeignete Verbindungsgeraden dargestellt. Beim Arbeiten an einem Zeichenbrett benutzt man hierzu Schablonen oder muß die Elemente mit Hilfskonstruktionen erstellen. Ein CAD-System stellt hierfür spezielle Befehle zur Verfügung, mit denen das Zeichnen dieser Zeichnungselemente sehr einfach ist. Der AutoCAD LT-Menüpunkt *Konstruieren* beinhaltet eine Reihe von Befehlen, die für das Ändern einer Zeichnung angewandt werden können, u.a. die Befehle *Abrunden* und *Fase* für das Erstellen von Abrundungen und Fasen.

Menüpunkt *Konstruieren*: Ändern von Zeichnungen

Dieser Menüpunkt ermöglicht die Ausführung typischer CAD-Arbeitsschritte zum Ändern einer bestehenden Zeichnung, und zwar mit den Befehlen:

- *Reihe* — Kopieren von Objekten in bestimmter Anordnung
- *Kopieren* — Kopieren von Objekten
- *Spiegeln* — Spiegeln von Objekten an einer Achse
- *Teilen* — Setzen von Punktobjekten oder Blöcken in gleichmässigen Abständen entlang eines Objekts
- *Messen* — Setzen von Punktobjekten oder Blöcken in gemessenen Abständen auf ein Objekt
- *Versetzen* — Zeichnen versetzter Kurven und parallerer Linien
- *Fasen* — Abschrägen zweier Linien
- *Abrunden* — Abrunden zweier Linien, Kreise oder Kreisbögen
- *Block* — Zusammenfassen von Objekten zu einem Block
- *Attribute* — Zuordnen von Textinformationen zu Blöcken

In diesem Kapitel sollen die Befehle *Abrunden* und *Fasen* näher behandelt werden.

7.1 Erstellen von Abrundungen

Beim Abrunden zweier Linien, die miteinander einen Winkel oder eine Ecke bilden, wird dieser durch einen Kreisbogen mit einem vorgegebenen Radius ersetzt. Hierbei werden die beiden Linien in geeigneter Weise verlängert oder verkürzt, so daß sich zwischen der ersten Linie, dem Kreisbogen und der zweiten Linie jeweils ein tangentialer Übergang ergibt. Bei Anwendung des Befehls *Abrunden* hat man hierzu den Rundungsradius festzulegen und die Elemente auszuwählen, die abgerundet werden sollen.

Konstruieren-Befehl *Abrunden*: Erstellen von Abrundungen

Mit diesem Befehl lassen sich tangentiale Übergänge zwischen zwei Linien, Kreisen und Kreisbögen mit Hilfe von Rundungsbögen erstellen. Es werden nach dem Befehlsaufruf in einer Abfrage:

Polylinie/Radius/<Erstes Objekt wählen>:

die Optionen

- *Polylinie*   Abrunden von Liniensegmenten einer Polylinie,
- *Radius*   Festlegen des Rundungsradius und
- *Erstes Objekt wählen*   Festlegen von zwei abzurundenden Linien

zur Auswahl angeboten. Die gleichen Möglichkeiten ergeben sich beim Aufruf des entsprechenden Befehls *ABRUNDEN* mit:

Befehl: **ABRUNDEN** ↵
Polylinie/Radius/<Erstes Objekt wählen>:

Die einzelnen Optionen werden hier nicht ausführlicher besprochen, da ihre Anwendung und die zugehörige Form des Dialogs aus den folgenden Beispielen hervorgehen und verständlich sein sollten.

■ Beispiel 7-1: Abrunden der Ecken eines Rechtecks

Für ein Rechteck, das entweder mit dem *Zeichnen*-Befehl *Linie* oder *Rechteck* gezeichnet worden ist, soll die linke untere Ecke mit dem Radius 20 und die rechte obere Ecke mit dem Radius 10 abgerundet werden.

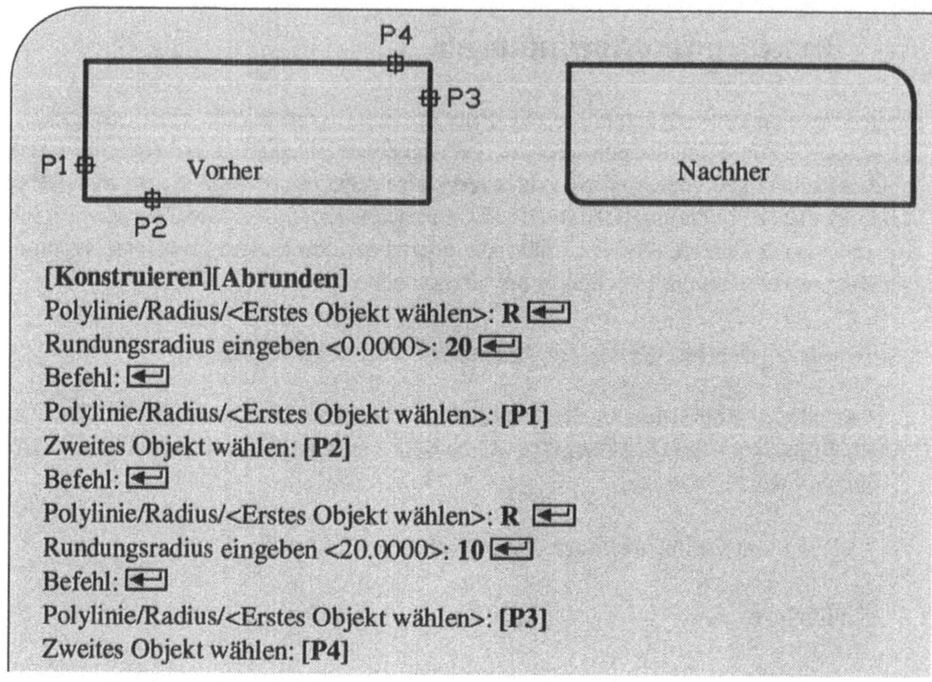

[Konstruieren][Abrunden]
Polylinie/Radius/<Erstes Objekt wählen>: **R** ⏎
Rundungsradius eingeben <0.0000>: **20** ⏎
Befehl: ⏎
Polylinie/Radius/<Erstes Objekt wählen>: **[P1]**
Zweites Objekt wählen: **[P2]**
Befehl: ⏎
Polylinie/Radius/<Erstes Objekt wählen>: **R** ⏎
Rundungsradius eingeben <20.0000>: **10** ⏎
Befehl: ⏎
Polylinie/Radius/<Erstes Objekt wählen>: **[P3]**
Zweites Objekt wählen: **[P4]**

■ Beispiel 7-2: Abrunden zweier Kreise

Zwei sich schneidende Kreise sind in ihren Schnittpunkten mit dem Rundungsradius 10 und 30 abzurunden.

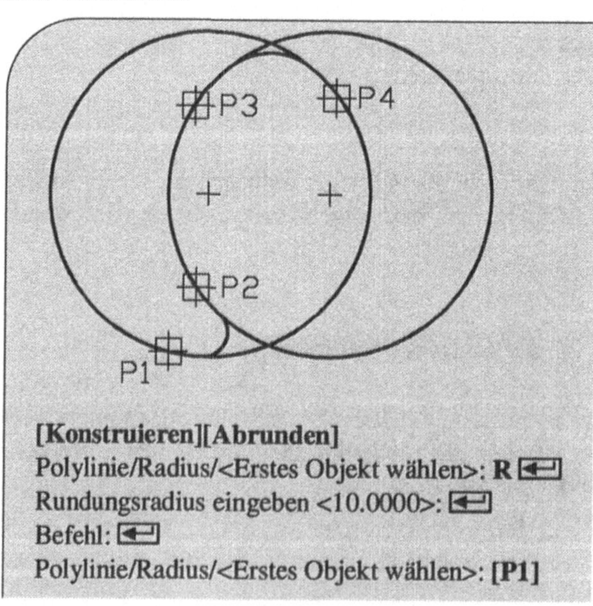

[Konstruieren][Abrunden]
Polylinie/Radius/<Erstes Objekt wählen>: **R** ⏎
Rundungsradius eingeben <10.0000>: ⏎
Befehl: ⏎
Polylinie/Radius/<Erstes Objekt wählen>: **[P1]**

> Zweites Objekt wählen: **[P2]**
> Befehl: ⏎
> Polylinie/Radius/<Erstes Objekt wählen>: **R** ⏎
> Rundungsradius eingeben <10.0000>: **30** ⏎
> Befehl: ⏎
> Polylinie/Radius/<Erstes Objekt wählen>: **[P3]**
> Zweites Objekt wählen: **[P4]**

Offensichtlich erfolgt das Abrunden von Kreisen ganz analog wie für Linien. Einen Sonderfall stellt das Abrunden mit dem Rundungsradius Null dar. Hier wird kein Rundungsbogen gezeichnet, sondern sich schneidende Linien werden in ihrem Schnittpunkt gekürzt bzw. sich nicht schneidende Linien werden bis zu ihrem Schnittpunkt verlängert. Im nächsten Beispiel soll dies veranschaulicht werden.

■ Beispiel 7-3: Abrunden mit Rundungsradius Null

Drei vorgegebene Linienpaare werden jeweils mit dem Rundungsradius Null abgerundet. Es ergeben sich damit die unten dargestellten Sonderfälle.

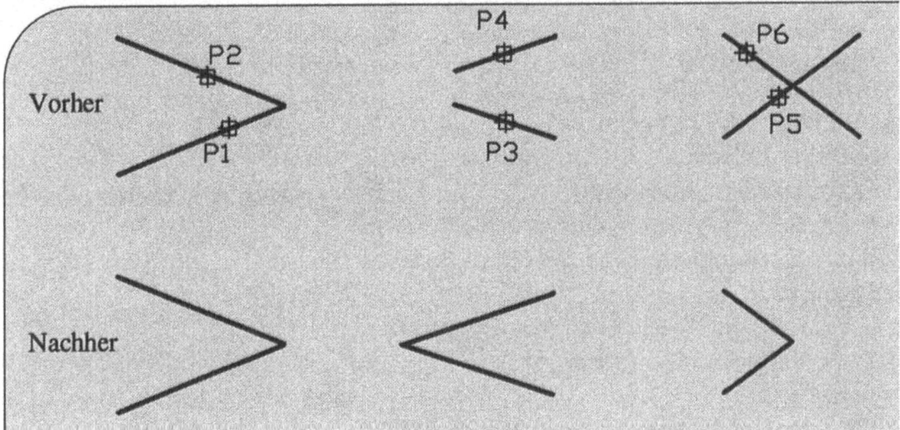

Im nächsten Beispiel soll die prinzipielle Vorgehensweise zum Zeichnen von Abrundungen in einer bestehenden Zeichnung behandelt werden.

■ Beispiel 7-4: Erstellen von Rundungsradien

Man zeichne den Haken aus der Aufgabe 6-4, indem man wie folgt vorgeht:

- Zeichnen des Hakens in eckiger Form
- Erstellen der Rundungsradien durch Abrunden in den entsprechenden Ecken

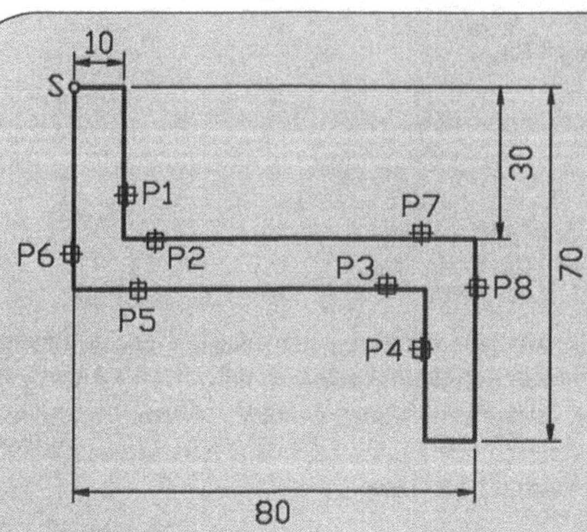

[Zeichnen][Linie]   {Zeichnen der eckigen Kontur}
Von Punkt: **[S]**
Nach Punkt: **@10,0** ⏎
Nach Punkt: **@0,-30** ⏎
Nach Punkt: **@70,0** ⏎
Nach Punkt: **@0,-40** ⏎
Nach Punkt: **@-10,0** ⏎
Nach Punkt: **@0,30** ⏎
Nach Punkt: **@-70,0** ⏎
Nach Punkt: **S** ⏎
[Konstruieren][Abrunden]   {Erstellen der Rundungsradien mit 5}
Polylinie/Radius/<Erstes Objekt wählen>: **R** ⏎
Rundungsradius eingeben <0.0000>: **5** ⏎
Befehl: ⏎
Polylinie/Radius/<Erstes Objekt wählen>: **[P1]**
Zweites Objekt wählen: **[P2]**
Befehl: ⏎
Polylinie/Radius/<Erstes Objekt wählen>: **[P3]**
Zweites Objekt wählen: **[P4]**
[Konstruieren][Abrunden]   {Erstellen der Rundungsradien mit 10}
Polylinie/Radius/<Erstes Objekt wählen>: **R** ⏎
Rundungsradius eingeben <5.0000>: **10** ⏎
Befehl: ⏎
Polylinie/Radius/<Erstes Objekt wählen>: **[P5]**
Zweites Objekt wählen: **[P6]**
Befehl: ⏎
Polylinie/Radius/<Erstes Objekt wählen>: **[P7]**
Zweites Objekt wählen: **[P8]**

☞ *Hinweis: Abrunden von Polylinien*

Eine Polylinie besteht aus mehreren Linien- und Kreisbogensegmenten und wird mit dem *Zeichnen*-Befehl *Polylinie* erstellt. Benachbarte Segmente einer Polylinie kann man ebenfalls mit dem Befehl *Abrunden* bearbeiten und damit abrunden.

Die eckige Ausgangsform des Hakens könnte man beispielsweise einfacher als Polylinie mit drei Liniensegmenten und der konstanten Breite 10 zeichnen. Die Abrundungen sind wieder wie oben zu erstellen.

◆ Aufgabe 7-1: Bügel zeichnen

Man zeichne den unten dargestellten Bügel ohne Bemaßung und sichere die Zeichnung unter dem Namen BUEGEL.

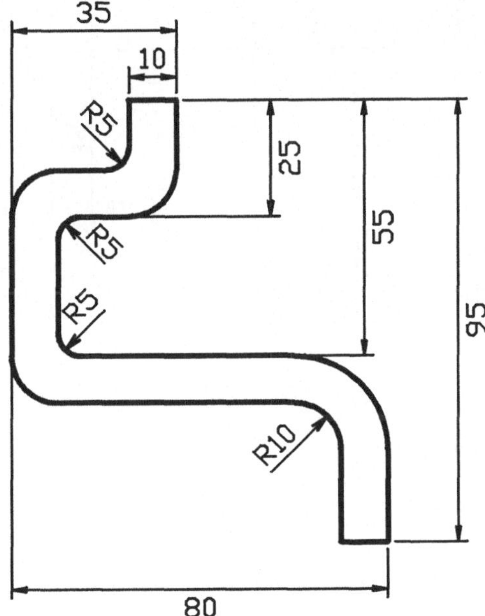

◆ Aufgabe 7-2: Blech mit Rundungen zeichnen

Das abgebildete Blech ist ohne Bemaßung und Beschriftung zu zeichnen und unter dem Namen BLECH_3 zu speichern.

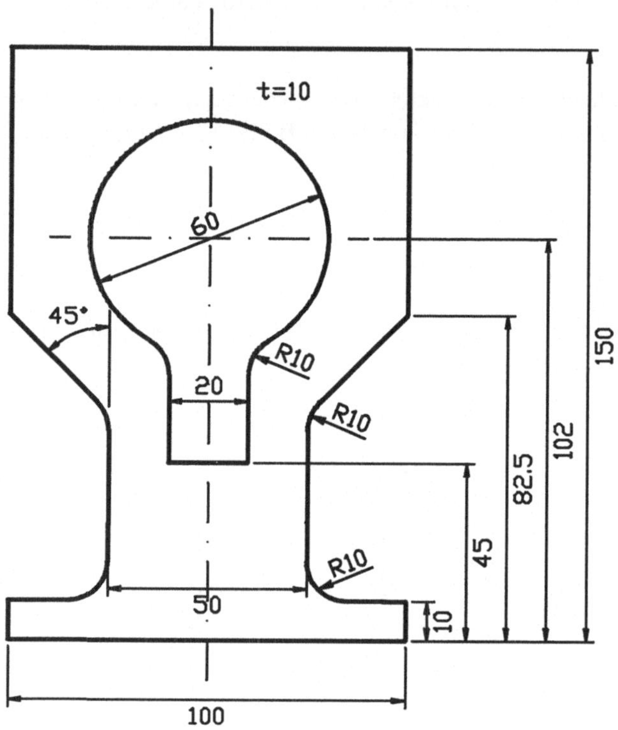

7.2 Erstellen von Fasen

Beim Erstellen von Fasen, d.h. beim Abschrägen von Ecken, werden im Gegensatz zum Abrunden zwei Linien nicht durch einen Kreisbogen, sondern durch eine Linie miteinander verbunden. Hierbei werden die beiden Linien ausgehend von ihrem gemeinsamen Schnittpunkt jeweils um die vorgegebenen Fasenabstände gekürzt. Anschließend wird eine Verbindungslinie zwischen den beiden neuen Linienendpunkten gezeichnet. Falls die beiden vorgegebenen Linien sich nicht schneiden und nicht parallel sind, werden sie zunächst bis zu ihrem Schnittpunkt verlängert und dann wie oben beschrieben behandelt. Mit dem *Konstruieren*-Befehl *Fasen*, der in seiner Handhabung dem Befehl *Abrunden* sehr ähnlich ist, können in AutoCAD LT Fasen gezeichnet werden.

Konstruieren-Befehl *Fasen*: Zeichnen von Fasen

Dieser Befehl ermöglicht das Abschrägen von Ecken und stellt hierfür mit der Anfrage:

Polylinie/Abstand/<Erste Linie wählen>:

die drei Optionen

- *Polylinie*   Abschrägen von Liniensegmenten einer Polylinie,
- *Abstand*   Festlegen von zwei Fasenabständen und
- *Erste Linie wählen*   Festlegen von zwei abzuschrägenden Linien

bereit. Das Abschrägen ist nur möglich, wenn die Abstände nicht zu groß und die Linien nicht parallel sind. Standardmäßig ist für beide Fasenabstände der Wert 10 vorgegeben. Der Befehl *Fasen* kann über die Tastatur aufgerufen werden mit:

Befehl: **FASE** ⏎
Polylinie/Abstand/<Erste Linie wählen>:

Die beiden folgenden Beispiele soll das Abschrägen von Ecken mit dem Befehl *Fasen* veranschaulichen.

■ Beispiel 7-5: Abschrägen der Ecken eines Rechtecks

Die linke untere und die rechte obere Ecke eines Rechtecks sind mit den Fasenabständen 10 und 30 abzuschrägen.

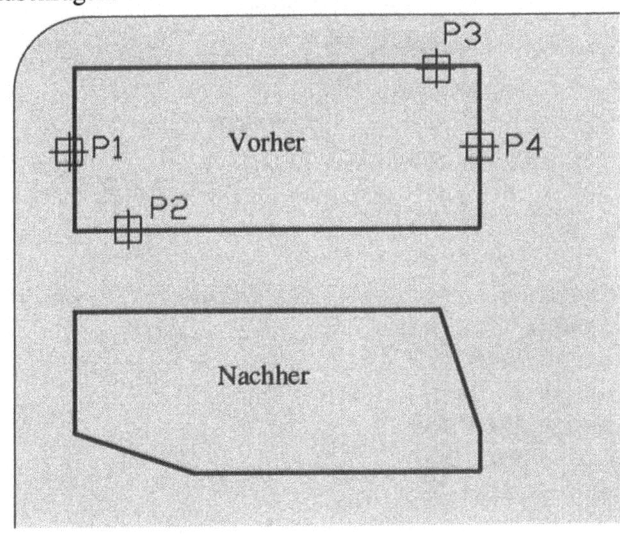

```
[Konstruieren][Fasen]
Polylinie/Abstand/<Erste Linie wählen>: A ⏎
Ersten Fasenabstand eingeben <10.0000>: ⏎
Zweiten Fasenabstand eingeben <10.0000>: 30 ⏎
[Konstruieren][Fasen]
Polylinie/Abstand/<Erste Linie wählen>: [P1]
Zweite Linie wählen: [P2]
[Konstruieren][Fasen]
Polylinie/Abstand/<Erste Linie wählen>: [P3]
Zweite Linie wählen: [P4]
```

■ Beispiel 7-6: Zeichnen von Fasen

Man zeichne die unten dargestellte Prismenführung. Zweckmäßigerweise gehe man hier wie im Beispiel 7-4 beim Abrunden von Ecken vor, d.h. in zwei Schritten mit

- Zeichnen der Prismenführung ohne Fasen und
- Erstellen der Fasen durch Abschrägen.

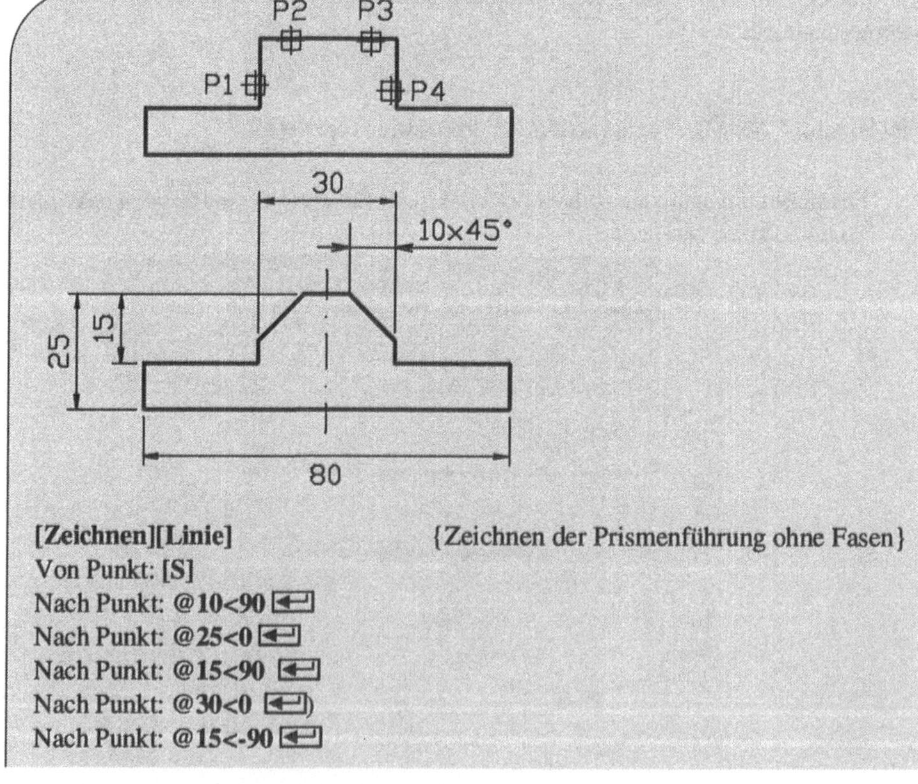


```
[Zeichnen][Linie]              {Zeichnen der Prismenführung ohne Fasen}
Von Punkt: [S]
Nach Punkt: @10<90 ⏎
Nach Punkt: @25<0 ⏎
Nach Punkt: @15<90 ⏎
Nach Punkt: @30<0 ⏎)
Nach Punkt: @15<-90 ⏎
```

> Nach Punkt: **@25<0** ⏎
> Nach Punkt: **@10<-90** ⏎
> Nach Punkt: **S** ⏎
> **[Konstruieren][Fasen]**   {Zeichnen der Fasen}
> Polylinie/Abstand/<Erste Linie wählen>: **A** ⏎
> Ersten Fasenabstand eingeben <10.0000>: ⏎
> Zweiten Fasenabstand eingeben <10.0000>: ⏎
> Befehl: ⏎
> Polylinie/Abstand/<Erste Linie wählen>: **[P1]**
> Zweite Linie wählen: **[P2]**
> Befehl: ⏎
> Polylinie/Abstand/<Erste Linie wählen>: **[P3]**
> Zweite Linie wählen: **[P4]**

Das Zeichnen von Fasen mit Fasenabständen vom Wert Null stellt wie das Abrunden mit einem Rundungsradius Null einen Sonderfall dar und wird ganz analog ausgeführt.

■ Beispiel 7-7: Abschrägen mit Fasenabständen Null

Drei vorgegebene Linienpaare sind mit Fasenabständen vom Wert Null abzuschrägen.

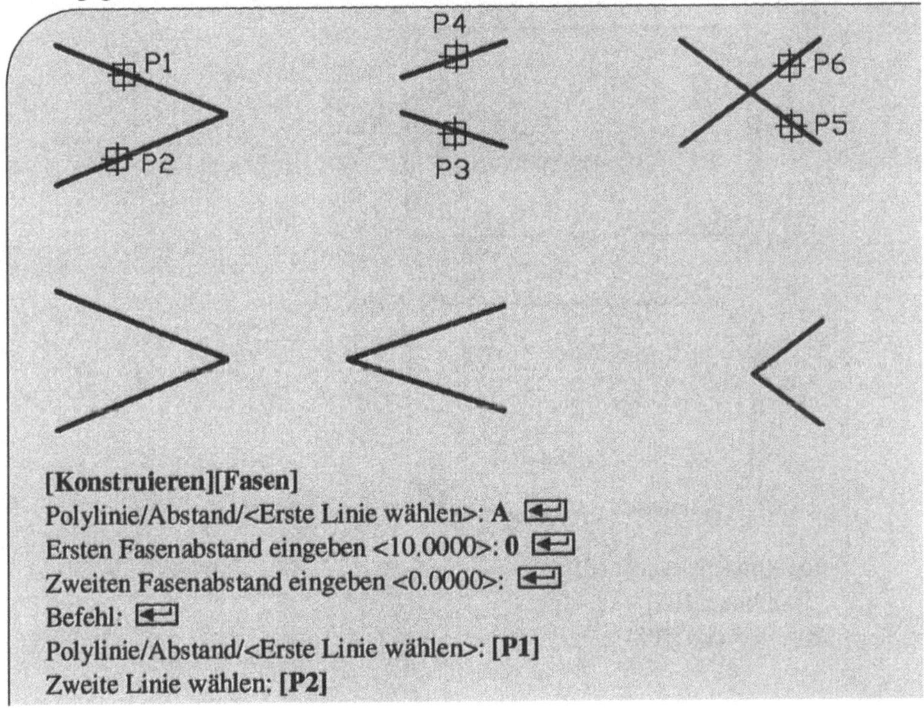

> Befehl: ⏎
> Polylinie/Abstand/<Erste Linie wählen>: **[P3]**
> Zweite Linie wählen: **[P4]**
> Befehl: ⏎
> Polylinie/Abstand/<Erste Linie wählen>: **[P5]**
> Zweite Linie wählen: **[P6]**

☞ *Hinweis: Abschrägen von Polylinien*

Geradlinige Segmente einer Polylinie können mit dem Befehl *Fasen* ganz analog wie oben beschrieben abgeschrägt werden. Hierbei reicht es aus, die jeweilige Polylinie durch einmaliges Zeigen auszuwählen, und alle Ecken von geradlinigen Segmenten werden abgeschrägt. Dies gilt auch für Rechtecke, die mit dem Befehl *Rechteck* erstellt worden sind.

■ Beispiel 7-8: Fasen eines Rechtecks

Ein Rechteck ist mit dem *Zeichnen*-Befehl *Rechteck* zu zeichnen und dann mit den Standard-Fasenabständen abzuschrägen.

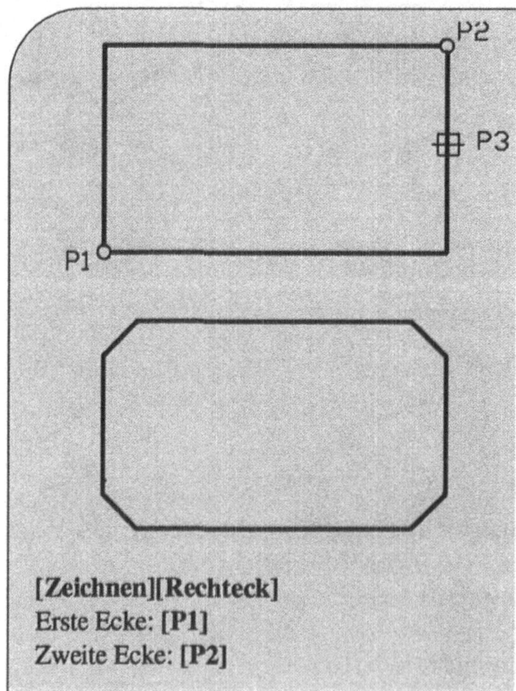

[Zeichnen][Rechteck]
Erste Ecke: **[P1]**
Zweite Ecke: **[P2]**

> **[Konstruieren][Fasen]**
> Polylinie/Abstand/<Erste Linie wählen>: **P** ⏎
> 2D Polylinie wählen: **[P3]**
> 4 Linien wurden gefast

◆ Aufgabe 7-3: Führungsachse zeichnen

Man zeichne die unten abgebildete Führungsachse und speichere die Zeichnung unter dem Namen FUEACHSE ab.

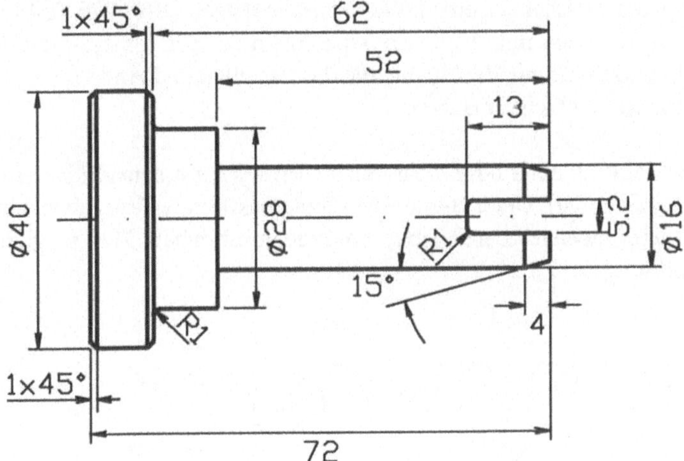

8   Das Beschriften von Zeichnungen

8.1   Erstellen von Texten im Standard-Textstil

Zum besseren Verständnis von technischen Zeichnungen werden diese in der Regel mit Text- und Maßangaben versehen. Beispielsweise werden allgemeine Informationen zu einer Zeichnung rechts unten in einem sogenannten Schriftfeld angegeben. Die Darstellung spezieller Informationen zu einzelnen Bauteilen erfolgt in Stücklisten. Man verwendet für Beschriftungen dieser Art meist eine ISO-Normschrift nach DIN 6776 Teil 1, die man beim herkömmlichen Zeichnen mit Hilfe von Schablonen erstellt. Unter AutoCAD LT stehen hierfür geeignete Befehle zur Verfügung, die das Erstellen und Ändern von Texten in einer Zeichnung sehr viel einfacher machen.

Ein beliebiger Text mit einer oder mehreren Zeilen wird mit dem *Zeichnen*-Befehl *Text* in eine Zeichnung eingefügt. Unter Berücksichtigung bestimmter Vorgaben wird hierbei eine Textzeile auf einer nichtsichtbaren Textgrundlinie geschrieben. Man vergleiche hierzu die folgende Abbildung.

Bild 8-1: Aufbau einer Textzeile

Zeichnen-**Befehl** *Text*: **Erstellen von Texten**

> Mit Hilfe dieses Befehls können ein- oder mehrzeilige Texte in einer Zeichnung an beliebiger Stelle und in verschiedenen Schriften und Formen erstellt werden. Die entsprechenden Möglichkeiten werden aufgrund der Anfrage:

> Position/Stil/<Startpunkt>:

> vom Anwender festgelegt, wobei folgendes gilt:

- *Position*   Positionieren eines Textes
- *Stil*   Auswahl eines Textstiles
- *Startpunkt*   Festlegen von Lage, Höhe und Neigung des Textes und des darzustellenden Textes
- *Leereingabe*   Eingabe eines Textes und Fortsetzen nach der zuletzt eingegebenen Textzeile

Der Befehl *Text* kann auch aufgerufen werden mit:

Befehl: **DTEXT** ⏎
Position/Stil/<Startpunkt>:

oder durch Anklicken des Symbol **A** im Werkzeugkasten. Ferner kann für das Arbei- ten mit einzeiligen Texten ganz analog gearbeitet werden, wenn man über die Tastatur folgenden Aufruf tätigt:

Befehl: **TEXT** ⏎
Position/Stil/<Startpunkt>:

Dieser Befehl ist aber nicht so flexibel einsetzbar wie der *Zeichnen*-Befehl *Text* bzw. *DTEXT* und sollte nur in Ausnahmfällen angewandt werden.

Text-Option *Startpunkt*: Festlegen des Startpunktes für einen Text

Nach dem Festlegen eines Punktes durch die Tastatureingabe seiner Koordinaten oder Zeigen sind im Dialog:

Höhe <aktueller Wert>:
Drehwinkel <aktueller Wert>:
Text:

Höhe, Neigung und der eigentliche Text zu vereinbaren. Es können beliebig viele Zeilen eingegeben werden, und zwar solange, bis man mit einer Leereingabe, d.h. Drücken der Taste ⏎, den Befehl *Text* abbricht. Während der Eingabe der verschiedenen Textzeilen kann durch Bewegen des Cursors die Position für die nächste Zeile geändert werden. Ansonsten wird jede Zeile automatisch unter die vorausgegangene Zeile gesetzt.

■ Beispiel 8-1: Erstellen eines Textes

Der folgende Text:

> Dies ist ein dreizeiliger Text,
> standardmäßig dargestellt und
> mit schräger Textgrundlinie.

soll im Punkt S(100,100) beginnend mit einer Höhe von 7.5 und einer Neigung von 30°
ausgegeben werden.

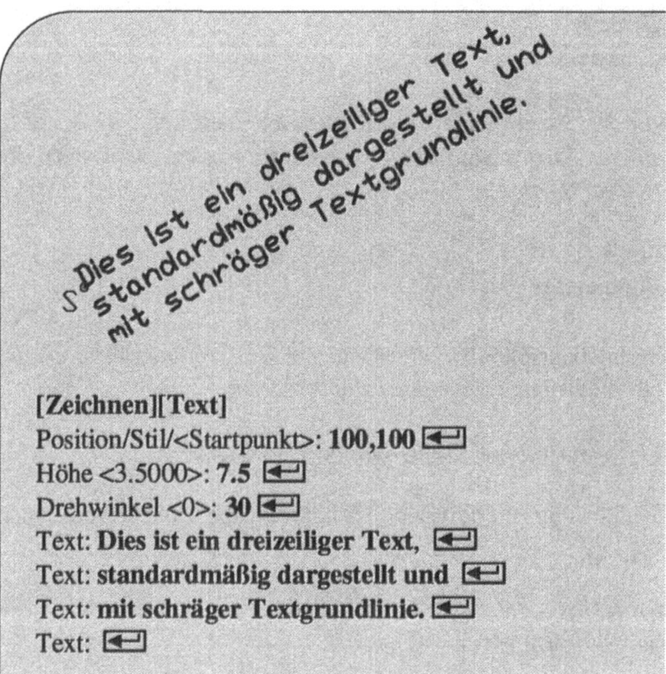

☞ *Hinweis: Standarddarstellung eines Textes*

Werden keine weiteren Vereinbarungen getroffen, so wird ein Text linksbündig mit dem
Textstil STANDARD und der Schriftart TXT ausgegeben.

Text-Option *Leereingabe*: Fortsetzen eines Textes

Bei Wahl dieser Option wird die Ausgabe eines Textes unter der zuletzt erstellten
Textzeile und mit den dort getroffenen Festlegungen fortgesetzt.

▣ Beispiel 8-2: Erstellen von Textzeilen nacheinander

Der Text vom Beispiel 8-1 ist in gleicher Form auszugeben, indem man zunächst nur die erste Zeile erstellt und dann den Befehl erneut aufruft und den Text mit der zweiten und in gleicher Weise mit der dritten Zeile fortsetzt.

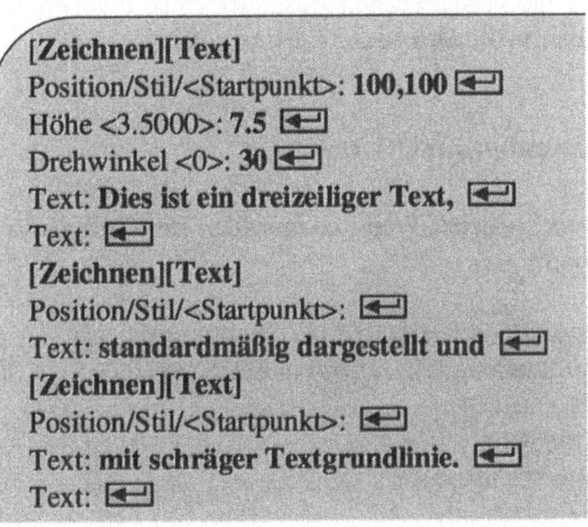

Vielfach möchte man einen Text in einer bestimmten Form ausgeben. Man spricht in diesem Zusammenhang in Textsystemen von der Formatierung eines Textes. In AutoCAD LT ist dies in eingeschränkter Form mit der *Text*-Option *Position* möglich.

Text-Option *Position*: Festlegen der Ausgabeform eines Textes

Nach dem Aufruf der Option *Position* werden die möglichen Varianten für eine spezielle Darstellung eines Textes mit der Anfrage:

Ausrichten/Einpassen/Zentrieren/Mitte/Rechts:

zur Auswahl angeboten. Die jeweiligen Wirkungen sind dabei:

- *Ausrichten*   Einfügen eines Textes zwischen zwei Punkte mit automatisch angepaßter Texthöhe

- *Einpassen*   Einfügen eines Textes zwischen zwei Punkte mit einer vorgegebenen Texthöhe

- *Zentrieren*   Zentrieren eines Textes in bezug auf seine Länge

- *Mitte*   Zentrieren eines Textes in bezug auf seine Länge und Höhe

- *Rechts*   rechtsbündige Ausgabe eines Textes

Die so getroffenen Ausgabeformen beziehen sich zunächst auf die erste Zeile des auszugebenden Textes. Eventuelle weitere Textzeilen werden entsprechend angepaßt ausgegeben.

Die erforderlichen Festlegungen für die verschiedenen Ausgabeformen ergeben sich aus dem nächsten Beispiel und sollen hier nicht näher besprochen werden.

■ Beispiel 8-3: Formatierte Ausgabe eines Textes

Ein zweizeiliger Text ist in verschiedener Weise darzustellen. Im einzelnen soll der Text wie folgt ausgegeben werden:

- ausgerichtet zwischen den Punkten P1(100,200) und P2(200,200)
- eingepaßt zwischen den Punkten P3(100,160) und P4(200,160)
- zentriert zum Punkt P5(150,120)
- mittig zum Punkt P6(150,80)
- rechtsbündig zum Punkt P7(200,40)

Generell ist die Ausgabe mit der Texthöhe 8 und waagerecht vorzusehen.

[Zeichnung][Text]   {Text ausgerichtet ausgeben.}
Position/Stil/<Startpunkt>: P ⏎
Ausrichten/Einpassen/Zentrieren/Mitte/Rechts: A ⏎
Erste Textzeile Punkt: **100,200** ⏎
Zweiter Textzeilenpunkt: **200,200** ⏎
Text: **Dies ist ein zweizeiliger Text** ⏎

```
Text: ausgerichtet dargestellt. ⏎
Text: ⏎
[Zeichnung][Text]                                   {Text eingepaßt ausgeben}
Position/Stil/<Startpunkt>: P ⏎
Ausrichten/Einpassen/Zentrieren/Mitte/Rechts: E ⏎
Erste Textzeile Punkt: 100,160 ⏎
Zweiter Textzeilenpunkt: 200,160 ⏎
Höhe <3.5000>: 8 ⏎
Text: Dies ist ein zweizeiliger Text ⏎
Text: eingepasst dargestellt. ⏎
Text: ⏎
[Zeichnung][Text]                                   {Text zentriert ausgeben}
Position/Stil/<Startpunkt>: P ⏎
Ausrichten/Einpassen/Zentrieren/Mitte/Rechts: Z ⏎
Zentrieren Punkt: 150,120 ⏎
Drehwinkel <0>: ⏎
Text: Dies ist ein zweizeiliger Text ⏎
Text: zentriert dargestellt. ⏎
Text: ⏎
[Zeichnung][Text]                                   {Text mittig ausgeben}
Position/Stil/<Startpunkt>: P ⏎
Ausrichten/Einpassen/Zentrieren/Mitte/Rechts: M ⏎
Mitte Punkt: 150,80 ⏎
Höhe <8.0000>: ⏎
Drehwinkel <0>: ⏎
Text: Dies ist ein zweizeiliger Text ⏎
Text: mittig dargestellt. ⏎
Text: ⏎
[Zeichnung][Text]                                   {Text rechtsbündig ausgeben}
Position/Stil/<Startpunkt>: P ⏎
Ausrichten/Einpassen/Zentrieren/Mitte/Rechts: R ⏎
Ende Punkt: 200,40 ⏎
Höhe <8.0000>: ⏎
Drehwinkel <0>: ⏎
Text: Dies ist ein zweizeiliger Text ⏎
Text: rechtsbündig dargestellt. ⏎
Text: ⏎
```

Beim eigentlichen Beschriften einer Zeichnung sollte man - wie im Kapitel 5 besprochen - die Zeichnung und die Beschriftung zweckmäßigerweise in verschiedenen Layern darstellen. Unter der Voraussetzung der für die Prototypdatei PRODINA4 vereinbarten Layer soll diese Vorgehensweise an einem Beispiel mit einem einfachen Text angewandt werden. Textinformationen relativ einfacher Art sind z.B. Angaben zur Bezeichnung des genannten Bauteils oder zur Dicke eines im Grundriß dargestellten Bleches.

■ Beispiel 8-4: Beschriften einer Zeichnung

Die unten angegebene Zeichnung eines Bleches ist ohne Bemaßung zu erstellen, und zwar indem man die Kontur im Layer KONTURLINIE zeichnet und die Beschriftung im Layer BESCHRIFTUNG darstellt.

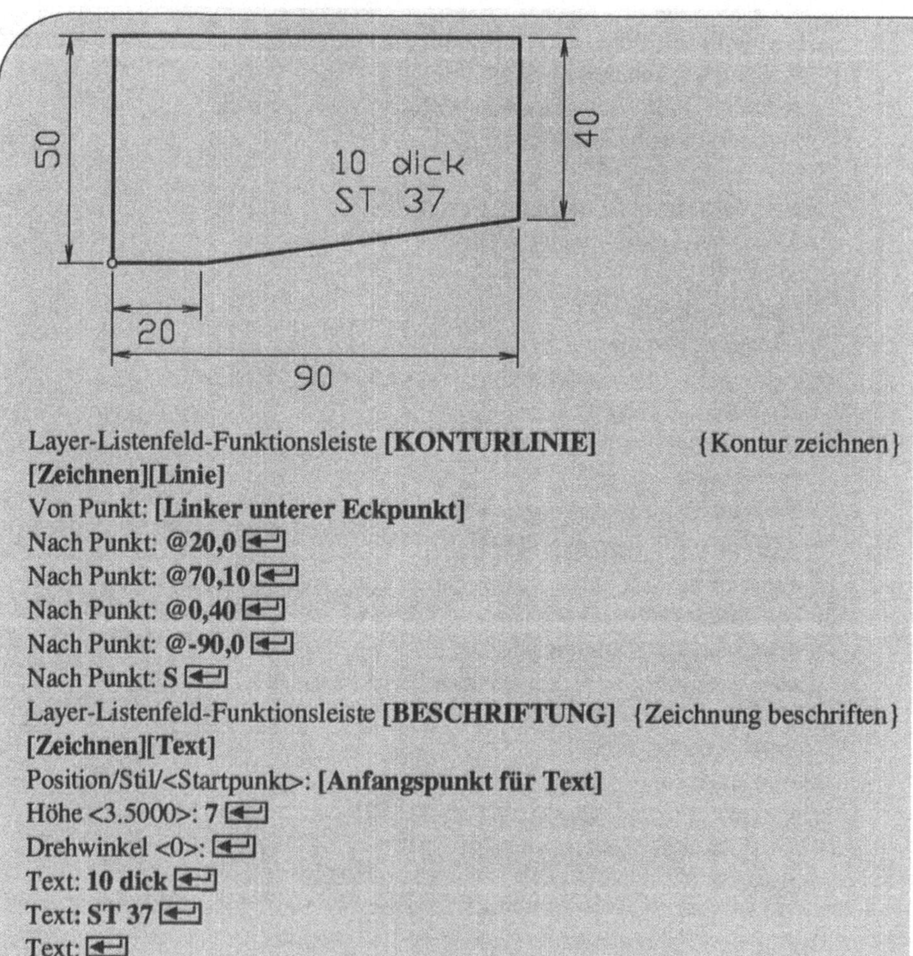

Layer-Listenfeld-Funktionsleiste [**KONTURLINIE**]   {Kontur zeichnen}
[**Zeichnen**][**Linie**]
Von Punkt: [**Linker unterer Eckpunkt**]
Nach Punkt: **@20,0** ⏎
Nach Punkt: **@70,10** ⏎
Nach Punkt: **@0,40** ⏎
Nach Punkt: **@-90,0** ⏎
Nach Punkt: **S** ⏎
Layer-Listenfeld-Funktionsleiste [**BESCHRIFTUNG**] {Zeichnung beschriften}
[**Zeichnen**][**Text**]
Position/Stil/<Startpunkt>: [**Anfangspunkt für Text**]
Höhe <3.5000>: **7** ⏎
Drehwinkel <0>: ⏎
Text: **10 dick** ⏎
Text: **ST 37** ⏎
Text: ⏎

◆ Aufgabe 8-1: Zeichnung beschriften

Die in Aufgabe 4-5 erstellte Zeichnung ist wie dort vorgesehen mit:

> Konsole
> aus
> ST 50-2

zu beschriften, dabei soll der Text zentriert werden.

Weitere Informationen zu einer Zeichnung werden in ihrem Schriftfeld und in einer eventuellen Stückliste angegeben, deren Form und Lage nach DIN 6771, Teil 1 und Teil 2, festgelegt sind. Man vergleiche hierzu das im Bild 8-2 dargestellte Schriftfeld mit Stückliste für eine Fräseinrichtung.

12	1	Sechskantmutter	DIN 934-M12	
11	1	Zylinderstift	DIN 7-3m6	
10	2	Zylinderschraube	DIN 84-M6x12	
9	1	Scheibe		
8	1	Feder		
7	2	Nutenstein		
6	1	Stellschraube		
5	1	Kegelgriff	DIN 99-N125	
4	1	Spannbolzen		
3	1	Aufnahmebolzen		
2	1	Spannplatte		
1	1	Grundplatte		
Lfd Nr.	Menge	Bennenung	Sachnummer/ Norm - Kurzbezeichnung	Werkstoff
Gez.				
Gepr.				
Maßstab		Fräsvorrichtung		

Bild 8-2: Schriftfeld mit Stückliste

Für das Arbeiten mit AutoCAD LT ist es von Vorteil, wenn man in den zu verwendenden Prototypzeichnungen entsprechende Vorgaben für Schriftfelder und Stücklisten vorsieht.

■ Beispiel 8-5: Erstellen eines Schriftfeldes

In der Prototypzeichnung PRODINA4 ist eine Umrandung im Abstand von 5 zu den Limitengrenzen zu zeichnen und ferner ein Schriftfeld wie im Bild 8-2 zu erstellen.

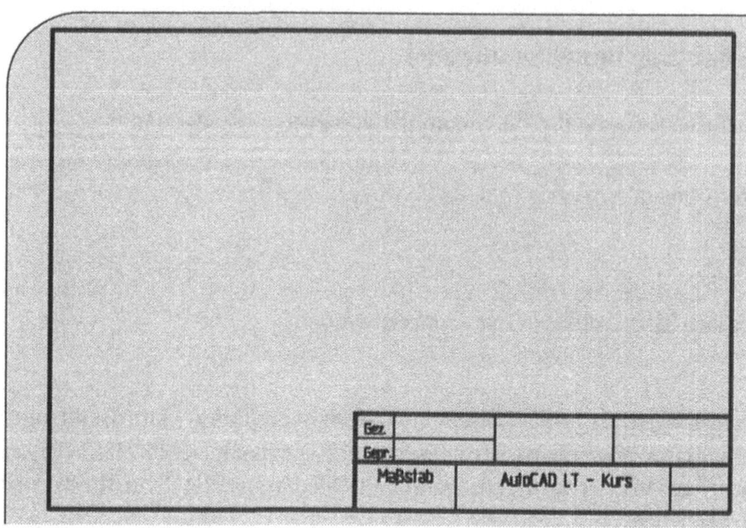

Man arbeite hier mit einem Fangraster und im Standardlayer 0. Das Fangraster beim Schreiben des Textes ist kleiner als zum Zeichnen der Linien zu wählen. Nach dem Laden der Zeichnung PRODINA4 kann man wie folgt vorgehen:

```
Layer-Listenfeld-Funktionsleiste 0
[Zeichnen][Rechteck]                           {Zeichnen der Umrandung}
Erster Punkt: 5,5 ⏎
Zweiter Punkt: 292,205 ⏎
[Modi][Zeichnungshilfen]                       {Zeichnen der weiteren Linien}
Fang-Optionsfeld ☒ Ein
Fang-Eingabefeld X-Abstand 5
Raster-Optionsfeld ☒ Ein
Raster-Eingabefeld X-Abstand 0 ⏎
[OK]
[Zeichnen][Linie]
Zeichnen der einzelnen Linien im Schriftfeld
[Modi][Zeichnungshilfen]                       {Ausgabe der einzelnen Bezeichnungen}
Fang-Eingabefeld X-Abstand 2 [OK]
[Zeichnen][Text]
Ausgabe der einzelnen Texte im Schriftfeld
[Datei][Speichern]                             {Sichern der geänderten Zeichnung}
```

◆ Aufgabe 8-2: Stückliste erstellen

Das im Bild 8-2 dargestellte Schriftfeld ist einschließlich der Stückliste unter Anwendung der im vorausgegangenen Beispiel ergänzten Prototypzeichnung PRODINA4 darzustellen und unter dem Namen STUECKLI zu speichern.

Die Darstellung von Sonderzeichen, wie z.B. vom Gradzeichen ° oder vom Plus/Minus-Symbol ± , ist in AutoCAD LT-Zeichnungen ebenfalls möglich. Es stehen hierfür die Steuerzeichen

- %%D   Schreiben des Gradzeichens °,
- %%P   Schreiben des Plus/Minus-Zeichen ± für Toleranzangaben,
- %%C   Schreiben des Durchmesserzeichens Ø,
- %%%   Schreiben des Prozentzeichens %,
- %%U   Ein- bzw. Ausschalten des Unterstreichens und
- %%O   Ein- bzw. Ausschalten des Überstreichens von Text

zur Verfügung, die wie 'normaler' Text einzugeben sind.

■ Beispiel 8-6: Schreiben von Sonderzeichen

Der mehrzeilige Beispieltext:

Unterstreichen   Überstreichen
50.5°   Ø120 mm
± 20.5 mm   20%

ist in der Standardform mit einer Texthöhe von 7 auszugeben.

☞ *Hinweis: Ausschalten von Unter- und Überstreichungen*

Mit dem Abschließen einer Textzeile durch Drücken der Taste ⬅ wird eine aktivierte Unter- bzw. Überstreichung eines Textes automatisch ausgeschaltet. Aus diesem Grund konnte das Ausschalten des Überstreichens mit %%O am Ende der ersten Textzeile entfallen.

8.2   Erstellen von Texten in beliebigen Textstilen

Die im vorausgegangenen Kapitel erstellten Texte wurden alle mit dem Textstil STAN-DARD und der zugehörigen Standardschriftart TXT ausgegeben. AutoCAD LT stellt insgesamt 38 verschiedene Schriftarten in Zeichensatzdateien mit der Extension .SHX im Verzeichnis C:\ACLTWIN bereit. Ferner stehen eine Reihe von Adobe-Postscript-Zeichensätzen in Dateien mit der Extension .PFB zur Verfügung. Man kann unter anderem auf folgende Schriften

Original TXT	ABCDEFGHIJKLMNOPQRSTUVWXYZ
Mono-spaced TXT	ABCDEFGHIJKLMNOPQRSTUVWXYZ
Roman Simplex	ABCDEFGHIJKLMNOPQRSTUVWXYZ
Italic Complex	ABCDEFGHIJKLMNOPQRSTUVWXYZ
Script Complex	ABCDEFGHIJKLMNOPQRSTUVWXYZ
Gothic German	ABCDEFGHIJKLMNOPQRSTUVWXYZ
Greek Simplex	ABXΔΕΦΓΗΙϑΚΛΜΝΟΠΘΡΣΤΤΥΩΞΨZ
Cyrillic Alpha	АББВГДЕЖЗИЙКЛМНОПРСТУФХЦЧШЩ

in AutoCAD LT zurückgreifen. Neben dieser Art von Schriften gibt es noch 5 sogenannte Symbolschriften für Anwendungen in der Astronomie, Mathematik, Musik, Kartographie und Meteorologie. Im einzelnen sind dies die Symbolschriften:

Astronomical	
Mathematical	ℵ'‖±∓×·÷=≠≡<>≦≧∝∼√C∪⊃∩∈→↑
Musics Symbol	
Mapping Symbols	
Meteorological	

Über den *Modi*-Befehl *Textstil* kann man zur Ausgabe von Texten eine geeignete Schriftart auswählen und über entsprechende Parameter auf die jeweilige Anwendung anpassen.

Modi-Befehl *Textstil*: Festlegen eines Textstils

Nach dem Aufruf dieses Befehls wählt man zunächst in einem Dialogfenster:

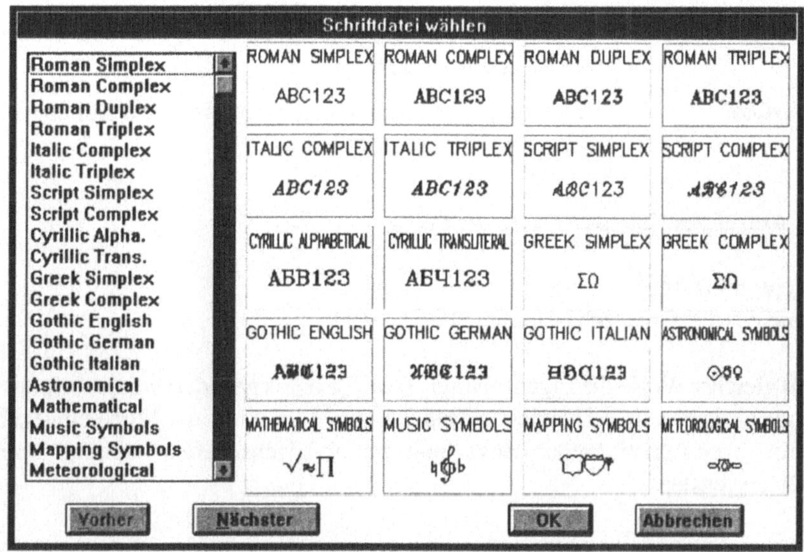

Bild 8-3: Dialogfenster *Schriftdatei wählen*

durch Anklicken eines Namens oder eines Musters im linken bzw. rechten Listenfeld und Bestätigen mit *OK* die gewünschte Schriftart aus, deren spezielle Eigenschaften man anschließend in dem Dialog:

    Höhe <aktueller Wert>:
    Breitenfaktor <aktueller Wert>:
    Neigungswinkel <aktueller Wert>:
    Rückwärts? <N>:
    Auf dem Kopf? <N>:
    Vertikal? <N>:
    (Textstilname) ist jetzt der aktuelle Textstil

ändern kann. Die einzelnen Festlegungen haben dabei folgende Bedeutung:

- *Höhe*   Festlegen der Höhe der Schrift

- *Breitenfaktor*   Vereinbaren, ob die einzelnen Zeichen in ihrer Breite gestreckt oder gestaucht werden sollen

- *Neigungswinkel*   Festlegen der Neigung der einzelnen Zeichen bzgl. der Senkrechten

- *Rückwärts*   Vereinbaren, ob Schrift an der Senkrechten gespiegelt werden soll oder nicht

- *Auf dem Kopf*   Vereinbaren, ob die Schrift an der Textgrundlinie gespiegelt werden soll oder nicht
- *Vertikal*   Vereinbaren, ob die Zeichen untereinander oder nebeneinander gesetzt werden sollen

Mit dem Aufruf des Befehls *STIL* in der Form:

Befehl: **STIL** ⏎
Name des Textstils (oder ?) <aktueller Textstil>:

können in gleicher Weise die Eigenschaften eines Textstils geändert werden, wenn man den Namen eines bereits vorhandenen Stils eingibt. Wird ein neuer Name eingegeben, so wird ein neuer Textstil kreiert. Bevor man dessen Eigenschaften festlegt, muß man in dem Dialogfenster:

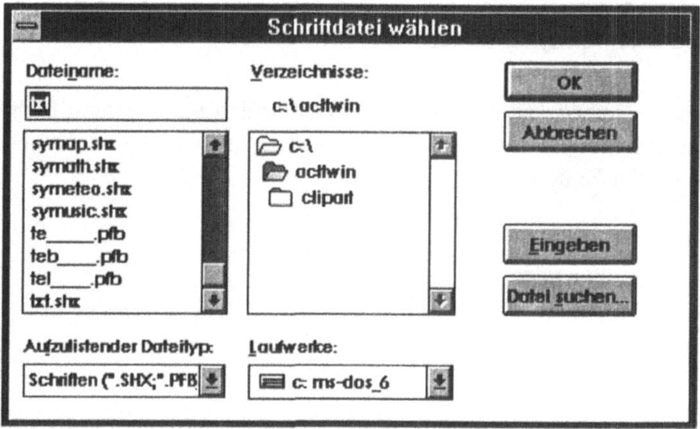

Bild 8-4: Dialogfenster *Schriftdatei wählen*

eine zugehörige Schriftart auswählen. Anschließend erfolgt die Eingabe der speziellen Parameter für den neuen Textstil analog zum Ändern eines Textstils.

☞ *Hinweis: Textstil mit Höhe Null*

Wird für die Höhe eines Textstils der Wert Null vereinbart, so kann man beim Erstellen eines Textes mit dem *Zeichnen*-Befehl *Text* die Höhe für diesen Text beliebig festlegen. Bei Festlegung einer Höhe größer Null für einen Textstil können nur Texte mit dieser festen Höhe erstellt werden. Beim Erstellen der Texte entfällt dann die Abfrage nach deren Höhe.

■ Beispiel 8-7: Erstellen von Texten mit verschiedenen Schriftarten

Für die drei Schriftarten: Original TXT, Mono-spaced TXT und Script Simplex sind jeweils als zweiliger Text alle Groß- und Kleinbuchstaben mit einer Höhe von 8 und linksbündig auszugeben. Die Texte sollen in den Punkten P1(100,180), P2(100,150) bzw. P3(100,120) beginnen.

```
ABCDEF GHIJKLMNOPQRS TUVWXYZ
abcdefghiJklmnopqrstuvwxyz
ABCDEFGHI JKLMNOPQRSTUVWXYZ
abcdefghi Jk lmnopqrstuvwxyz
ABCDEFGHIJKLMNOPQRSTUVWXYZ
abcdefghijklmnopqrstuvwxyz
```

[Zeichnen][Text]   {Ausgabe mit Schriftart Original TXT}
Position/Stil/<Startpunkt>: **100,180** ⏎
Höhe <3.5000>: **8** ⏎
Drehwinkel <0>: ⏎
Text: **ABCDEFGHIJKLMNOPQRSTUVWXYZ** ⏎
Text: **abcdefghijklmnopqrstuvwxyz** ⏎
Text: ⏎
[Modi][Textstil]   {Festlegen der Schriftart Mono-spaced TXT}
Schriftartnamen-Listenfeld **[Mono-spaced TXT]**
Höhe <0.0000>: ⏎
Breitenfaktor <1.0000>: ⏎
Neigungswinkel <0>: ⏎
Rückwärts? <N>: ⏎
Auf dem Kopf? <N>: ⏎
Vertikal? <N>: ⏎
Mono-spaced TXT ist jetzt der aktuelle Textstil
[Zeichnen][Text]   {Ausgabe mit Schriftart Mono-spaced TXT}
Position/Stil/<Startpunkt>: **100,150** ⏎
Höhe <8.0000>: ⏎
Drehwinkel <0>: ⏎
Text: **ABCDEFGHIJKLMNOPQRSTUVWXYZ** ⏎
Text: **abcdefghijklmnopqrstuvwxyz** ⏎
Text: ⏎
und entsprechend für die Schriftart Script Simplex

Offensichtlich sind die beiden Schriften Original TXT und Script Simplex Proportional-schriften, bei denen die einzelnen Buchstaben, Ziffern und Sonderzeichen unterschiedlich breit dargestellt werden. Die Schrift Mono-spaced TXT ist die einzige Nichtproportinal-schrift in AutoCAD LT und sollte zweckmäßigerweise zur Darstellung von Stücklisten und Tabellen in Zeichnungen benutzt werden.

■ Beispiel 8-8: Kreieren eines neuen Textstils

Es soll ein neuer Textstil NEUSTIL erstellt werden, der auf der Schriftart Original TXT aufbaut und eine feste Texthöhe von 7 besitzt. Ferner sollen alle Zeichen um 20% breiter und um 10° geneigt dargestellt werden.

```
Befehl: STIL ⏎
Name des Textstils (oder ?) <Script Simplex >: NEUSTIL ⏎
Neuer Stil
NeuerVerzeichnisse-Listenfeld [[c:\]]                    {Auswahl der Schriftart}
Verzeichnisse-Listenfeld [[acltwin]]
Aufzulistender Dateityp-Listenfeld [[Schriftart (*.SHX,*.PFB)]]
Dateiname-Listenfeld [[txt.shx]]
Höhe <0.0000>: 7 ⏎
Breitenfaktor <1.0000>: 1.2 ⏎
Neigungswinkel <0>: 10 ⏎
Rückwärts? <N>: ⏎
Auf dem Kopf? <N>: ⏎
Vertikal? <N>: ⏎
NEUSTIL  ist jetzt der aktuelle Textstil
```

Mit der Option *Stil* des *Zeichnen*-Befehls *Text* kann ebenfalls ein Textstil als aktueller Textstil ausgewählt werden.

Text-Option _Stil_: Festlegen eines Textstils

Mit dem Aufruf dieser Option kann im Dialog:

Stilname (oder ?) <aktueller Textstil>:

entweder ein vorhandener Textstil als aktueller Stil vereinbart oder eine Anzeige aller Textstile veranlaßt werden. Die Anzeige aller Textstile kann ferner über die Option *?* des oben besprochenen Befehls *STIL* erfolgen.

■ Beispiel 8-9: Auflisten aller Textstile

Auf dem Bildschirm sind Informationen zu den in der Zeichnung vorhandenen Textstilen auszugeben.

```
Textstile:

Stilname: MONOTXT        Schriftdateien: monotxt
    Höhe: 8.00  Breitenfaktor: 1.00  Neigungswinkel: 0.0
    Generierung: Normal


Stilname: NEUSTIL        Schriftdateien: TXT.SHX
    Höhe: 7.00  Breitenfaktor: 1.20  Neigungswinkel: 10.0
    Generierung: Normal


Stilname: SCRIPTS        Schriftdateien: scripts
    Höhe: 8.00  Breitenfaktor: 1.00  Neigungswinkel: 0.0
    Generierung: Normal


Stilname: STANDARD       Schriftdateien: txt
    Höhe: 0.00  Breitenfaktor: 1.00  Neigungswinkel: 0.0
    Generierung: Normal

RETURN für Fortsetzung:


[Zeichnen][Text]
Position/Stil/<Startpunkt>: S ⏎
Stilname (oder ?) <NEUSTIL>: ? ⏎
Aufzulistende(r) Textstil(e) <*>: ⏎
```

◆ Aufgabe 8-3: Neue Textstile erstellen

Aufbauend auf dem Textstil STANDARD sind zwei neue Textstile TXT6 und TXT8 zu kreieren, für die eine feste Texthöhe 6 bzw. 8 und eine um 10% schmalere Breite vereinbart werden soll. Anschließend ist der Text 'Dies ist eine Kontrolle!' mit den drei Textstilen: STANDARD, TXT6 und TXT8 untereinander auf dem Bildschirm auszugeben.

Ein bereits in einer Zeichnung vorhandener Text kann mit dem *Ändern*-Befehl *Text bearbeiten* geändert werden.

Ändern-Befehl *Text bearbeiten*: Ändern des Inhalts eines Textes

Aufgrund des Aufrufs dieses Befehls werden in der Anfrage:

<TEXT oder ATTDEF Objekt wählen>/Zurück:

die beiden Optionen

- *TEXT oder ATTDEF   Auswahl einer Textzeile oder Attributsdefinition zum
  Objekt wählen*   Ändern des zugehörigen Textinhalts und

- *Zurück*   Rückgängigmachen der zuletzt ausgeführten
                       Textänderung

zum Ändern eines Textes angeboten. Bei Wahl einer Textzeile kann in dem Dialogfenster:

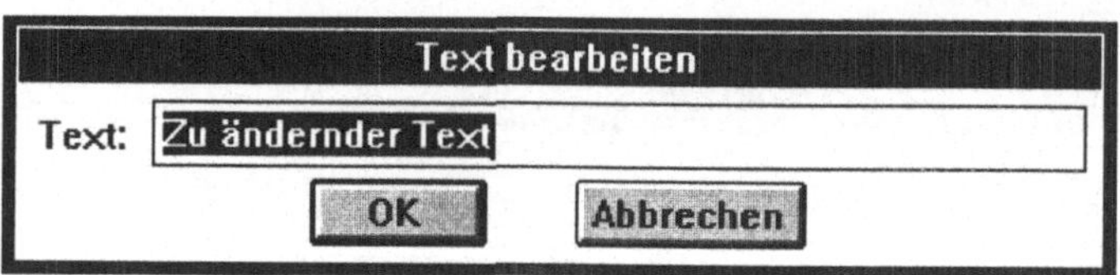

Bild 8-5: Dialogfenster *Text bearbeiten*

der Text dieser Zeile im *Text*-Eingabefeld geändert oder für ihn neuer Text eingegeben werden. Mit der Option *Zurück* kann eine vorausgegangene Textänderung zurückgenommen werden. Mit dem Befehl *Text bearbeiten* lassen sich auf diese Weise mehrere Texte ändern. Durch eine Leereingabe wird die Ausführung dieses Befehls abgebrochen.

■ Beispiel 8-10: Ändern von Textinhalten

In der Beschriftung für das Blech im Beispiel 8-4 sind anstelle der Vorgaben 10 und ST 37 für die Dicke bzw. die Stahlart die Angaben 12 bzw. ST 50-2 vorzusehen. Nach dem Laden der Zeichnung werden die beiden Texte wie folgt geändert:

```
[Ändern][Text bearbeiten]
<TEXT oder ATTDEF Objekt wählen>/Zurück: [Punkt in Zeile 1]  {Ändern der
                                                                  ersten Zeile}

Text-Eingabefeld 12 dick [OK]
<TEXT oder ATTDEF Objekt wählen>/Zurück: [Punkt in Zeile 2]  {Ändern der
                                                                zweiten Zeile}

Text-Eingabefeld ST 50-2 [OK]
<TEXT oder ATTDEF Objekt wählen>/Zurück: [←]
```

◆ Aufgabe 8-4: Beschriftung für Konsole ändern

Für die in der Aufgabe 8-1 dargestellte Beschriftung einer Konsole ist anstelle der Stahlart ST 50-2 die Stahlart ST 33 vorzusehen.

9 Das Bemaßen von Zeichnungen

9.1 Allgemeines zum Bemaßen

Bemaßungen stellen eine weitere Form der Beschriftung von Zeichnungen dar, und zwar sollen mit ihnen alle für die Herstellung, die Prüfung, den Zusammenbau und die Funktion eines Werkstückes benötigten Maße bereitgestellt werden. Die Bemaßung einer Zeichnung hat dabei nach der Norm DIN 406, Teil 1 und 2, zu erfolgen. Hiernach besitzt die Bemaßung einer Linie den im folgenden Bild angegebenen Aufbau.

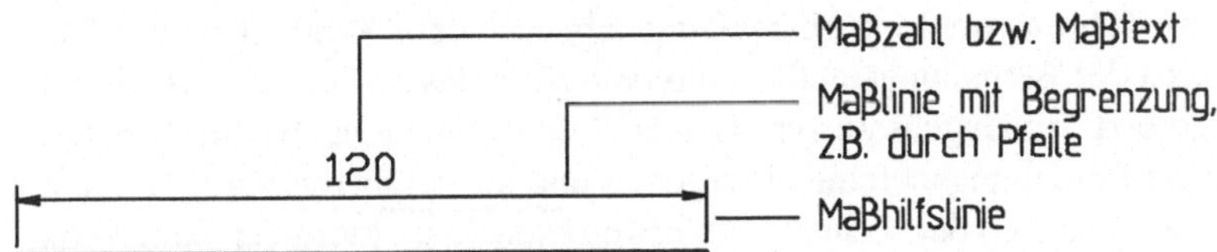

Bild 9-1: Bemaßung einer Strecke

In Abhängigkeit von der Form und den Eigenschaften der in einer Zeichnung zu bemaßenden Bauteile gibt es verschiedene Bemaßungsarten, wie z.B. Linear-, Winkel-, Durchmesser- und Radienbemaßung. Im Menüpunkt *Zeichnen* werden zur Durchführung dieser Bemaßungen entsprechende Befehle zur Verfügung gestellt. Im einzelnen sind dies die Befehle:

- *Linearbemaßung* Bemaßung von waagerechten, senkrechten und schrägen Linien

- *Koordinatenbemaßung* Bemaßung der Koordinaten von Punkten

- *Radialbemaßung* Bemaßung von Durchmessern und Radien

- *Winkelbemaßung* Bemaßung von Winkeln

- *Führung* Erstellen von Führungslinien

In der Regel werden nach der Wahl eines dieser Befehle in einem weiteren Menü mehrere Optionen zur Auswahl angeboten. Beispielsweise kann man eine senkrechte Linie bemaßen, indem man mit dem Aufruf:

[Zeichnen][Linearbemaßung][Vertikal]

die *Linearbemaßung*-Option *Vertikal* aktiviert. Auf die Durchführung der einzelnen Bemaßungsarten wird in den folgenden Unterkapiteln näher eingegangen.

Prinzipiell basieren alle Aufrufe der obigen Befehle und ihrer Optionen auf den internen AutoCAD-Befehlen *BEM* und *BEM1*, die direkt über die Tastatur in der Form:

> Befehl: **BEM** ⏎   *oder*   Befehl: **BEM1** ⏎
> Bem: Bem:

eingegeben werden können. Anschließend befindet sich das System im Bemaßungsmodus und erwartet die Eingabe spezieller Bemaßungsbefehle. Der oben angegebene Aufruf für die Bemaßung einer senkrechten Linie würde z.B. mit:

> Befehl: **BEM1** ⏎
> Bem: **VER** ⏎

erfolgen. Nach der Ausführung der Linearbemaßung, d.h. nach dem Abarbeiten des *BEM1*-Befehls *VERtikal* wird der Bemaßungsmodus automatisch verlassen und das Arbeiten im Befehlsmodus fortgesetzt. Im Gegensatz zum Befehl *BEM1* können nach dem Aufruf des Befehls *BEM* mehrere Bemaßungsbefehle eingegeben und ausgeführt werden. Durch die Eingabe von *EXIt* oder Drücken der Tastenkombination ⟨Strg⟩ + ⟨C⟩ wird der Bemaßungsmodus verlassen und zum normalen Befehlsmodus zurückgekehrt.

In welcher Form die erforderlichen Befehle und Optionen zum Bemaßen aufgerufen werden, d.h. ob durch Anklicken in den Abrollmenüs oder durch den Aufruf der Befehle *BEM* und *BEM1*, hängt wiederum vom Anwender und der von ihm bevorzugten Arbeitsweise ab. Im weiteren wird bei der Behandlung einer speziellen Bemaßung auf beide Möglichkeiten des Aufrufs entsprechend hingewiesen.

☞ *Hinweis: Bemaßung als Zeichnungsobjekt*

> Eine beliebige Bemaßung bestehend aus Maßhilfslinien, Maßlinie und Maßtext wird in Auto CAT LT als ein Zeichnungsobjekt behandelt und läßt sich - wie jedes andere Objekt - mit geeigneten Befehlen bearbeiten. Beispielsweise lassen sich Bemaßungen mit dem *Ändern*-Befehl *Löschen* aus der Zeichnung entfernen.

Bei der Ausführung einer beliebigen Bemaßung werden standardmäßig Maßlinien und Maßhilfslinien unabhängig von der aktuellen Linienart stets als Vollinien und die Maßlinien mit Pfeilen als Begrenzung gezeichnet. Für die Darstellung von Maßtexten werden der aktuelle Textstil und die aktuelle Texthöhe verwendet. Entsprechend gilt für das Format der Maßzahlen die für Einheiten und Winkel vereinbarte Genauigkeit. Diese und eine Reihe weiterer Vorgaben stellen wichtige Kenngrößen zu den verschiedenen Bemaßungarten dar und werden als sogenannte Bemaßungsvariablen vom System verwaltet. Mit dem *BEM*- oder *BEM1*-Befehl *STAtus* werden alle Bemaßungsvariable mit ihrem aktuellen Wert auf dem Bildschirm angezeigt.

■ Beispiel 9-1: Anzeigen aller Bemaßungsvariablen

Es sollen alle Bemaßungsvariable mit ihren aktuellen Werten auf dem Bildschirm angezeigt werden.

```
Befehl: BEM1 ←
Bem: STA ←

BEMALT      Aus        Wahl von Alternativeinheiten
BEMALTD     2          Dezimalstellen für Alternativeinheiten
BEMALTU     0.04       Umrechnungsfaktor für Alternativeinheiten
BEMANACH               Suffix für Alternativtext
BEMASSO     Ein        Assoziative Bemaßung generieren
BEMPLG      2.50       Pfeillänge
BEMBLK                 Name für Pfeilblöcke
BEMBLK1                Name für ersten Pfeilblock
BEMBLK2                Name für zweiten Pfeilblock
BEMZEN      2.50       Größe Zentrumspunkt
BEMFARM     VONBLOCK   Farbe der Maßlinie
BEMFARH     VONBLOCK   Farbe der Hilfs- und Führungslinien
BEMFART     VONBLOCK   Farbe des Maßtextes
BEMVML      0.00       Verlängerung der Maßlinie
BEMIML      3.75       Inkrement der zu verlängernden Maßlinie
BEMVEH      1.25       Verlängerung der Hilfslinie oberhalb Maßlinie
BEMABHO     0.63       Abstand der Hilfslinie
BEMABST     0.63       Abstand der Maßlinie vom Text
BEMGFLA     1.00       Skalierfaktor für lineare Einheiten
RETURN für Fortsetzung:
BEMGRE      Aus        Bemaßungsgrenzen generieren
BEMNACH                Vorgabe für Suffix des Maßtextes
BEMRND      0.00       Rundungswert
BEMPFKT     Aus        Pfeilblöcke trennen
BEMFKTR     1.00       Allgemeiner Skalierfaktor
BEMH1U      Aus        Erste Hilfslinie unterdrücken
BEMH2U      Aus        Zweite Hilfslinie unterdrücken
BEMZUG      Ein        Nachziehen des Bemaßungswertes
BEMMAHU     Aus        Maßlinie außerhalb Hilfslinie unterdrücken
BEMSTIL     *UNNAMED   Aktueller Bemaßungsstil (schreibgestützt)
BEMTOM      Ein        Text oberhalb Maßlinie setzen
BEMTFAC     1.00       Toleranz bei der Skalierung der Textgröße
BEMTIH      Ein        Text innerhalb Hilfslinien waagerecht
BEMTIL      Aus        Text innerhalb Hilfslinie
BEMTM       0.00       Minus-Toleranz
BEMTAL      Ein        Maßlinie zwischen Hilfslinien
BEMTAH      Aus        Text außerhalb Hilfslinien ist waagerecht
BEMTOL      Aus        Bemaßungstoleranzen generieren
BEMTP       0.00       Plus-Toleranz
BEMSLG      0.00       Strichlänge
BEMTVP      1.00       Text vertikale Position
RETURN für Fortsetzung:
BEMTXT      2.50       Texthöhe
BEMNZ       8          Null unterdrücken
```

Die Bedeutung der verschiedenen Bemaßungsvariablen kann im Rahmen dieses Buches im einzelnen nicht ausführlicher besprochen werden. Anhand einer Reihe von Beispielbemaßungen im Bild 9-2 wird hier nur die Wirkung der wichtigsten Bemaßungsvariablen veranschaulicht. Weitergehende Informationen hierüber sind dem AutoCAD LT-Handbuch zu entnehmen bzw. können jederzeit über das Hilfesystem abgerufen werden.

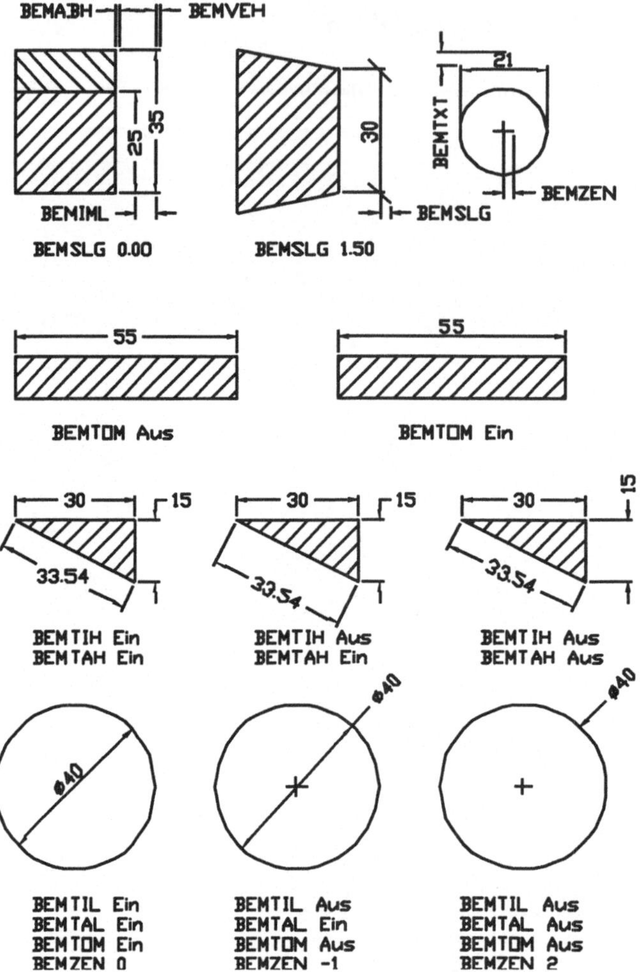

Bild 9-2: Beispielbemaßungen mit zugehörigen Bemaßungsvariablen

☞ *Hinweis: Assoziative Bemaßungen*

Standardmäßig werden in AutoCAD LT Bemaßungen assoziativ erstellt, d.h., daß sich
Bemaßungen dieser Art automatisch bestimmten Zeichnungsänderungen anpassen.
Hierbei ist zu beachten, daß die für die Bemaßungen festgelegten Punkte mit den zu
ändernden Objekten gemeinsam ausgewählt werden müssen. Ob assoziative Bemaßun-
gen vorliegen sollen oder nicht, wird mit der Bemaßungsvariable *BEMASSO* mit den
Werten *Ein* bzw. *Aus* gesteuert und mit dem *Modi*-Befehl *Assoziativbemaßung* zuge-
wiesen. In dem Abrollmenü zum Menüpunkt *Modi* wird der aktivierte assoziative
Bemaßungsmodus durch ein Häkchen gekennzeichnet.

Modi-Befehl *Assoziativbemaßung*: Ein- und Ausschalten der assoziativen Bemaßung

Mit dem Aufruf dieses Befehl wird die assoziative Bemaßung ein- oder ausgeschaltet, d.h. der Bemaßungsvariablen *BEMASSO* der Wert *Ein* bzw. *Aus* zugewiesen. Dies läßt sich auch erreichen mit der Eingabe:

> Befehl: **BEM1** ⏎
> Bem: **BEMASSO** ⏎
> Aktueller Wert <Vorgabe> Neuer Wert: **Ein** bzw. **Aus** ⏎

☞ *Hinweis: Ändern des Wertes einer Bemaßungsvariablen über die Tastatur*

Der aktuelle Wert einer Bemaßungsvariablen kann mit Hilfe der beiden Befehle BEM oder BEM1 durch die Dialogeingabe ihres Namens und des neuen Werts geändert werden.

Für das Bemaßen von Zeichnungen im Maschinenbau sind - wie bereits erwähnt - eine Reihe von Vorschriften zu beachten. So müssen z.B. Bemaßungstexte parallel zur jeweiligen Maßlinie erstellt werden. Hierzu müssen die Bemaßungsvariablen *BEMTAH* und *BEMTIH* beide den Wert *Aus* besitzen. Durch Anwendung der obigen Vorgehensweise kann dies kontrolliert und gegebenenfalls entsprechend geändert werden.

■ Beispiel 9-2: Kontrolle und Festlegen von Bemaßungsvariablen

Die folgenden Vorgaben für die Bemaßungsvariablen

–	BEMASSO	= Ein	Assoziative Bemaßung ist eingeschaltet,
–	BEMZEN	= 2	Kennzeichnung eines Zentrumspunktes mit Kreuz der Größe 2,
–	BEMPLG	= 3	Länge des Maßpfeils auf 3 setzen,
–	BEMTXT	= 6	Maßtexte mit einer Höhe von 6 darstellen,
–	BEMTAH	= Aus	Maßtexte außerhalb der Maßhilfslinien ausgerichtet an Maßlinie,
–	BEMTIH	= Aus	Maßtexte innerhalb der Maßhilfslinien ausgerichtet an Maßlinie und
–	BEMRND	= 1	Maßzahlen werden auf ganze Zahlen gerundet ausgegeben

sind einzeln anzuzeigen und gegebenenfalls anzupassen. Man arbeitet hier zweckmäßig mit dem Befehl *BEM* und geht wie folgt vor:

```
Befehl: BEM ⏎
Bem: BEMASSO ⏎                                        {Assoziative Bemaßung}
Aktueller Wert <Ein>Neuer Wert: ⏎
Bem: BEMZEN ⏎                                         {Größe für Zentrumspunkt}
Aktueller Wert <1.5000> Neuer Wert: 2 ⏎
Bem: BEMPLG ⏎                                         {Pfeilgröße}
Aktueller Wert <1.5000> Neuer Wert: 3 ⏎
Bem: BEMTXT ⏎                                         {Texthöhe}
Aktueller Wert <3.5000> Neuer Wert: 6 ⏎
Bem: BEMTAH ⏎{Ausrichtung von Maßtexten außerhalb der Maßhilfslinien}
Aktueller Wert <Aus> Neuer Wert: ⏎
Bem: BEMTIH ⏎ {Ausrichtung von Maßtexten innerhalb der Maßhilfslinien}
Aktueller Wert <Aus> Neuer Wert: ⏎
Bem: BEMRND ⏎
Aktueller Wert <0.0000> Neuer Wert: 1 ⏎
Bem: EXI ⏎
```

Weitere wichtige Bemaßungsbefehle, d.h. Optionen der Befehle *BEM* und *BEM1* sind

- *Z (Zurück)*   Rückgängigmachen der zuletzt ausgeführten Bemaßung,

- *NEUZ (NEUZeich)*   Neuaufbau der Zeichnung und

- *STI (STIl)*   Festlegen des Textstils für Bemaßungstexte.

■ Beispiel 9-3: Festlegen eines Textstils

Unter der Annahme, daß STANDARD der aktuelle Textstil ist, soll zur Darstellung von Bemaßungstexten der vom Anwender definierte Textstil NEUSTIL benutzt werden.

```
Befehl: BEM1 ⏎
Bem: STI ⏎
Neuer Textstil <STANDARD>: NEUSTIL ⏎
NEUSTIL ist jetzt der aktuelle Textstil
```

Mit dem *Modi*-Befehl *Bemaßungsstil* kann man auf sehr komfortable Weise mit Hilfe von Dialogfenstern alle Festlegungen treffen, die die Form der auszuführenden Bemaßungen beschreiben. Bei vielen Änderungen des aktuellen Bemaßungsstils oder beim Festlegen eines neuen Bemaßungsstils sollte man mit diesem Befehl arbeiten.

Modi-Befehl *Bemaßungsstil*: Ändern und Erstellen eines Bemaßungsstils

Nach Aufruf dieses Befehls können über das Dialogfenster:

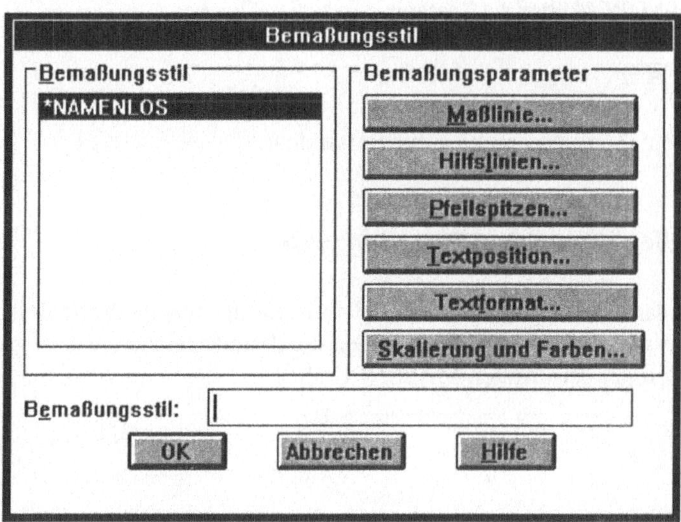

Bild 9-3: Dialogfenster *Bemaßungsstil*

alle Vereinbarungen für das Ändern des aktuellen Bemaßungsstils bzw. für das Erstellen eines neuen Bemaßungsstils getroffen werden. Es bestehen hierfür folgende Möglichkeiten:

- *Bemaßungsstil-Listenfeld*   Anzeige aller Bemaßungsstile einer Zeichnung und Festsetzen des aktuellen Stils durch Anklicken

- *Bemaßungsstil-Eingabefeld*   Festlegen des Namens eines neuen Bemaßungsstils zum Sichern

- *Maßlinie*   Vereinbaren der Darstellung von Maßlinien

- *Hilfslinien*   Vereinbaren der Darstellung von Maßhilfslinien

- *Pfeilespitzen*   Vereinbaren der Darstellung von Maßpfeilen

- *Textposition*   Vereinbaren der Position von Maßtexten

- *Textformat*   Vereinbaren des Formats von Maßtexten
- *Skalierung und Farben*   Vereinbaren der Skalierung und Farben von
                                        Maßen

und die Standard-Felder *OK*, *Abbrechen* und *Hilfe*. Die verschiedenen Vereinbarungen werden in den zugehörigen Dialogfenstern *Maßlinie*, *Hilfslinien*, *Pfeilspitzen*, *Textposition*, *Textformat* und *Skalierung und Farben* getroffen. Das obige Dialogfenster kann ferner mit dem Befehl *DBEM* über die Tastatur durch die Eingabe:

Befehl: **DBEM** ⏎

zum Festlegen der Bemaßungsparameter aktiviert werden.

■ Beispiel 9-4: Erstellen eines neuen Bemaßungsstils

Ausgehend vom Standard-Bemaßungsstil einer Zeichnung führe man für die im Beispiel 9-2 gemachten Angaben entsprechende Änderungen durch und speichere den so geänderten Bemaßungsstil unter dem namen MASSNEU ab.

✔ Assoziative Bemaßung	{im *Modi*-Abrollmenü}
[Hilfslinien]	{im Dialogfenster *Bemaßungsstil*}
Größe des Zentrumpkts-Eingabefeld **2 [OK]**	{im Dialogfenster *Hilfslinien*}
[Pfeilspitzen]	{im Dialogfenster *Bemaßungsstil*}
Pfeilgröße-Eingabefeld **3 [OK]**	{im Dialogfenster *Pfeilspitzen*}
[Textposition]	{im Dialogfenster *Bemaßungsstil*}
Texthöhe-Eingabefeld **6 [OK]**	{im Dialogfenster *Textposition*}
Ausrichtung-Listenfeld **[Auf Maßlinie ausrichten] [OK]**	{im Dialogfenster *Texposition*}
[Textformat]	{im Dialogfenster *Bemaßungsstil*}
Rundung-Eingabefeld **1 [OK]**	{im Dialogfenster *Textformat*}
Bemaßungsstil-Eingabefeld **MASSNEU [OK]**	

☞ *Hinweis: Aktualisieren von Bemaßungen*

Wird ein bereits vorhandener Bemaßungsstil geändert und anschließend gesichert, so werden alle Bemaßungen automatisch den neuen Festlegungen angepaßt. Beim Wechsel von einem zum anderen Bemaßungsstil, d.h. beim Festsetzen des aktuellen Bemaßungsstils, bleiben die bereits ausgeführten Bemaßungen unverändert. Neue Bemaßungen werden im aktuellen Bemaßungsstil ausgeführt. Sollen bereits vorhandene Bemaßungen ebenfalls dem aktuellen Bemaßungsstil angepaßt werden, so kann dies mit dem Menüpunkt *Ändern* wie folgt:

[Ändern][Bemaßung bearbeiten]
[Bemaßung aktualisieren]
Objekte wählen:

für die ausgewählten Objekte realisiert werden.

■ Beispiel 9-5: Anpassen vorhandener Bemaßungen

In einer Zeichnung sind alle Bemaßungen standardmäßig durchgeführt worden. Nach der Definition eines neuen Bemaßungsstils MASSNEU sind weitere Bemaßungen sowohl im alten als auch im neuen Stil erfolgt. Es sollen nun sämtliche Bemaßungen dem Stil MASSNEU angepaßt werden.

[Modi][Bemaßungsstil]   {MASSNEU als aktuellen Stil wählen}
Bemaßungsstile-Listenfeld **[MASSNEU] [OK]**
[Ändern][Bemaßung bearbeiten]   {Alle Bemaßungen anpassen}
[Bemaßung aktualisieren]
Objekte wählen: **[Linker, unterer Punkt der Zeichnung]**
Andere Ecke: **[Rechter, oberer Punkt der Zeichnung]**
Objekte wählen: ◄┘
xxx gefunden

◆ Aufgabe 9-1: Bemaßungsstil ändern

Für den aktuellen Bemaßungsstil in einer Zeichnung sind folgende Festlegungen zu treffen:

- Größe des Zentrumpunktes 5
- Zentrumspunkt mit Mittellinien
- Pfeilgröße 4

9.2   Ausführen von Linearbemaßungen

Man versteht allgemein unter einer Linearbemaßung das Ausmessen einer beliebigen Strecke und die Darstellung des erhaltenen Wertes in der im Bild 9-1 angegebenen Form. Dabei wird die zu bemaßende Strecke durch ihre beiden Endpunkte festgelegt und kann dann durch die Angabe

- des Abstandes der beiden Punkte in der Waagerechten,
- des Abstandes der beiden Punkte in der Senkrechten,
- des tatsächlichen Abstandes der beiden Punkte voneinander oder
- der Projektion dieses Abstandes unter einem beliebigen Winkel

auf verschiedene Arten bemaßt werden. Für die Durchführung von Bemaßungen dieser Art gibt es in AutoCAD LT den *Zeichnen*-Befehl *Linearbemaßung* mit entsprechenden Optionen.

Zeichnen-Befehl *Linearbemaßung*: Ausführen von Linearbemaßungen

Mit dem Aufruf dieses Befehls werden in einem Abrollmenü

- *Horizontal*   Bemaßen der Komponente einer Strecke in X-Richtung,

- *Vertikal*   Bemaßen der Komponente einer Strecke in Y-Richtung,

- *Ausgerichtet*   Bemaßen der tatsächlichen Länge einer Strecke,

- *Gedreht*   Bemaßen der Komponente einer Strecke in beliebiger Richtung,

- *Basislinie*   Ausführen einer Bezugsbemaßung und

- *Weiter*   Ausführen einer Kettenbemaßung

insgesamt sechs Möglichkeiten für Linearbemaßungen zur Auswahl angeboten.

Linearbemaßung-Option *Horizontal*: Erstellen einer horizontalen Bemaßung

Nach Wahl dieser Option erfolgt im Dialog:

Anfangspunkt der ersten Hilfslinie oder Eingabetaste für Auswahl: **[Punkt]**
Anfangspunkt der zweiten Hilfslinie:
oder
Anfangspunkt der ersten Hilfslinie oder Eingabetaste für Auswahl: ⏎
Linie, Bogen oder Kreis wählen:

zunächst die Festlegung der zu bemaßenden Strecke. Man kann die zu bemaßende Strecke entweder durch Zeigen auf ihre Eckpunkte oder durch direkte Objektwahl festlegen. Das Zeigen auf die Eckpunkte sollte mit einem geeigneten Objektfangmodus oder Fangraster erfolgen. Die direkte Objektwahl der Strecke wird aktiviert, indem man auf die Anfrage nach dem Anfangspunkt der ersten Hilfslinie eine Leereingabe vornimmt, d.h. die Taste ⏎ drückt. Im weiteren Dialog:

>   Position der Maßlinie (Text/Winkel):
>   Maßtext <gemessener Wert>:

werden i.a. die Lage der Bemaßung durch Zeigen und der eigentliche Maßtext durch Bestätigen übernommen. Mit den Optionen *Text* und *Winkel* kann der Maßtext bzw. der Textwinkel geändert werden. Zusätzlich läßt sich zu der angezeigten Maßzahl ein beliebiger Text ausgeben. Man gibt diesen Text bei der Anfrage nach dem Maßtext ein und legt mit <> fest, an welcher Position die ermittelte Maßzahl ausgegeben werden soll. Ferner ist der Aufruf einer horizontalen Bemaßung mit:

>   Befehl: **BEM1** ⏎
>   Bem: **HOR** ⏎

möglich.

Linearbemaßung-Option *Vertikal*: Erstellen einer vertikalen Bemaßung

Die Anwendung dieser Option erfolgt ganz analog zur Option *Horizontal* und kann ferner mit:

>   Befehl: **BEM1** ⏎
>   Bem: **VER** ⏎

aufgerufen werden.

Im folgenden Beispiel sollen beide Optionen zum Bemaßen eines Rechtecks angewandt werden, wobei die Auswahl der zu bemaßenden Strecken auf verschiedene Weise erfolgen soll.

■ Beispiel 9-6: Bemaßen eines Rechtecks

Ein Rechteck mit den Seitenlängen 120 und 60 ist zu bemaßen. Zum besseren Verständnis der unterschiedlichen Vorgehensweisen ist die Bemaßung - abweichend von der Norm - für alle vier Seiten vorzunehmen.

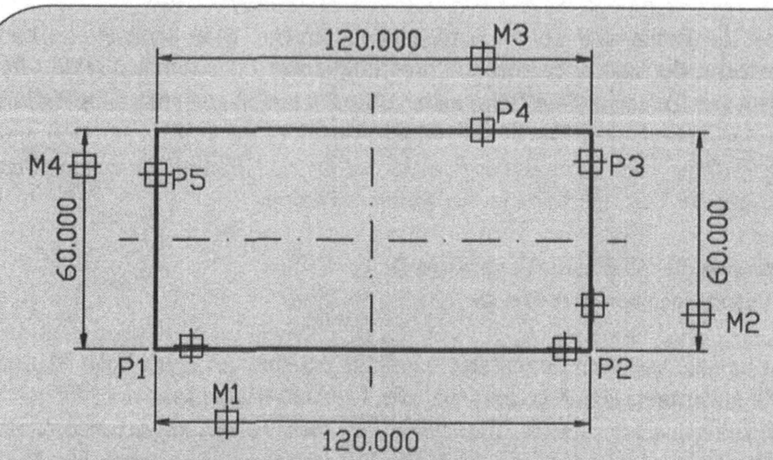

[Zeichnen][Linearbemaßung][Horizontal]   {Festlegen der Strecke mit Zeigen
auf Endpunkte bei aktiviertem
Objektfangmodus *ENDpunkt*}

Anfangspunkt der ersten Hilfslinie oder Eingabetaste für Auswahl: **[P1]**

Anfangspunkt der zweiten Hilfslinie: **[P2]**

Position der Maßlinie (Text/Winkel): **[M1]**

Maßtext <120.0000>: ⏎

[Zeichnen][Linearbemaßung][Vertikal]

Anfangspunkt der ersten Hilfslinie oder Eingabetaste für Auswahl: **[P2]**

Anfangspunkt der zweiten Hilfslinie: **[P3]**

Position der Maßlinie (Text/Winkel): **[M2]**

Maßtext <60.0000>: ⏎

[Zeichnen][Linearbemaßung][Horizontal]   {Festlegen der Strecke mit
direkter Objektwahl}

Anfangspunkt der ersten Hilfslinie oder Eingabetaste für Auswahl: ⏎

Linie, Bogen oder Kreis wählen: **[P4]**

Position der Maßlinie (Text/Winkel): **[M3]**

Maßtext <120.0000>: ⏎

[Zeichnen][Linearbemaßung][Vertikal]

Anfangspunkt der ersten Hilfslinie oder Eingabetaste für Auswahl: ⏎

Linie, Bogen oder Kreis wählen: **[P5]**

Position der Maßlinie (Text/Winkel): **[M4]**

Maßtext <60.0000>: ⏎

Benutzt man bei der Bemaßung einer senkrechten oder waagerechten Linie eine falsche Bemaßungsoption, d.h. versucht man z.B., eine senkrechte Linie horizontal zu bemaßen, so ergeben sich unsinnige Bemaßungen. Das System ermittelt hierbei den korrekten Abstand

Null und erstellt eine entsprechende Bemaßung. Diese ist unleserlich und falsch. Man muß diese Bemaßung rückgängig machen und mit einer korrekten Option neu erstellen. Im nächsten Beispiel soll exemplarisch gezeigt werden, wie man Bemaßungen löschen und ändern kann.

■ Beispiel 9-7: Ändern von Bemaßungen

Für das Rechteck aus Beispiel 9-6 sind zwei überflüssige Bemaßungen zu löschen. Ferner sind die Maße mit der Höhe 8 und ohne Nachkommastellen darzustellen. Mit den Bezeichnungen für die anzuklickenden Punkte und Linien aus Beispiel 9-6 läßt sich dies mit folgenden Eingaben erreichen:

```
[Ändern][Löschen]                          {Löschen überflüssiger Bemaßungen}
Objekte wählen: [M3]
1 gefunden
Objekte wählen: [M4]
1 gefunden
Objekte wählen: ⏎
[Modi][Bemaßungsstil]                      {Ändern der Form der Maßdarstellung}
[Textposition]
Texthöhe-Eingabefeld 8 [OK]
[Textformat]
Rundung-Eingabefeld 1 [OK]
[OK]
[Ändern][Bemaßung bearbeiten]              {Anpassen der Bemaßungen}
[Bemaßung aktualisieren]
Objekte wählen: [M1]
1 gefunden
Objekte wählen: [M2]
1 gefunden
Objekte wählen: ⏎
```

Für alle weiteren Beispiele im Kapitel 9 soll gelten, daß die Darstellung der Maßzahlen als ganze Zahlen erfolgt. Dies kann - wie bereits besprochen - mit Hilfe des *Modi*-Befehls *Einheitensteuerung* oder durch Setzen der Bemaßungsvariable *BEMRND* auf den Wert 1 vereinbart werden.

Die Wirkung horizontaler und vertikaler Bemaßungen von geneigten Linien und ferner das Hinzufügen von Texten zu Maßzahlen werden im folgenden Beispiel veranschaulicht.

■ Beispiel 9-8: Bemaßen eines Dreiecks

In einem Dreieck führe man die unten angegebenen horizontalen bzw. vertikalen
Bemaßungen aus.

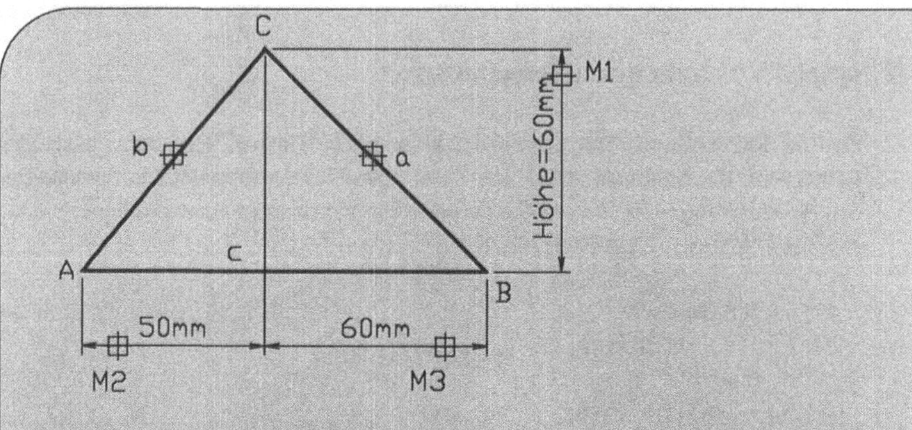

[Zeichnen][Linearbemaßung][Vertikal]   {Vertikale Bemaßung der Seite a}
Anfangspunkt der ersten Hilfslinie oder Eingabetaste für Auswahl: ⏎
Linie, Bogen oder Kreis wählen: **[Seite a]**
Position der Maßlinie (Text/Winkel): **[M1]**
Maßtext <60>: **Höhe = <> mm** ⏎
[Zeichnen][Linearbemaßung][Horizontal]   {Horizontale Bemaßung
                                                                    der Seite a}

Anfangspunkt der ersten Hilfslinie oder Eingabetaste für Auswahl: ⏎
Linie, Bogen oder Kreis wählen: **[Seite a]**
Position der Maßlinie (Text/Winkel): **[M2]**
Maßtext <50>: <> mm ⏎
[Zeichnen][Linearbemaßung][Horizontal]   {Horizontale Bemaßung
                                                                    der Seite b}

Anfangspunkt der ersten Hilfslinie oder Eingabetaste für Auswahl: ⏎
Linie, Bogen oder Kreis wählen: **[Seite b]**
Position der Maßlinie (Text/Winkel): **[M3]**
Maßtext <60>: <> mm ⏎

Linearbemaßung-Option *Ausgerichtet*: **Erstellen einer ausgerichteten Bemaßung**

Die Anwendung dieser Option erfolgt ganz analog zur Option *Horizontal* bzw. *Vertikal*.
Der Unterschied besteht in der Darstellung der Bemaßung, die parallel zu der zu
bemaßenden Strecke verläuft. Die Richtung der Maßlinie und damit des Maßtextes wird
entsprechend ausgerichtet. Mit der Eingabe:

Befehl: **BEM1** ⏎
Bem: **AUS** ⏎

kann eine ausgerichtete Bemaßung ebenfalls aufgerufen werden.

■ Beispiel 9-9: Bemaßen von Dreiecksseiten

Die Seiten eines Dreiecks sind mit entsprechenden Hinweisen versehen zu bemaßen.

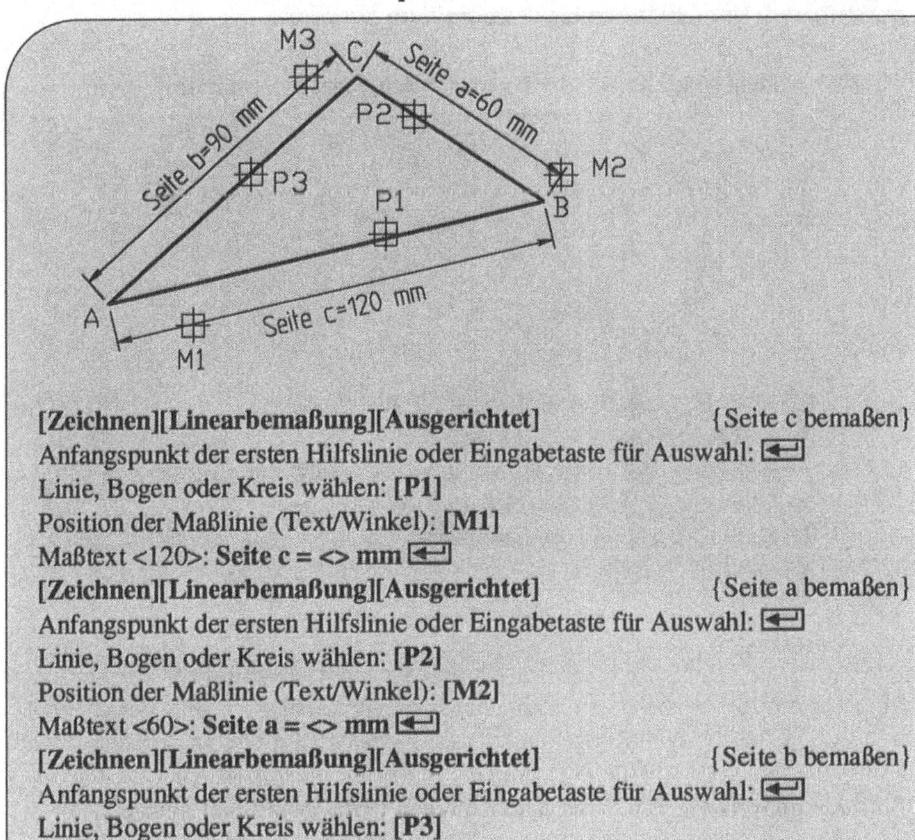

[Zeichnen][Linearbemaßung][Ausgerichtet]   {Seite c bemaßen}
Anfangspunkt der ersten Hilfslinie oder Eingabetaste für Auswahl: ⏎
Linie, Bogen oder Kreis wählen: **[P1]**
Position der Maßlinie (Text/Winkel): **[M1]**
Maßtext <120>: **Seite c = <> mm** ⏎
[Zeichnen][Linearbemaßung][Ausgerichtet]   {Seite a bemaßen}
Anfangspunkt der ersten Hilfslinie oder Eingabetaste für Auswahl: ⏎
Linie, Bogen oder Kreis wählen: **[P2]**
Position der Maßlinie (Text/Winkel): **[M2]**
Maßtext <60>: **Seite a = <> mm** ⏎
[Zeichnen][Linearbemaßung][Ausgerichtet]   {Seite b bemaßen}
Anfangspunkt der ersten Hilfslinie oder Eingabetaste für Auswahl: ⏎
Linie, Bogen oder Kreis wählen: **[P3]**
Position der Maßlinie (Text/Winkel): **[M3]**
Maßtext <90>: **Seite b = <> mm** ⏎

Linearbemaßung-Option *Gedreht*: **Erstellen einer geneigten Bemaßung**

Hier hat man zunächst auf die Anfrage:

Winkel der Maßlinie <0>:

einen Winkel für die Drehung der Maßlinie zu vereinbaren. Der weitere Dialog verläuft wie bisher. Eine gedrehte Bemaßung läßt sich auch mit:

    Befehl: **BEM1** ⏎
    Bem: **DRE** ⏎

aufrufen

■ Beispiel 9-10: Zeichnen einer gedrehten Maßlinie

Man bemaße einen Bogen durch eine um 60° geneigte Maßlinie.

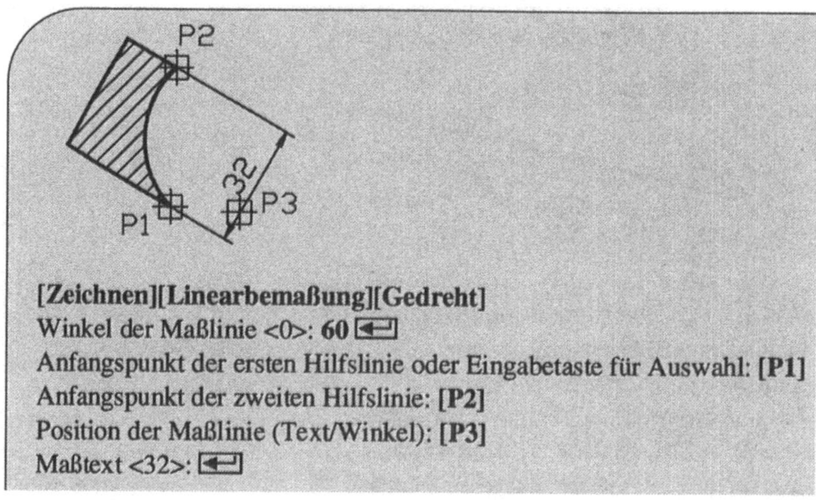

[Zeichnen][Linearbemaßung][Gedreht]
Winkel der Maßlinie <0>: **60** ⏎
Anfangspunkt der ersten Hilfslinie oder Eingabetaste für Auswahl: **[P1]**
Anfangspunkt der zweiten Hilfslinie: **[P2]**
Position der Maßlinie (Text/Winkel): **[P3]**
Maßtext <32>: ⏎

In technischen Zeichnungen werden häufig sogenannte Bezugsmaße angegeben. Hierbei handelt es sich um Maße, die sich auf eine vorgegebene Ausgangslinie beziehen. Man kann in AutoCAD solche Bemaßungen mit der *Linearbemaßung*-Option *Basislinie* erstellen.

Linearbemaßung*-Option *Basislinie*: Erstellen einer Bezugsbemaßung

Unter der Voraussetzung, daß bereits eine Linearbemaßung ausgeführt worden ist, können weitere Maßlinien gezeichnet werden, die sich alle auf den Anfangspunkt der ersten Hilfslinie beziehen. Man hat in einem verkürzten Dialog:

    Anfangspunkt der zweiten Hilfslinie:
    Maßtext <gemessener Wert>:

den Endpunkt der Maßlinie und den Maßtext festzulegen. Mit der Befehlseingabe:

Befehl: **BEM1** ⏎
Bem: **BAS** ⏎

kann ebenfalls eine Bezugsbemaßung aktiviert werden.

■ Beispiel 9-11: Bezugsbemaßung eines Bauteils

Für das abgebildete Bauteil ist eine Bezugsbemaßung durchzuführen.

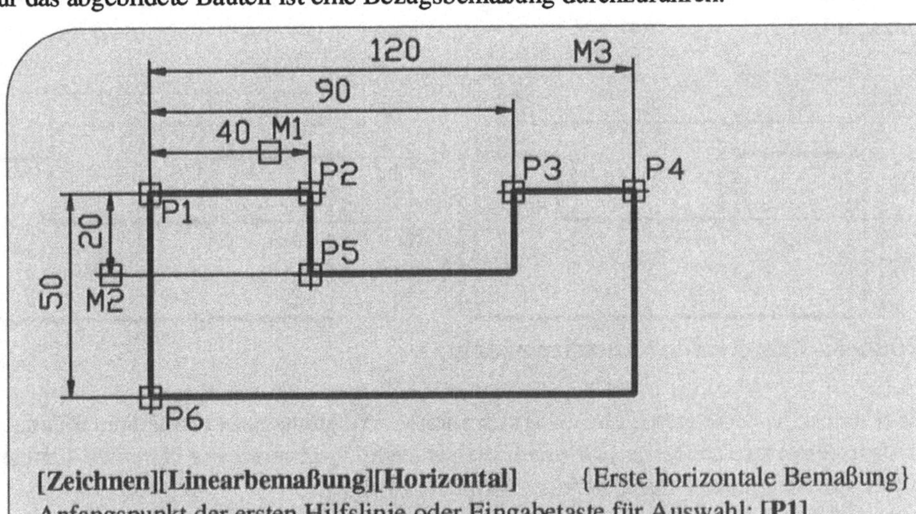

[Zeichnen][Linearbemaßung][Horizontal]   {Erste horizontale Bemaßung}
Anfangspunkt der ersten Hilfslinie oder Eingabetaste für Auswahl: **[P1]**
Anfangspunkt der zweiten Hilfslinie: **[P2]**
Position der Maßlinie (Text/Winkel): **[M1]**
Maßtext <40>: ⏎
[Zeichnen][Linearbemaßung][Basisliniel] {Horizontale Bezugsbemaßungen}
Anfangspunkt der zweiten Hilfslinie: **[P3]**
Maßtext <90> ⏎
[Zeichnen][Linearbemaßung][Basisliniel]
Anfangspunkt der zweiten Hilfslinie: **[P4]**
Maßtext <120>: ⏎
[Zeichnen][Linearbemaßung][Vertikal]   {Erste vertikale Bemaßung}
Anfangspunkt der ersten Hilfslinie oder Eingabetaste für Auswahl: **[P1]**
Anfangspunkt der zweiten Hilfslinie: **[P5]**
Position der Maßlinie (Text/Winkel): **[M2]**
Maßtext <20>: ⏎
[Zeichnen][Linearbemaßung][Basisliniel]   {Vertikale Bezugsbemaßung}
Anfangspunkt der zweiten Hilfslinie: **[P6]**
Maßtext <50>: ⏎

☞ *Hinweis: Abstand zwischen den Maßlinien einer Bezugsbemaßung*

Der Abstand zwischen den einzelnen Maßlinien von Bezugsbemaßungen wird über die Bemaßungsvariable BEMIML gesteuert und kann durch Ändern ihres Werts von Fall zu Fall angepaßt werden.

Bei einer Kettenbemaßung wird eine Maßlinie an die andere gesetzt. Im Bild 9-4 sind zwei Möglichkeiten für eine Kettenbemaßung des Bauteils aus dem vorhergehenden Beispiel angegeben.

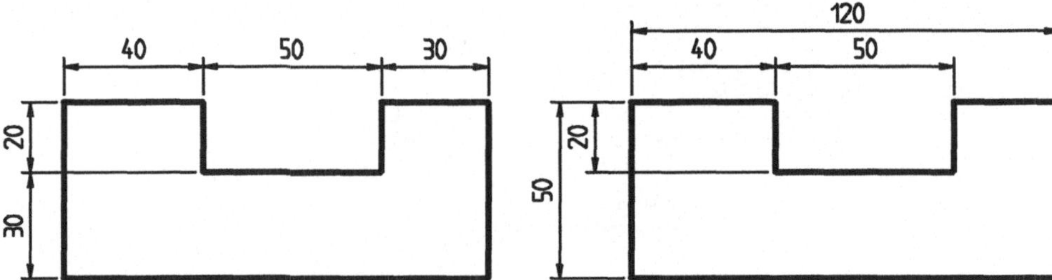

Bild 9-4: Beispiele für Kettenbemaßung

Prinzipiell sind Kettenbemaßungen in technischen Zeichnungen zu vermeiden. Wendet man sie trotzdem an, so sollte man die rechts dargestellte Verfahrensweise benutzen, dabei kann die *Linearbemaßung*-Option *Weiter* Anwendung finden.

Linearbemaßung-Option *Weiter*: Erstellen einer Kettenbemaßung

Unter der Voraussetzung, daß bereits eine Linearbemaßung ausgeführt worden ist, können weitere Maßlinien gezeichnet werden, deren Anfangspunkt der ersten Hilfslinie automatisch gleich dem Anfangspunkt der zweiten Hilfslinie der vorausgegangenen Bemaßung gesetzt wird. Der Eingabedialog hat die gleiche Form wie bei einer Bezugsbemaßung. Der Aufruf einer Kettenbemaßung kann auch mit:

    Befehl: **BEM1** ⏎
    Bem: **WEI** ⏎

erfolgen.

■ Beispiel 9-12: Kettenbemaßung eines Bauteils

Für das Bauteil aus dem Beispiel 9-11 ist die in dem Bild 9-4 links dargestellte Kettenbemaßung auszuführen.

```
[Zeichnen][Linearbemaßung][Horizontal]          {Erste horizontale Bemaßung}
Anfangspunkt der ersten Hilfslinie oder Eingabetaste für Auswahl: [P1]
Anfangspunkt der zweiten Hilfslinie: [P2]
Position der Maßlinie (Text/Winkel): [M1]
Maßtext <40>: ⏎
[Zeichnen][Linearbemaßung][Weiter]              {Horizontale Kettenbemaßung}
Anfangspunkt der zweiten Hilfslinie: [P3]
Maßtext <50>: ⏎
[Zeichnen][Linearbemaßung][Weiter]
Anfangspunkt der zweiten Hilfslinie: [P4]
Maßtext <30>: ⏎
[Zeichnen][Linearbemaßung][Vertikal]            {Erste vertikale Bemaßung}
Anfangspunkt der ersten Hilfslinie oder Eingabetaste für Auswahl: [P1]
Anfangspunkt der zweiten Hilfslinie: [P5]
Position der Maßlinie (Text/Winkel): [M2]
Maßtext <20>: ⏎
[Zeichnen][Linearbemaßung][Weiter]              {Vertikale Kettenbemaßung}
Anfangspunkt der zweiten Hilfslinie: [P6]
Maßtext <30>: ⏎
```

◆ Aufgabe 9-2: Bauteil bemaßen

Das Bauteil aus dem vorangegangenen Beispiel ist zu zeichnen, entsprechend der rechten Bemaßung im Bild 9-4 zu bemaßen und unter dem Namen BAUTEIL1 zu speichern. Man erstelle Kontur und Bemaßung in verschiedenen Layern.

◆ Aufgabe 9-3: Platte mit Durchbrüchen bemaßen

Die in der Aufgabe 5-3 gezeichnete Platte mit Durchbrüchen ist zu bemaßen, dabei sollte die Bemaßung in einem eigenen Layer erfolgen. Anschließend ist die erweiterte Zeichnung zu sichern.

9.3   Ausführen von Durchmesser- und Radienbemaßungen

In AutoCAD LT kann man mit dem *Zeichnen*-Befehl *Radialbemaßung* die Durchmesser
und Radien von Kreisen bzw. Kreisbögen bemaßen und ferner deren Mittelpunkte kennzeichnen. Die Form der Darstellung hängt dabei wesentlich von den Bemaßungsvariablen
BEMTAL, *BEMTIL*, *BEMTOM* und *BEMZEN* ab, mit denen folgende Darstellungsformen

- *BEMTAL*   Maßlinie zwischen den Hilfslinien,

- *BEMTIL*   Maßtext zwischen den Hilfslinien,

- *BEMTOM*   Maßtext oberhalb der Maßlinie und

- *BEMZEN*   Markierung eines Mittelpunktes

vereinbart werden können. Man vergleiche hierzu die im Bild 9-2 angegebenen Beispiele
für die Bemaßung eines Kreises.

***Zeichnen*-Befehl *Radialbemaßung*: Ausführen von Durchmesser- und
Radienbemaßungen**

Nach dem Aufruf dieses Befehls stehen in einem Abrollmenü drei Möglichkeiten

- *Durchmesser*   Bemaßen der Durchmesser,

- *Radius*   Bemaßen der Radien und

- *Mittelpunkt*   Markieren der Mittelpunkte von Kreisen und Kreisbögen

zur Verfügung. Hierbei wird standardmäßig der Maßzahl für einen Durchmesser das
Durchmesserzeichen Ø und für einen Radius der Buchstabe R vorangestellt.

***Radialbemaßung*-Option *Durchmesser*: Bemaßen eines Durchmessers**

Bei Wahl dieser Option legt man im Dialog:

Bogen oder Kreis wählen:
Maßtext <gemessener Wert>:

zunächst durch Zeigen den zu bemaßenden Kreis oder Bogen fest und kann dann den
vorgegebenen Maßtext direkt übernehmen oder noch variieren. Wird die Bemaßung
außerhalb des Kreises oder Bogens angegeben, so kann auf die Anfrage:

Länge der Führungslinie für Text eingeben:

die Länge der Führungslinie durch Zeigen festgelegt oder durch Drücken der Taste ⬅ gleich der doppelten Pfeillänge gesetzt werden. Die Bemaßung eines Durchmessers läßt sich ferner mit der Eingabe:

Befehl: **BEM1** ⬅
Bem: **DUR** ⬅

aufrufen.

■ Beispiel 9-13: Standardmäßiges Bemaßen eines Durchmessers

Unter der Annahme, daß die Bemaßungsvariablen BEMTAL, BEMTIL und BEMTOM den Wert Ein besitzen und BEMZEN den Wert 2, bemaße man den Durchmesser eines Kreises mit dem Radius 25.

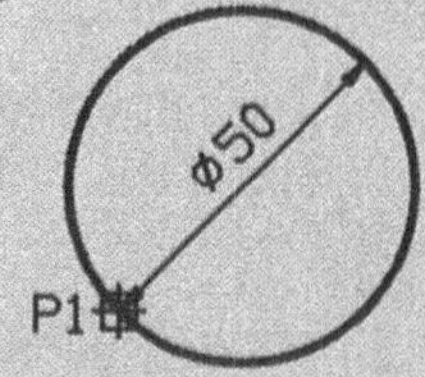

[Zeichnen][Kreis][Mittelpunkt,Radius]   {Zeichnen des Kreises}
Radius <aktueller Wert>: **25** ⬅
[Zeichnen][Radialbemaßung][Durchmesser]   {Bemaßen des Durchmessers}
Bogen oder Kreis wählen: **[P1]**
Maßtext <50>: ⬅

Offensichtlich ist diese Bemaßung nicht normgerecht, da in diesem Fall bei der Maßzahl für den Durchmesser kein Durchmesserzeichen Ø stehen darf. Um dies zu unterdrücken, muß bei der Anfrage nach dem Maßtext die Maßzahl über die Tastatur eingegeben werden.

■ Beispiel 9-14: Normgerechtes Bemaßen eines Durchmessers

Unter den gleichen Voraussetzungen wie im vorhergehenden Beispiel führe man die Bemaßung des Durchmessers normgerecht aus.

[Zeichnen][Radialbemaßung][Durchmesser]   {Bemaßen des Durchmessers}
Bogen oder Kreis wählen: **[P1]**
Maßtext <50>: **50** ⬅   *oder*   Maßtext <50>: **< >** ⬅

Allgemein ist bei einer normgerechten Durchmesserbemaßung das Durchmesserzeichen immer dann vor der jeweiligen Maßzahl anzugeben, wenn nicht beide Begrenzungspfeile der zugehörigen Maßlinie am Kreis stehen. So muß also ein Durchmesserzeichen gesetzt werden, wenn ein Kreis in einer Ansicht als Gerade erscheint und hier bemaßt wird. Im nächsten Beispiel soll anhand zweier unterschiedlicher Darstellungen eines geraden Kreiszylinders gezeigt werden, wann ein Durchmesserzeichen anzugeben ist und wann nicht und wie dies jeweils in AutoCAD LT realisiert wird.

■ Beispiel 9-15: Bemaßen eines Zylinders

Ein gerader Kreiszylinder mit einem Durchmesser von 40 und einer Höhe von 60 ist in zwei bzw. einer Ansicht darzustellen und jeweils normgerecht zu bemaßen.

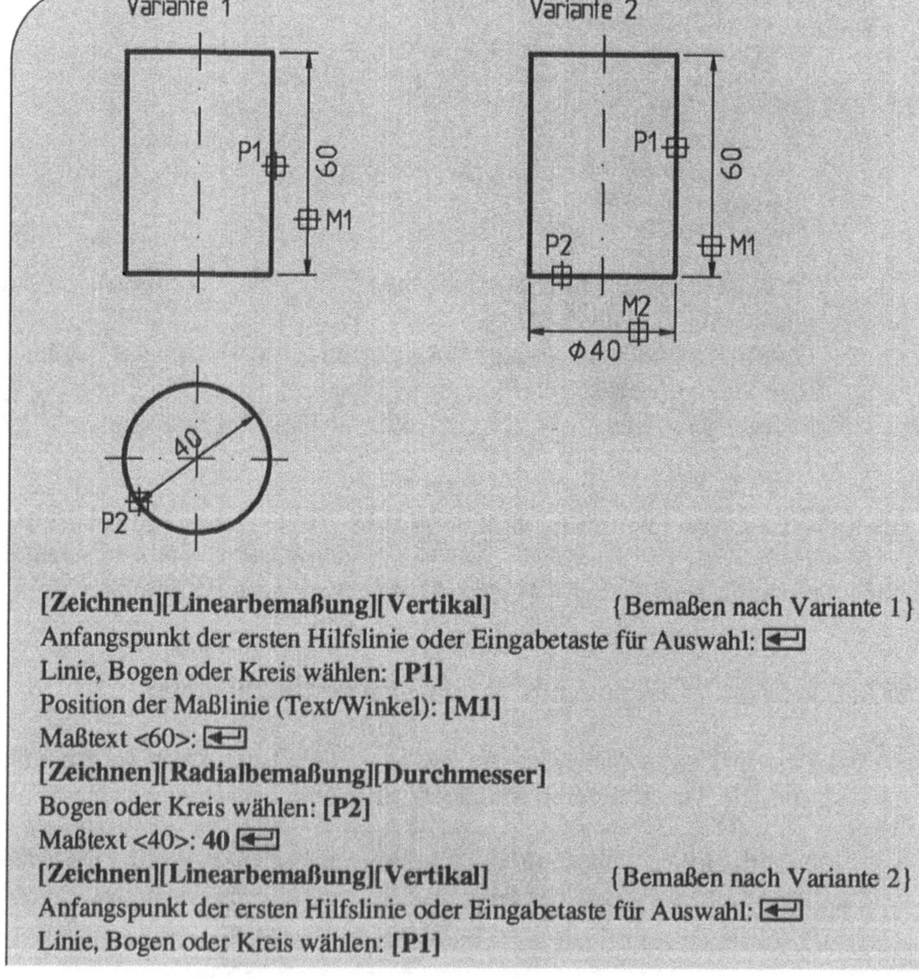

[Zeichnen][Linearbemaßung][Vertikal]   {Bemaßen nach Variante 1}
Anfangspunkt der ersten Hilfslinie oder Eingabetaste für Auswahl: ⏎
Linie, Bogen oder Kreis wählen: **[P1]**
Position der Maßlinie (Text/Winkel): **[M1]**
Maßtext <60>: ⏎
[Zeichnen][Radialbemaßung][Durchmesser]
Bogen oder Kreis wählen: **[P2]**
Maßtext <40>: **40** ⏎
[Zeichnen][Linearbemaßung][Vertikal]   {Bemaßen nach Variante 2}
Anfangspunkt der ersten Hilfslinie oder Eingabetaste für Auswahl: ⏎
Linie, Bogen oder Kreis wählen: **[P1]**

Position der Maßlinie (Text/Winkel): **[M1]**
Maßtext <60>: ⏎
[Zeichnen][Linearbemaßung][Horizontal]
Anfangspunkt der ersten Hilfslinie oder Eingabetaste für Auswahl: ⏎
Linie, Bogen oder Kreis wählen: **[P2]**
Position der Maßlinie (Text/Winkel): **[M2]**
Maßtext <40>: %%C <> ⏎

◆ Aufgabe 9-4: Kegelstumpf zeichnen und bemaßen

Ein gerader Kegelstumpf mit den Durchmessern D = 60 und d = 30 und einer Höhe H = 100 ist analog zum Beispiel 9-14 zu zeichnen und normgerecht zu bemaßen. Man speichere die Zeichnung unter dem Namen KESTUMPF ab.

◆ Aufgabe 9-5: Gelenk zeichnen und bemaßen

Die unten angegebenen Ansichten eines Gelenks sind mit Bemaßung zu erstellen und unter dem Namen GELENK zu sichern.

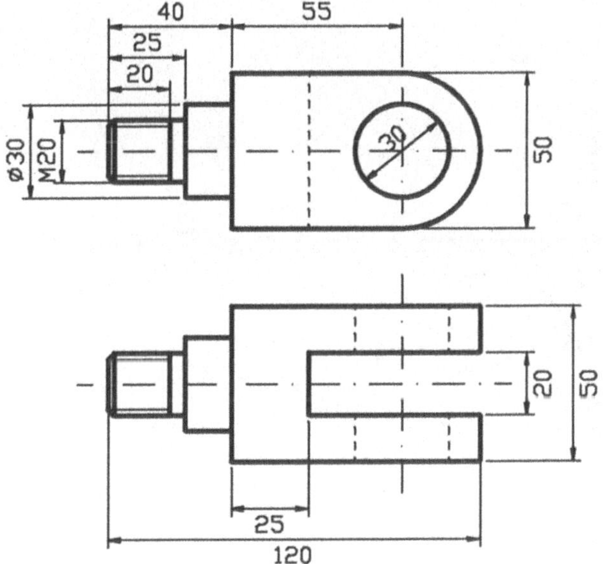

Radialbemaßung-Option *Radius*: Bemaßen eines Radius

Mit dieser Option werden Radien von Kreisen und Kreisbögen - ganz analog wie Durchmesser - bemaßt. Der Dialog besitzt den gleichen Aufbau. Über die Tastatur kann die Bemaßung von Radien mit der Eingabe:

> Befehl: **BEM1** ⬅
> Bem: **RAD** ⬅

aktiviert werden.

■ Beispiel 9-16: Bemaßen eines Rundungsradius

Unter der Annahme, daß die Bemaßungsvariablen *BEMTAL* und *BEMTIL* den Wert Aus besitzen, *BEMTOM* den Wert Ein und *BEMZEN* den Wert 2, bemaße man normgerecht den Rundungsradius des unten dargestellten Rechtecks, dessen Ecken mit einem Radius von 20 abgerundet wurden.

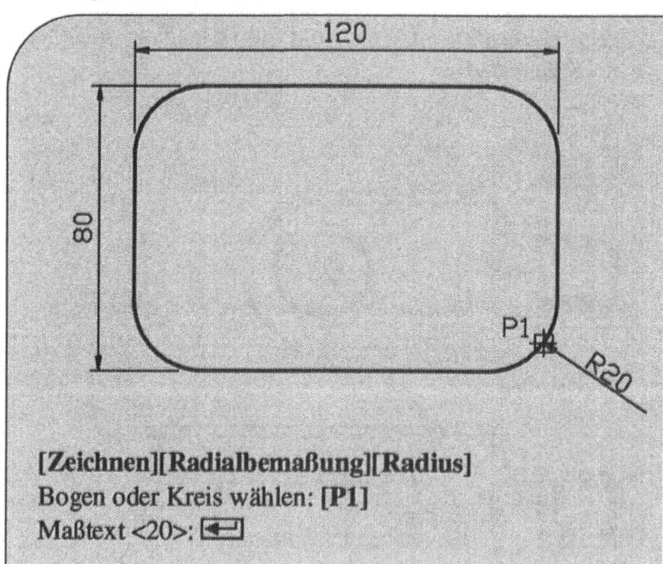

☞ *Hinweis: Darstellung von Rundungsradien*

Um Rundungsradien in einer Zeichnung normgerecht darzustellen, muß man gegebenenfalls die entsprechenden Bemaßungsvariablen, wie z.B. *BEMTAL* und *BEMTIL*, während des Bemaßens anpassen.

◆ Aufgabe 9-6: Bügel bemaßen

Der in der Zeichnung BUEGEL aus Aufgabe 7-1 dargestellte Bügel ist wie abgebildet zu bemaßen und zu sichern.

In Abhängigkeit vom Wert der Bemaßungsvariablen *BEMZEN* werden beim Bemaßen von Durchmessern und Radien automatisch die Mittelpunkte der Kreise oder Kreisbögen markiert oder nicht. Im einzelnen gilt hierbei:

- *BEMZEN > 0*   Markierung mit Kreuz im Mittelpunkt
- *BEMZEN = 0*   keine Markierung
- *BEMZEN < 0*   Markierung mit Kreuz im Mittelpunkt und zusätzlichen Achsenlinien

Die Größe des Mittelpunktkreuzes entspricht dem Betrag der Variablen *BEMZEN*. Mit der Option *Mittelpunkt* des Befehls *Radialbemaßung* kann ebenfalls eine solche Markierung vereinbart werden.

Radialbemaßung-Option *Mittelpunkt*: Markierung eines Mittelpunktes

Nach dem Aufruf der Option *Mittelpunkt* vereinbart man auf die Anforderung:

    Bogen oder Kreis wählen:

durch Anwählen der entsprechenden Konturlinie den Kreis oder Bogen, dessen Mittelpunkt in Abhängigkeit vom Wert der Bemaßungsvariablen *BEMZEN* markiert werden soll. Aufgrund der Eingabe:

    Befehl: **BEM1** ⏎
    Bem: **MIT** ⏎

wird entsprechend verfahren. Die Anwendung dieser Option ist relativ einfach, so daß hier auf ein Beispiel verzichtet werden kann.

9.4   Ausführen sonstiger Bemaßungen

Die Bemaßung eines beliebigen Winkels, der von zwei nichtparallelen Geraden gebildet wird, erfolgt mit dem *Zeichnen*-Befehl *Winkelbemaßung*. Hierbei muß der Schnittpunkt der beiden Geraden nicht in der Zeichnung liegen. Ferner können mit diesem Befehl auch Winkel an Kreisen und Kreisbögen bemaßt werden.

***Zeichnen*-Befehl *Winkelbemaßung*: Bemaßen eines Winkels**

Nach dem Aufruf dieses Befehls wird im Dialog:

> Bogen, Kreis oder Linie wählen oder Eingabetaste wählen:

vereinbart in welcher Form

- *Bogen*   Winkel zu einem Kreisbogen,
- *Kreis*   beliebiger Winkel an einem Kreis,
- *Linie*   Winkel zwischen zwei Linien und
- *Leereingabe*   Winkel durch drei Punkte

der zu bemaßende Winkel vorgegeben ist. Je nach Wahl der Option erfolgt die weitere Festlegung des Winkels. Der anschließende Dialog:

> Position des Maßbogens (Text/Winkel):
> Maßtext <gemessener Wert>:
> Textposition eingeben (oder Eingabetaste drücken):

zum Vereinbaren der Position des Maßbogens und Maßtextes und der Übernahme der Maßzahl ist für alle vier Optionen gleich. Der Maßbogen geht durch die vereinbarte Position und kann i.a. maximal ein Halbkreisbogen sein, d.h. die zugehörige Maßzahl liegt zwischen 0° und 180°. Zur Darstellung des Winkels wird der Maßbogen automatisch aufgebrochen und der Maßtext waagerecht dazwischen geschrieben. Eine Winkelbemaßung ist mit der Befehlseingabe:

> Befehl: **BEM1** ⏎
> Bem: **WIN** ⏎

ebenfalls möglich.

***Winkelbemaßung*-Option *Linie*: Festlegen eines Winkels durch zwei Linien**

Ein Winkel wird durch zwei nichtparallele Linien mit dem folgenden Dialog:

> Bogen, Kreis oder Linie wählen oder Eingabetaste drücken:
> **[beliebiger Linienpunkt]**
> Zweite Linie:

festgelegt.

***Winkelbemaßung*-Option *Leereingabe*: Festlegen eines Winkels durch drei Punkte**

Bei dieser Option erfolgt die Festlegung eines Winkels mit:

> Bogen, Kreis oder Linie wählen oder Eingabetaste drücken: ⬅
> Scheitel des Winkels:
> Erster Winkelendpunkt:
> Zweiter Winkelendpunkt:

■ Beispiel 9-17: Bemaßen der Winkel eines Dreiecks

Bei dem nachfolgend abgebildeten Dreieck sollen die Winkel bemaßt werden:

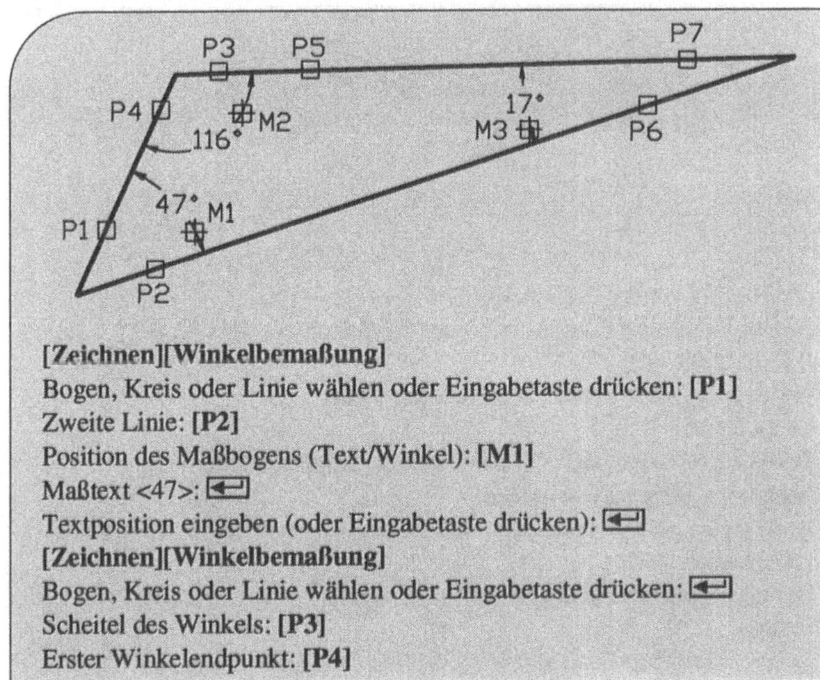


```
[Zeichnen][Winkelbemaßung]
Bogen, Kreis oder Linie wählen oder Eingabetaste drücken: [P1]
Zweite Linie: [P2]
Position des Maßbogens (Text/Winkel): [M1]
Maßtext <47>: ⬅
Textposition eingeben (oder Eingabetaste drücken): ⬅
[Zeichnen][Winkelbemaßung]
Bogen, Kreis oder Linie wählen oder Eingabetaste drücken: ⬅
Scheitel des Winkels: [P3]
Erster Winkelendpunkt: [P4]
```

> Zweiter Winkelendpunkt: **[P5]**
> Position des Maßbogens (Text/Winkel): **[M2]**
> Maßtext <116>: ⏎
> Textposition eingeben (oder Eingabetaste drücken): ⏎
> **[Zeichnen][Winkelbemaßung]**
> Bogen, Kreis oder Linie wählen oder Eingabetaste drücken: **[P6]**
> Zweite Linie: **[P7]**
> Position des Maßbogens (Text/Winkel): **[M3]**
> Maßtext <17>: ⏎
> Textposition eingeben (oder Eingabetaste drücken): ⏎

Bei der Bemaßung von Winkeln, die größer als 180° sind, wird nur der über 180° liegende Anteil des Winkels bemaßt. Dies soll am Beispiel der Bemaßung eines Innenwinkels von 110° und des zugehörigen Außenwinkels von 250° gezeigt werden.

■ **Beispiel 9-18: Bemaßen eines Winkels größer als 180°**

Es sind ein Innenwinkel von 110° und der zugehörige Außenwinkel von 250° zu bemaßen. Der zweite Winkel wird dabei mit 250° - 180° = 70° bemaßt.

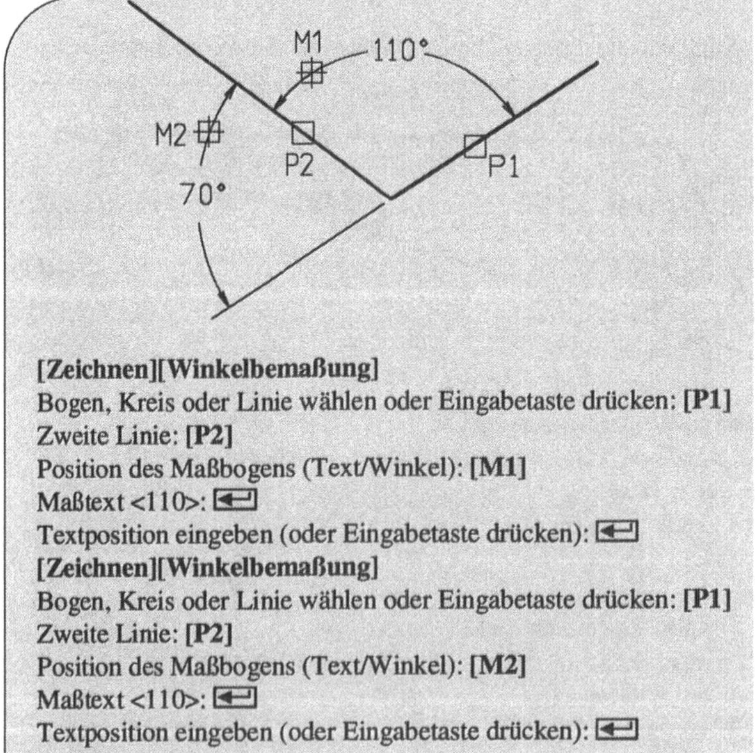

[Zeichnen][Winkelbemaßung]
Bogen, Kreis oder Linie wählen oder Eingabetaste drücken: **[P1]**
Zweite Linie: **[P2]**
Position des Maßbogens (Text/Winkel): **[M1]**
Maßtext <110>: ⏎
Textposition eingeben (oder Eingabetaste drücken): ⏎
[Zeichnen][Winkelbemaßung]
Bogen, Kreis oder Linie wählen oder Eingabetaste drücken: **[P1]**
Zweite Linie: **[P2]**
Position des Maßbogens (Text/Winkel): **[M2]**
Maßtext <110>: ⏎
Textposition eingeben (oder Eingabetaste drücken): ⏎

Wie bereits erwähnt, müssen sich beim Bemaßen eines Winkels, der durch zwei nichtparallele Linien festgelegt ist, diese Linien nicht in der Zeichnung schneiden. Dieser Fall liegt im nächsten Beispiel vor.

■ Beispiel 9-19: Bemaßen von schrägen Kanten

Ein Bauteil mit einer trapezförmigen Nut ist wie abgebildet zu bemaßen.

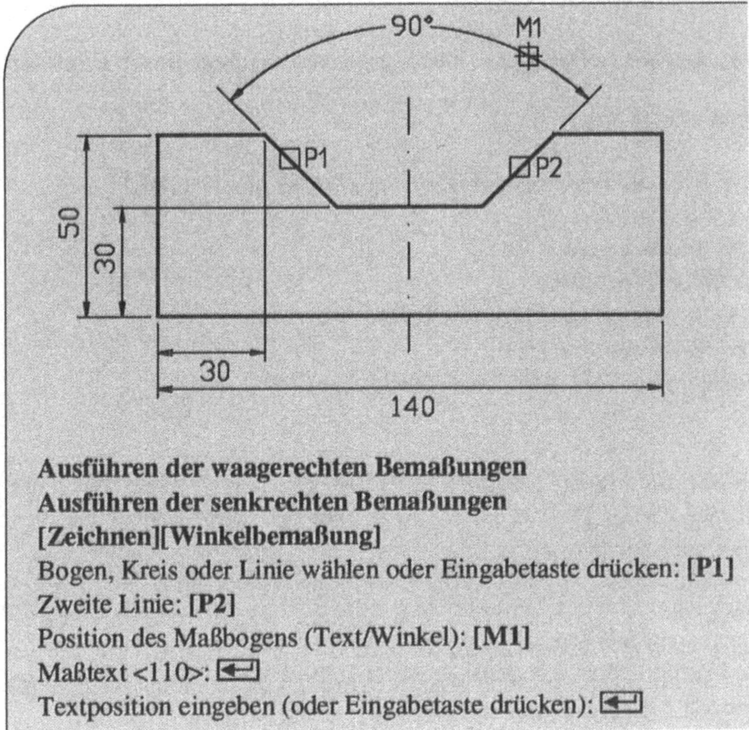

Ausführen der waagerechten Bemaßungen
Ausführen der senkrechten Bemaßungen
[Zeichnen][Winkelbemaßung]
Bogen, Kreis oder Linie wählen oder Eingabetaste drücken: **[P1]**
Zweite Linie: **[P2]**
Position des Maßbogens (Text/Winkel): **[M1]**
Maßtext <110>: ⏎
Textposition eingeben (oder Eingabetaste drücken): ⏎

◆ Aufgabe 9-7: Blech bemaßen

Die Zeichnung BLECH_1 aus Aufgabe 6-3 ist entsprechend der dortigen Darstellung zu bemaßen und unter dem gleichen Namen zu sichern.

◆ Aufgabe 9-8: Blech bemaßen

Entsprechend der vorausgegangenen Aufgabe gehe man analog für die Zeichnung BLECH_3 aus Aufgabe 7-2 vor.

***Winkelbemaßung*-Option *Kreis*: Festlegen eines Winkels durch zwei Kreispunkte**

Hier erfolgt die Festlegung eines Winkels mit:

> Bogen, Kreis oder Linie wählen oder Eingabetaste drücken:
> **[beliebiger Kreispunkt]**
> Zweiter Winkelendpunkt:

durch die Vorgabe zweier Kreispunkte.

***Winkelbemaßung*-Option *Leereingabe*: Festlegen eines Winkels durch 3 Punkte**

Die Bemaßung erfolgt hier mit:

> Bogen, Kreis oder Linie wählen oder Eingabetaste drücken: ⏎
> Scheitel des Winkels:
> Erster Winkelendpunkt:
> Zweiter Winkelendpunkt:
> Position des Maßbogens (Text/Winkel):
> Maßtext <gemessener Wert>:
> Textposition eingeben (oder Eingabetaste drücken):

Auf eine nähere Behandlung der Optionen zum Bemaßen von Winkeln an Kreisen und Kreisbögen soll hier verzichtet werden, da diese Optionen ganz analog wie die bisher behandelten angewandt werden.

In technischen Zeichnungen können Maßtexte nicht immer an den standardmäßig vorgesehenen Stellen dargestellt werden, da es an Platz fehlt. Man setzt die Texte dann an eine andere Stelle und verbindet sie mit dem eigentlichen Maß durch eine Führungslinie. Mit dem *Zeichnen*-Befehl *Führung* kann man solche Verbindungslinien zeichnen.

***Zeichnen*-Befehl *Führung*: Zeichnen einer Führungslinie**

Nach dem Aufruf dieses Befehls erfolgt das Zeichnen einer Führungslinie analog zum Zeichnen einer beliebigen Linie im Dialog mit:

> Start Führungslinie:
> Nach Punkt:
> Nach Punkt:
>   :
> Nach Punkt: ⏎
> Maßtext <letzter gemessener Wert>:

und der anschließenden Übernahme der Maßzahl oder der Eingabe eines beliebigen Textes zur Angabe von Bearbeitungs- oder Fertigungshinweisen für ein Bauteil. Über die Befehlseingabe:

Befehl: **BEM1** ⏎
Bem: **FÜH** ⏎

kann man auf gleiche Weise eine Führungslinie zeichnen.

■ Beispiel 9-20: Zeichnen einer Führungslinie

Für einen Kreis mit dem Radius 30 soll der zugehörige Maßtext R30 nicht an der Maßlinie erscheinen, sondern mit Hilfe einer Führungslinie an einer anderen Stelle in der Zeichnung dargestellt werden. Ferner soll über eine weitere Führungslinie der Kreis als solcher bezeichnet werden

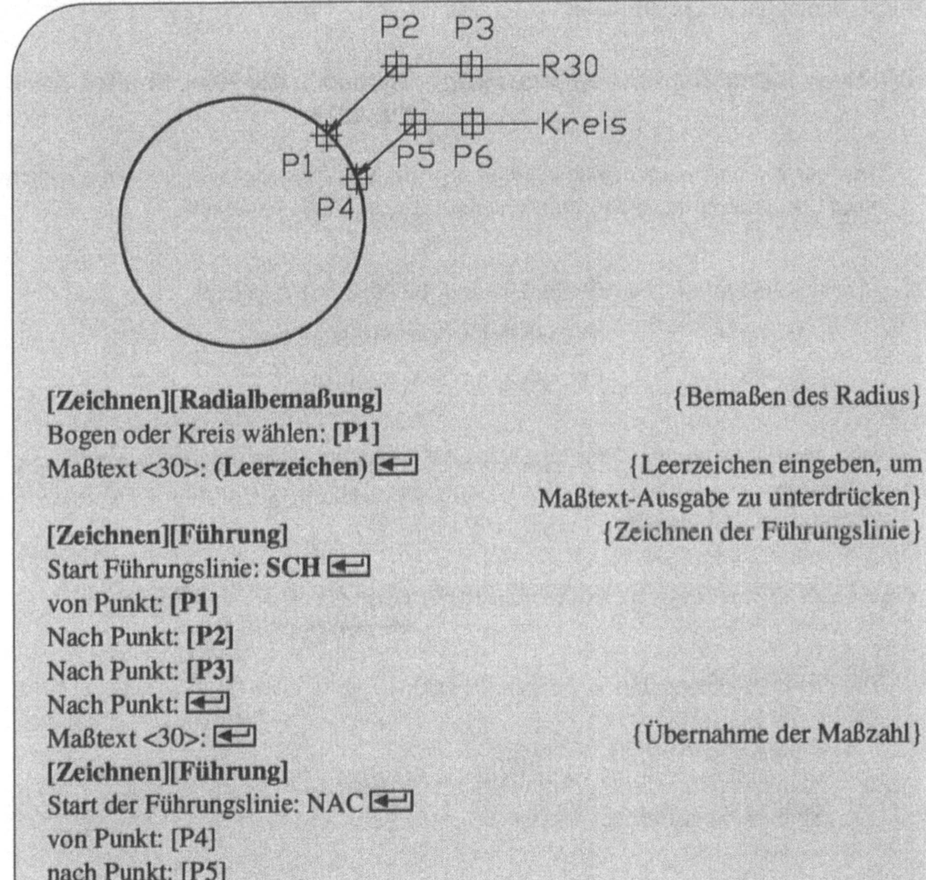

[Zeichnen][Radialbemaßung]	{Bemaßen des Radius}
Bogen oder Kreis wählen: **[P1]**	
Maßtext <30>: **(Leerzeichen)** ⏎	{Leerzeichen eingeben, um Maßtext-Ausgabe zu unterdrücken}
[Zeichnen][Führung]	{Zeichnen der Führungslinie}
Start Führungslinie: **SCH** ⏎	
von Punkt: **[P1]**	
Nach Punkt: **[P2]**	
Nach Punkt: **[P3]**	
Nach Punkt: ⏎	
Maßtext <30>: ⏎	{Übernahme der Maßzahl}
[Zeichnen][Führung]	
Start der Führungslinie: **NAC** ⏎	
von Punkt: **[P4]**	
nach Punkt: **[P5]**	

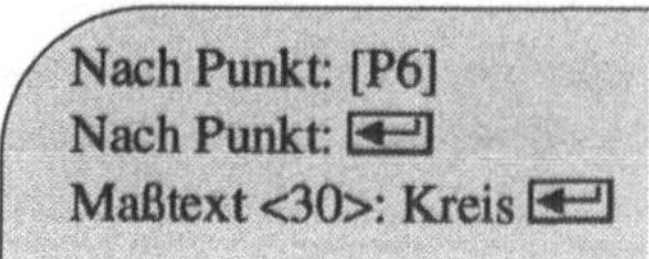

☞ *Hinweis: Darstellung eines Maßtextes unterdrücken*

Mit der Eingabe eines Leerzeichens auf die Anfrage:

    Maßtext <gemessener Wert>:

wird die Übernahme und Darstellung dieses Wertes als Maßtext unterdrückt.

Eine weitere Bemaßungsart ist das Bemaßen von Punkten in einer Zeichnung durch die Angabe ihrer Koordinaten. Mit dem *Zeichnen*-Befehl *Koordinatenbemaßung* lassen sich solche Bemaßungen durchführen.

Zeichnen-Befehl *Koordinatenbemaßung*: Bemaßen der Koordinaten eines Punktes

Hiermit werden Punkte in einer Zeichnung durch die Angabe ihrer Koordinaten bemaßt. Nach dem Aufruf dieses Befehls bestehen die drei Möglichkeiten

- *Automatisch*   Bemaßen einer beliebigen Koordinate,
- *X-Daten*   Bemaßen der X-Koordinate und
- *Y-Daten*   Bemaßen der Y-Koordinate

für eine Punktbemaßung. Für eine korrekte Darstellung der zugehörigen Führungslinie zu den Koordinatenmaßen ist es zweckmäßig, wenn man Koordinatenbemaßungen im Orthomodus durchführt.

Koordinatenbemaßung-Option *Automatisch*: Bemaßen einer beliebigen Punktkoordinate

Bei der Wahl dieser Option werden im Dialog:

    Zu bemaßender Punkt wählen:
    Endpunkt der Führungslinie (Xdaten/Ydaten):
    Maßtext <gemessener Wert>:

der zu bemaßende Punkt, die Art und der Wert der Koordinate festgelegt. In der Regel wird man durch Zeigen den Endpunkt der Führungslinie und damit die Koordinatenart vereinbaren. Mit der Eingabe über die Tastatur:

Befehl: **BEM** ⏎
BEM: **ORD** ⏎

kann diese Option der Koordinatenbemaßung ebenfalls aufgerufen werden.

■ Beispiel 9-21: Bemaßen eines Eckpunktes

Der linke untere Eckpunkt des vorgegebenen Rechtecks ist bei eingeschaltetem Ortho-modus zu bemaßen.

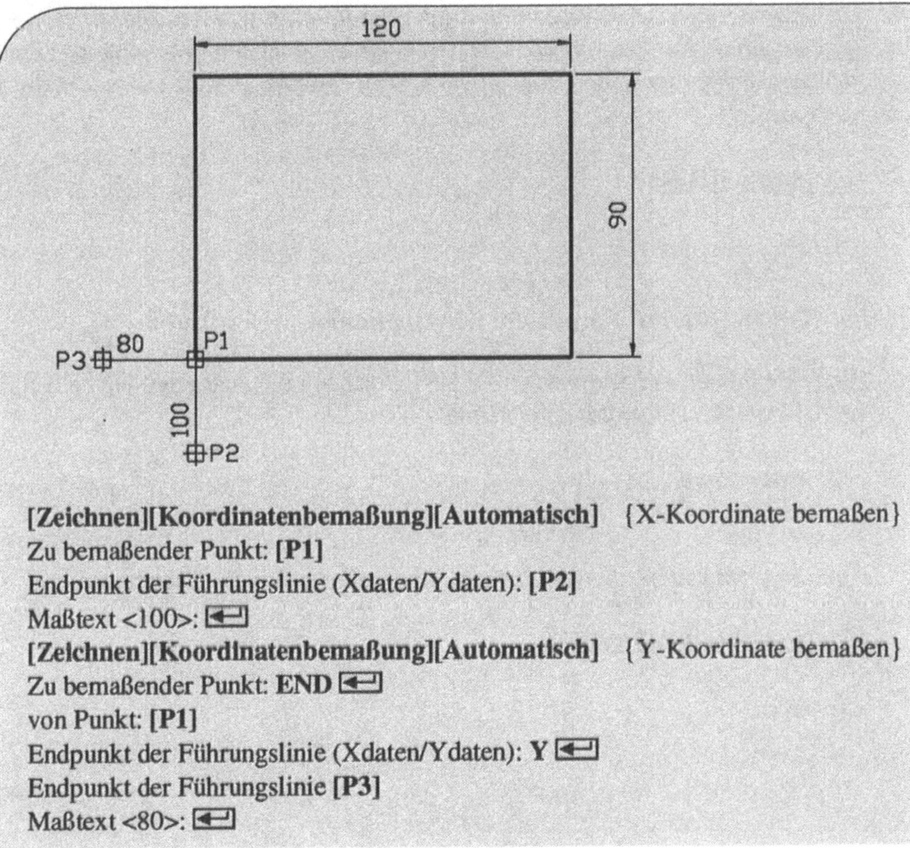

[Zeichnen][Koordinatenbemaßung][Automatisch] {X-Koordinate bemaßen}
Zu bemaßender Punkt: **[P1]**
Endpunkt der Führungslinie (Xdaten/Ydaten): **[P2]**
Maßtext <100>: ⏎
[Zeichnen][Koordinatenbemaßung][Automatisch] {Y-Koordinate bemaßen}
Zu bemaßender Punkt: **END** ⏎
von Punkt: **[P1]**
Endpunkt der Führungslinie (Xdaten/Ydaten): **Y** ⏎
Endpunkt der Führungslinie **[P3]**
Maßtext <80>: ⏎

Offensichtlich liegt die untere linke Ecke des Rechtecks im Punkt P(100,80)

9.5   Abfrage- und Anzeigebefehle

Neben den bisher besprochenen Bemaßungsbefehlen stehen in AutoCAD LT im Menüpunkt *Hilfen* eine Reihe von Befehlen zur Verfügung, mit denen man sich Informationen über bestimmte Zeichnungselemente verschaffen kann. Diese Befehle werden auch als Abfrage- und Anzeigebefehle bezeichnet und bewirken die Anzeige der jeweiligen Informationen im Textbildschirm.

Hilfen-Befehl *ID-Punkt*: Anzeige der Koordinaten eines Punktes

Nach dem Aufruf des Befehls *ID-Punkt* erfolgt nach der Wahl eines Punktes mit:

> Punkt:

die Anzeige seiner Koordinaten und gleichzeitig wird dieser Punkt als letzter Punkt gesetzt, auf dessen Koordinaten sich bei einer eventuellen Fortsetzung des Zeichnens die nächste Punkteingabe beziehen würde. Ein weiterer Aufruf dieses Befehls ist mit der Eingabe:

> Befehl: **ID** ⏎

möglich.

Hilfen-Befehl *Abstand*: Ermitteln des Abstandes zweier Punkte

Hiermit wird der Abstand zweier Punkte berechnet und angezeigt. Die beiden Punkte werden mit dem Objektfang im Dialog:

> Erster Punkt:
> Zweiter Punkt:

vereinbart. Man kann die Abstandsermittlung ferner über die Tastatur mit:

> Befehl: **ABSTAND** ⏎

aktivieren.

■ Beispiel 9-22: Ermitteln einer Rechtecksdiagonalen

Für das unten vorgegebene Rechteck sind die Koordinaten des Schnittpunktes beiden Diagonalen deren Länge anzuzeigen. Man gehe davon aus, daß der Objektfangmodus *SCHnittpunkt* eingeschaltet ist.

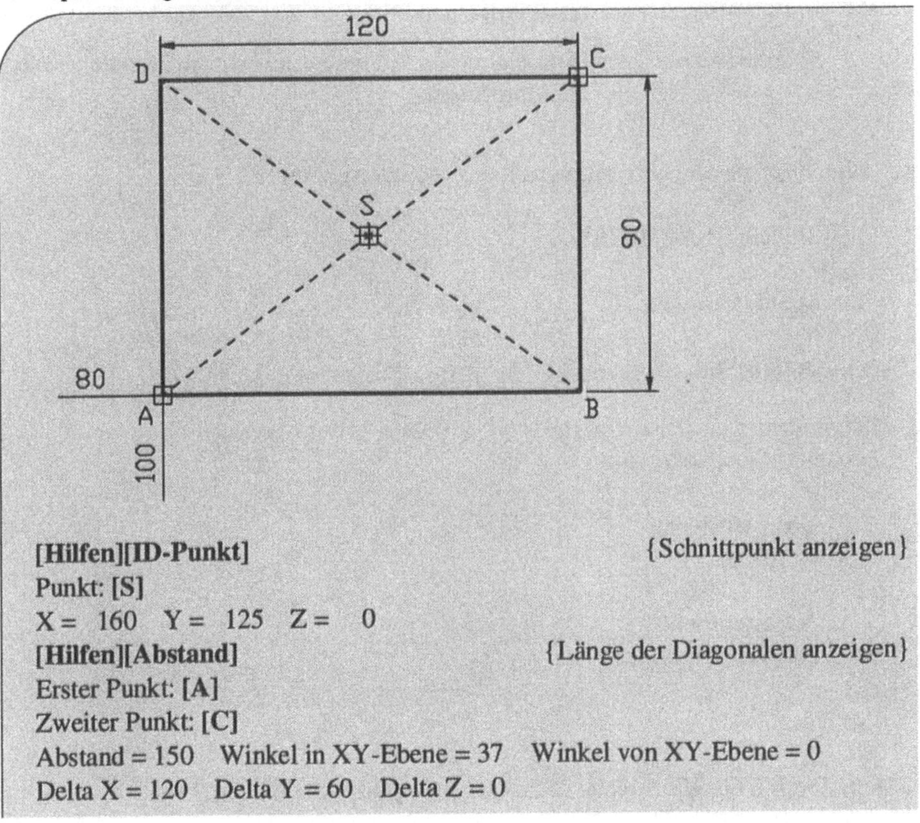

[Hilfen][ID-Punkt]   {Schnittpunkt anzeigen}
Punkt: [S]
X = 160   Y = 125   Z = 0
[Hilfen][Abstand]   {Länge der Diagonalen anzeigen}
Erster Punkt: [A]
Zweiter Punkt: [C]
Abstand = 150   Winkel in XY-Ebene = 37   Winkel von XY-Ebene = 0
Delta X = 120   Delta Y = 60   Delta Z = 0

Hilfen-Befehl *Fläche*: Ermitteln einer Fläche

Mit Hilfe dieses Befehls können der Inhalt und Umfang von Flächen berechnet und angezeigt werden, die von einer Linienfolge durch mehrere Punkte, Kreis oder Polylinien begrenzt sind. Nach dem Aufruf des Befehls *Fläche* hat man auf die Anfrage:

<Erster Punkt>/Objekt/Addieren/Subtrahieren:

folgende Möglichkeiten:

- *Punkteingabe* Eingabe des ersten Punktes und Festlegen der Fläche durch weitere Punkte

- *Objekt* Festlegen der Fläche durch Objektwahl

- *Addieren* Einschalten des Addiermodus zum Ermitteln von Gesamtflächen

- *Subtrahieren* Einschalten des Subtrahiermodus zum Ermitteln von Gesamtflächen

Eine Flächen- und Umfangberechnung kann ferner mit:

Befehl: **FLÄCHE** ⏎

durchgeführt werden.

Fläche-Option *Punkteingabe*: Fläche durch Polygonzug festlegen

Hiermit wird nach der Vereinbarung eines ersten Punktes eine Fläche durch eine Folge weiterer Randpunkte mit:

Nächster Punkt:
:
:
Nächster Punkt:
Nächster Punkt: ⏎

festgelegt.

Fläche-Option *Objekt*: Fläche durch Objektwahl vereinbaren

Die auszuwertende Fläche wird auf die Anfrage:

Kreis oder Polylinie wählen:

durch Objektwahl vereinbart.

■ Beispiel 9-23: Ermitteln einer Rechteckfläche

Man ermittle den Flächeninhalt und Umfang des Rechtecks aus dem vorangegangen Beispiel. In Abhängigkeit davon, wie das Rechteck gezeichnet worden ist, kann die Fläche bei der Anwendung des Befehls *Fläche* verschieden definiert werden.

[Hilfen][Fläche]   {Fläche durch Polygonzug vereinbaren}
<Erster Punkt>/Objekt/Addieren/Subtrahieren: **[A]**
Nächster Punkt: **[B]**
Nächster Punkt: **[C]**
Nächster Punkt: **[D]**
Nächster Punkt: ⏎
Fläche = 10800   Umfang = 420

oder
[Hilfen][Fläche]   {Fläche durch Zeigen auf Objekt vereinbaren}
 <Erster Punkt>/Objekt/Addieren/Subtrahieren: **O** ⏎
Kreis oder Polylinie: **[A]**
Fläche = 10800   Umfang = 420

Die zweite Version des Befehlsdialogs ist nur möglich, wenn das Rechteck mit dem *Zeichnen*-Befehl *Rechteck*, d.h. als Polylinie, erstellt worden ist.

Hilfen-Befehl *Liste*: Anzeige von Information zu Zeichnungselementen

Nach dem Aufruf des Befehls sind im Dialog:

> Objekte wählen:

die Zeichnungselemente auszuwählen, über die man sich speziell informieren möchte. Im einzelnen sind dies:

- Typ und Layer eines Elements
- seine X-, Y- und Z-Koordinaten im aktuellen BKS
- der aktuelle Bereich: Modell- oder Papierbereich

Eine entsprechende Auflistung ergibt sich auch bei der Eingabe:

Befehl: **LISTE** ⏎
Objekte wählen:

■ Beispiel 9-24: Informationen zu Zeichnungselementen anzeigen

Unter der Voraussetzung, daß die Zeichnung aus dem Beispiel 9-22 in verschiedenen Layern wie folgt erstellt worden ist:

- Rechteck im Layer 0 mit *Zeichnen*-Befehl *Linie*,
- Bemaßungen im Layer BEMASSUNG und
- Diagonalen im Layer VERDECKT,

verschaffe man sich Informationen über die Zeichnungselemente:

- Konturlinie von A nach B
- Diagonale von A nach C
- die Bemaßung der rechten Seite

```
       [Hilfen][Liste]
       Objekte wählen: [Seite A-B]
       Objekte wählen: [Diagonale C]
       Objekte wählen: [Bemaßung 90]
       Objekte wählen: ⏎


            LINIE        Layer:  0
                         Bereich: Modellbereich
           von Punkt, X =   80.0000  Y = 100.0000   Z=      0.0000
           nach Punkt, X = 200.0000  Y = 100.0000   Z=      0.0000
       Länge = 120.0000,  Winkel in XY-Ebene=0
       Delta X = 120.0000, Delta Y =     0.0000, Delta Z =     0.0000

            LINIE        Layer:  VERDECKT
                         Bereich: Modellbereich
           von Punkt, X =   80.0000  Y = 100.0000   Z=      0.0000
           nach Punkt, X = 200.0000  Y = 190.0000   Z=      0.0000
       Länge = 150.0000,  Winkel in XY-Ebene=37
       Delta X = 120.0000, Delta Y =    90.0000, Delta Z =     0.0000

            BEMASSUNG  Layer BEMASSUNG
                         Bereich: Modellbereich
       Typ: vertikal
       1. Hilfslinie Definitionspunkt: X = 200.0000 Y = 100.0000 Z = 0.0000
       2. Hilfslinie Definitionspunkt: X = 200.0000 Y = 190.0000 Z = 0.0000
       Maßlinie Definitionspunkt: X = 220.0000  Y = 100.0000  Z = 0.0000
       Vorgabe Textposition: X = 220.0000  Y = 145.0000  Z = 0.0000
       Vorgabe Text
       RETURN für Fortsetzung:
```

Hilfen-Befehl *Zeit*: Anzeige von Zeitinformationen zu einer Zeichnung

Mit diesem Befehl kann man sich Zeitangaben über das Erstellen oder Ändern einer Zeichnung anzeigen lassen. Diese Anzeige kann auch mit:

    Befehl: **ZEIT** ⏎

aufgerufen werden.

■ Beispiel 9-25: Zeitinformationen zu einer Zeichnung anzeigen

Für die voraufgegangene Zeichnung des Rechtecks sind Zeitinformationen anzugeben.

```
[Hilfen][Zeit]

Aktuelle Zeit:              14 Aug 1995 um 14:04:21.620
Benötigte Zeit für diese Zeichnung
  Erstellt:                 14 Aug 1995 um 07:31:09.150
  Zuletzt nachgeführt:      14 Aug 1995 um 07:31:09.150
  Gesamte Editierzeit:      0 Tage 06:33:12.470
  Benutzer-Stoppuhr (ein): 0 Tage 06:33:12.470
  Nächste automatische Sicherung in: <desaktiviert>
Darstellung/Ein/Aus/Zurückstellen
```

◆ Aufgabe 9-9: Anzeige- und Abfragebefehle anwenden

Ein rechtwinkliges Dreieck mit den Katheten 90 und 120 ist wie unten abgebildet zu zeichnen, zu bemaßen und unter dem Namen DREIECK zu sichern. Anschließend verschaffe man sich in geeigneter Weise eine Reihe von Angaben, wie z.B. der Länge der Hypotenuse, des Inhalts der Dreiecksfläche und Informationen zu den verschiedenen Elementen in der erstellten Zeichnung.

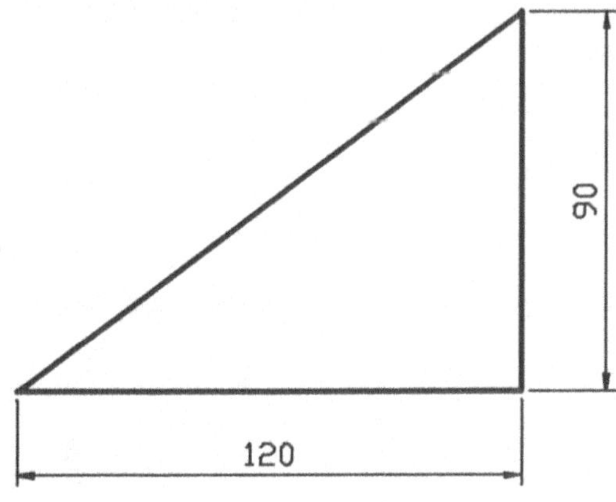

10 Das Schraffieren von Zeichnungen

Eine Schraffur ist ein wichtiges Gestaltungselement in technischen Zeichnungen. Sie wird bei der Darstellung von Schnitten durch hohle Bauteile angewandt. Dabei wird ein Bauteil in zwei Hälften zerlegt und die vordere Hälfte fortgenommen. Die Darstellung des dann sichtbaren inneren Teils nennt man Vollschnitt und stellt die Schnittflächen schraffiert dar. Wird entsprechend nur die Hälfte des Bauteils geschnitten, spricht man von einem Halbschnitt. Nach DIN 201 wird eine Schraffur mit schmalen Vollinien gezeichnet, die zueinander parallel sind und die Symmetrieachse oder die Hauptumrißlinien unter einem Winkel von 45° schneiden. Der konstante Abstand zwischen den Schraffurlinien ist hierbei passend zur Größe der zu schraffierenden Fläche zu wählen. In AutoCAD LT können mit dem *Zeichnen*-Befehl *Schraffur* beliebige Flächen schraffiert werden, die von Linien, Kreisen, Kreisbögen und Polylinien begrenzt sind. Eine Schraffur wird durch das Ausfüllen einer solchen Fläche mit einem vorgegebenen oder vom Anwender definierten Schraffurmuster erzeugt. Man geht dabei im wesentlichen wie folgt vor:

- Auswahl des anzuwendenden Schraffurmusters
- Festlegen der zu schraffierenden Fläche
- automatisches Ausfüllen der Fläche mit dem gewählten Muster

Zeichnen-Befehl *Schraffur*: Schraffieren einer Zeichnung

Nach dem Aufruf dieses Befehls kann man in dem Dialogfenster:

Bild 10-1: Dialogfenster *Schraffur*

die erforderlichen Vereinbarungen zum Durchführen einer Schraffur treffen. Im einzelnen sind dies:

- *Schraffurmuster*   Auswahl, ob ein vordefiniertes, benutzerdefiniertes oder benutzerspezifisches Schraffurmuster benutzt werden soll

- *Muster-Eigenschaften*   Auswahl des anzuwendenden Musters und Festlegen seiner speziellen Eigenschaften

- *Umgrenzung*   Vereinbaren der zu schraffierenden Fläche und Wahl des Schraffurmusters

- *Schraffur-Voransicht*   Ausführen einer Kontrollausgabe der Schraffur aufgrund der getroffenen Vereinbarungen

- *Eigenschaften übernehmen*   Übernahme der Eigenschaften einer vorhandenen Assoziativschraffur für die zu vereinbarende Schraffur

- *Assoziativschraffur*   Ein- bzw. Ausschalten der Assoziativschraffur

- *Anwenden*   Ausführen der vereinbarten Schraffur in der Zeichnung

Durch Anklicken des Symbols im Werkzeugkasten wird das Dialogfenster *Schraffur* ebenfalls aufgerufen. Das Schraffieren einer Fläche kann außerdem über die Tastatur mit:

Befehl: SCHRAFF
Muster (? oder Name/B,Stil) <aktuelles Muster>:

aufgerufen werden. Die weiteren Eingaben erfolgen hier ebenfalls über die Tastatur, und zwar in Abhängigkeit von der gewählten Option:

- *?*   Anzeigen von Standard-Schraffurmustern,

- *Name*   Auswahl eines Schraffurmusters durch die Eingabe seines Namens

- *B*   Definieren eines speziellen Schraffurmusters durch den Anwender

Die beiden letzten Optionen können jeweils durch Komma getrennt mit einem der drei *Schraffur*-Stile *N*, *A* oder *I* kombiniert werden. Anschließend werden der Maßstab

(Skalierfaktor) und der Winkel für das Schraffurmuster und die Vereinbarung der zu schraffierenden Fläche im Dialog:

Maßstab für Muster <aktueller Wert>:
Winkel für Muster <aktueller Wert>:
Objekte wählen:

Eine Voransicht der Schraffur ist hier nicht möglich, da diese sofort nach Auswahl der zu schraffierenden Fläche ausgeführt wird.

Schraffur-Option _Muster-Eigenschaften_: Festlegen eines Schraffurmusters

Man kann hiermit die anzuwendende Schraffur auswählen und deren Eigenschaften festlegen, und zwar auf folgende Weise:

- *Muster*   Auswahl eines vordefinierten Musters

- *Benutzerspez. Muster*   Vereinbaren des Namens für eine benutzerspezifische Schraffur

- *Skalierfaktor*   Festlegen eines Faktors zum Vergrößern oder Verkleinern einer Schraffur

- *Winkel*   Festlegen eines Winkels zum Drehen der Schraffur

- *Abstand*   Vereinbaren des Abstands der Schraffurlinien voneinander für ein benutzerdefiniertes Muster

- *Doppelschraffur*   Vereinbaren einer sogenannten Doppelschraffur für ein benutzerdefiniertes Muster

- *Ursprung*   Wahl, ob eine Schraffur als einzelne Linie oder als ein Element behandelt wird

Schraffur-Option _Umgrenzung_: Festlegen der zu schraffierenden Fläche

Es bestehen hierfür die Möglichkeiten:

- *Punkte wählen*   Festlegen der zu schraffierenden Fläche durch die Vorgabe von Punkten dieser Fläche

- *Objekte wählen*   Festlegen der zu schraffierenden Fläche durch die Vorgabe von begrenzenden Objekten

- *Inseln entfernen*   Entfernen von Objekten für als sogenannte Inseln gewählte Punkte

- *Auswahl anzeigen*   Anzeigen der aktuellen Umgrenzung der zu schraffierenden Fläche

- *Optionen*   Vereinbaren spezieller Vorgaben, wie z.B. des Schraffurstils, für die Schraffur im Dialogfenster *Optionen*

■ Beispiel 10-1: Schraffieren eines Vollschnitts

Eine Hohlwelle ist im Schnitt darzustellen, und zwar auf zwei Arten. Zunächst erfolge die Darstellung standardmäßig und mit Festlegen der Schraffurfläche über die Vorgabe eines inneren Punktes. Bei der zweiten Darstellung ist die zu schraffierende Fläche über eine geeignete Objektwahl zu vereinbaren. Ferner sind die Schraffurlinien mit doppeltem Abstand und um 45° nach links geneigt zu zeichnen.

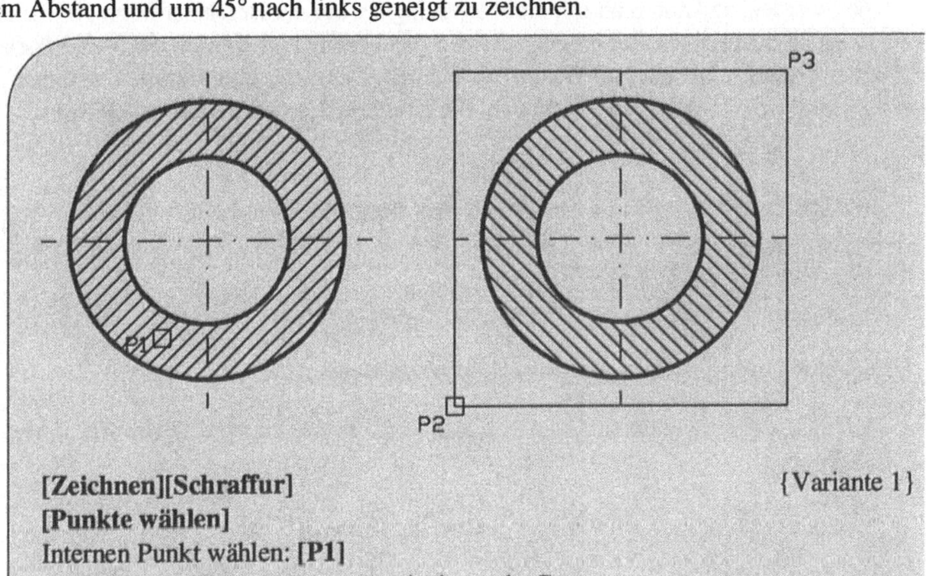

[Zeichnen][Schraffur]   {Variante 1}
[Punkte wählen]
Internen Punkt wählen: **[P1]**
Ausgabe von Hinweisen zum Analysieren der Daten
Internen Punkt wählen: ⏎
[Schraffur][Voransicht]
[Fortsetzen]
[Anwenden]
[Zeichnen Schraffur]   {Variante 2}
Skalierfaktor-Eingabefeld: **2.0000**
Winkel-Eingabefeld: **90**
[Objekte wählen]

> Objekte wählen: [P2]
> **Andere Ecke:** [P3]
> Objekte wählen: ⬅
> [Schraffur-Voransicht]
> [Fortsetzen]
> [Anwenden]

☞ *Hinweis: Standardmäßiges Schraffieren*

Die in AutoCAD LT möglichen Standardschraffuren sind in der Datei ACLT.PAT im Verzeichnis C:\ACLTWIN gespeichert.

☞ *Hinweis: Übernahme eines Schraffurmusters*

Soll nach der Ausführung einer Schraffur eine weitere Fläche in der Zeichnung schraffiert werden, so kann man mit einer Leereingabe bei der Befehlsanfrage der vorausgegangene Schraffurbefehl erneut aufrufen. In diesem Fall werden die Vereinbarungen über Muster, Maßstab und Winkel für die neue Schraffur übernommen, und man kann gleich durch Punkt- oder Objektwahl die zu schraffierende Fläche vereinbaren.

Beim Aufruf einer Schraffur über die Tastatur bestehen - wie bereits erwähnt - bzgl. der Vereinbarung des verwendenden Schraffurmusters andere Möglichkeiten als beim Aufruf des *Zeichnen*-Befehls *Schraffur*.

SCHRAFF-Option *?*: Anzeigen von Standardschraffuren

Mit dieser Option können Listen von Standardschraffuren angezeigt werden. Man legt im Dialog:

    Muster (? oder Name/B,Stil) <aktuelles Muster>: ? ⬅
    Aufzulistende(s) Muster <*>:

u.U. mit Hilfe der üblichen Jokerzeichen fest, für welche Muster die Anzeige erfolgen soll.

■ Beispiel 10-2: Anzeigen aller Ansi-Schraffuren

Es sollen alle Standardschraffuren nach ANSI ausgegeben werden.

```
Muster (? oder Name/B,Stil) <aktuelles Muster>: ? ⏎
Aufzulistende(s) Muster <*>: ansi* ⏎


ANSI31      ANSI Eisen, Ziegel, Mauerwerk
ANSI32      ANSI Stahl
ANSI33      ANSI Bronze, Messing, Kupfer
ANSI34      ANSI Plastik, Gummi
ANSI35      ANSI Marmor, Schiefer, Glas
ANSI37      ANSI Blei, Zink, Magnesium, Lärm-/Wärme-/Elektro-Isolation
ANSI38      ANSI Aluminium
```

Über Optionen kann die Art des Schraffierens modifiziert werden. Beispielsweise läßt sich über den sogenannten Schraffurstil steuern, in welcher Weise ineinander geschachtelte Flächen zu schraffieren sind. Es sind folgende Schraffurstile möglich:

- *Normal*   normale Schraffur mit Wechsel des Zeichnens bzw. Nichtzeichnens der Schraffurlinien beim Übergang von einer Teilfläche zu einer anderen,

- *Äußere*   Schraffur nur der äußeren zusammenhängenden Fläche und

- *Ignorieren* Schraffur mit Ignorieren aller eingeschlossenen Teilflächen

Diese Vorgehensweise ist häufig bei ineinander geschachtelten Flächen erforderlich. Die weiteren Festlegungen zur Schraffur erfolgen wie beim *Zeichnen*-Befehl *Schraffur*.

Die Festlegung des anzuwendenden Schraffurstils wird über die Schaltfläche *Optionen* im gleichnamigen Dialogfenster vorgenommen. Man vergleiche hierzu das Bild 10-2.

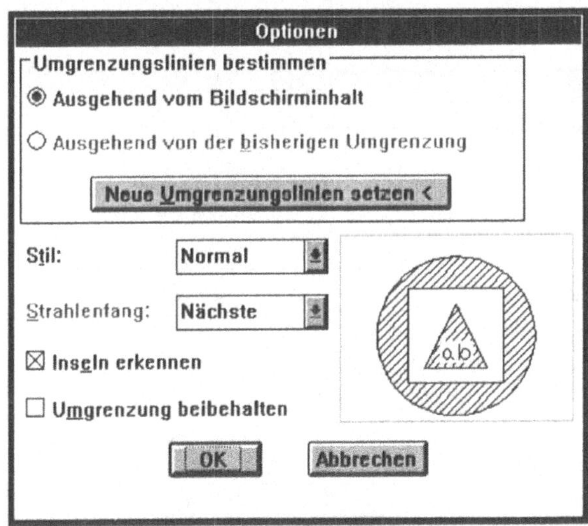

Bild 10-2: Dialogfenster *Optionen*

Bei einem Aufruf des Schraffierens über die Tastatur geht man wie folgt vor:

> Befehl: SCHRAFF ⏎
> Muster (? oder Name/B,Stil) <aktuelles Muster>: **Schraffurname,Stil** ⏎

Die weiteren Festlegungen erfolgen im Dialog:

> Maßstab für Muster <aktueller Wert>:
> Winkel für Muster <aktueller Wert>:
> Objekte wählen:

Im nächsten Beispiel sollen die unterschiedlichen Wirkungsweisen der drei Schraffurstile veranschaulicht werden.

■ Beispiel 10-3: Schraffieren mit unterschiedlichen Schraffurstilen

Die vorgegebene Zeichnung ineinander geschachtelter Rechtecke und Kreise ist mit den verschiedenen Stilen und unterschiedlichen Mustern zu schraffieren.

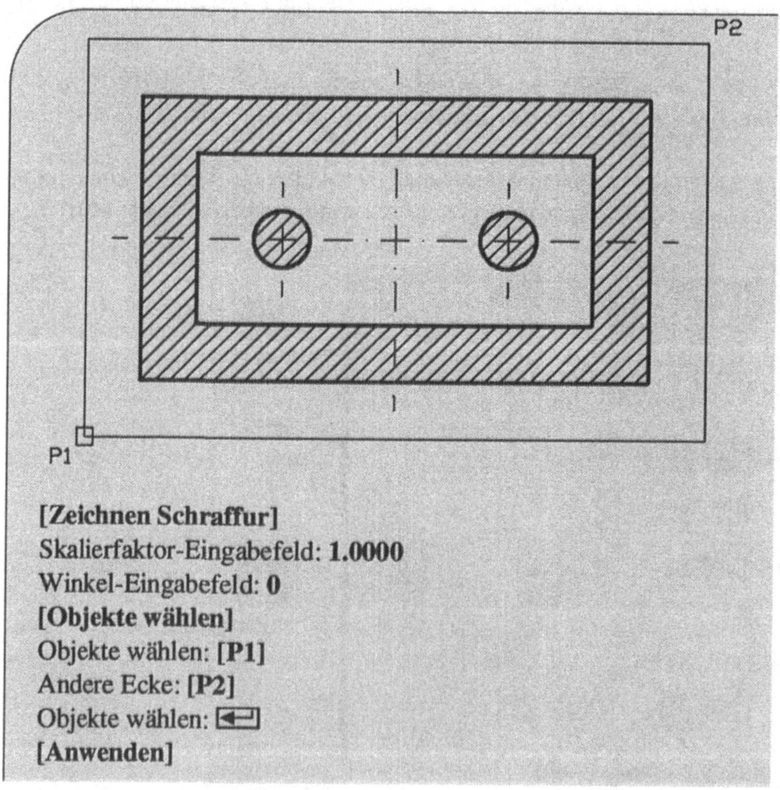

[Zeichnen Schraffur]
Skalierfaktor-Eingabefeld: **1.0000**
Winkel-Eingabefeld: **0**
[Objekte wählen]
Objekte wählen: **[P1]**
Andere Ecke: **[P2]**
Objekte wählen: ⏎
[Anwenden]

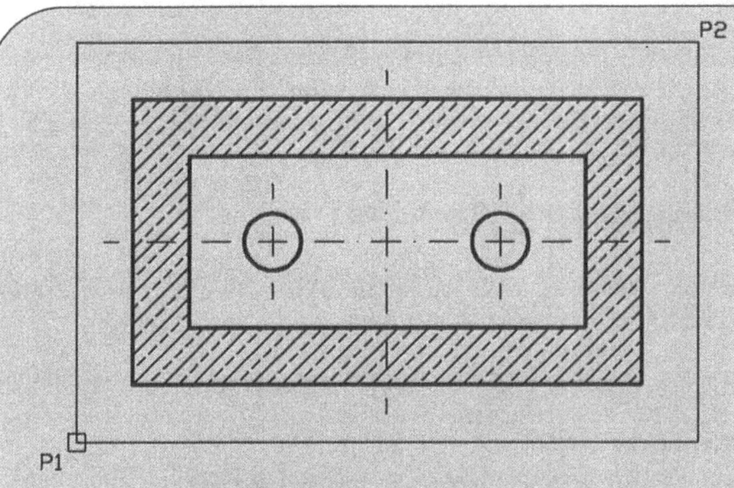

[Zeichnen][Schraffur]
Muster-Listenfeld: **[ANSI33]**
[Optionen]
Stil-Listenfeld: **[Äußere]**
[OK]
Weiterer Dialog wie vorher

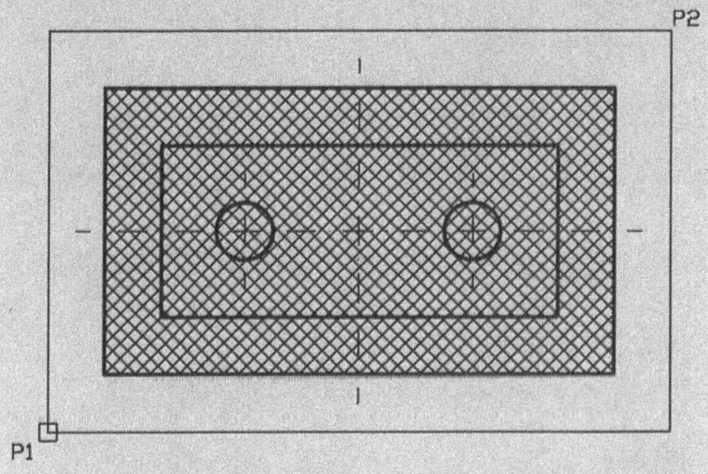

Befehl: **SCHRAFF** ⏎
Muster (? oder Name/B,Stil) <aktuelles Muster>: **ansi37,I** ⏎
Maßstab für Muster <1.0000>:⏎
Winkel für Muster <0>: ⏎
Objekte wählen: **[P1]**
Andere Ecke: **[P2]**
Objekte wählen: ⏎

Für den Anwender besteht ferner die Möglichkeit, eigene Muster für Einfach- und Doppel-
schraffuren zu erzeugen und diese - wie für Standardschraffuren besprochen - anzuwenden.
Die Definition eines solchen speziellen Schraffurmusters erfolgt über die *Schraffur*-Option
Schraffurmuster in der Form:

> Schraffurmuster-Listenfeld: **[Benutzerdef.]**

Anschließend können die weiteren Festlegungen für *Winkel*, *Abstand*, *Doppelschraffur* und
Ursprung des neuen Musters erfolgen.

Beim Arbeiten mit dem Befehl *SCHRAFF* über die Tastatur durch den Anwender im Dialog

> Befehl: **SCHRAFF** ⏎
> Muster (? oder Name/B,Stil) <aktuelles Muster>: **B** ⏎
> *oder*
> Muster (? oder Name/B,Stil) <aktuelles Muster>: **B,Stil** ⏎
> Winkel für Doppelschraffurlinien <aktueller Wert>:
> Abstand zwischen den Linien <aktueller Wert>:
> Doppelschraffurbereich <N>:
> Objekte wählen:

festgelegt.

■ Beispiel 10-4: Schraffieren mit speziellem Schraffurmuster

Für die Zeichnung aus dem Beispiel 10-3 ist eine Doppelschraffur mit Linien einer
Neigung von 30, einem Abstand von 7 und dem Stil N auszuführen.

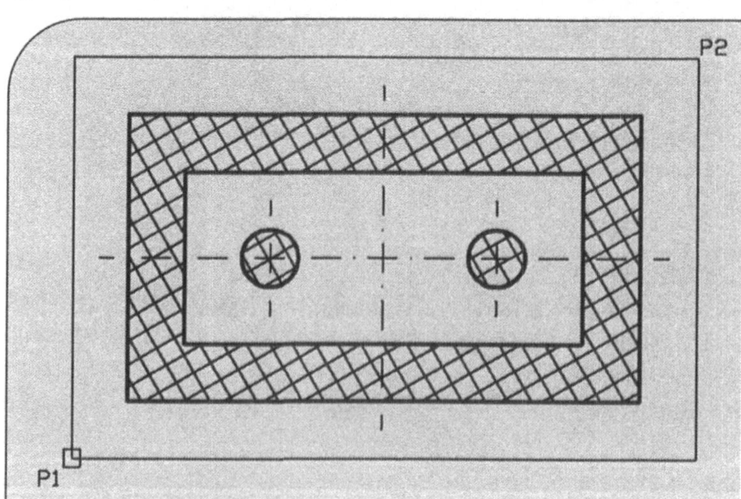

[Zeichnen][Schraffur]
Schraffurmuster-Listenfeld: [Benutzerdef.]
Winkel: 30
Abstand: 7
☒ Doppelschraffur
[Objekte wählen]
Objekte wählen: [P1]
Andere Ecke: [P2]
Objekte wählen: ⏎

Beim Schraffieren ist das Festlegen der zu schraffierenden Fläche besonders sorgfältig durchzuführen, da Ungenauigkeiten zu fehlerhaften Schraffuren führen können. So sollten sich die Begrenzungslinien der Fläche sauber schneiden. Auch unter Beachtung dieser Vorgehensweise kann es bei ungünstig gezeichneten Flächen zu falschen Ergebnissen bei der Schraffur kommen. Dies soll im nächsten Beispiel gezeigt werden.

■ Beispiel 10-5: Schraffur einer ungünstig gezeichneten Fläche

Die unten dargestellte Fläche ist mit dem Befehl *Linie* wie folgt:

- Zeichnen der geschlossenen Linie A-B-C-D-A und
- Zeichnen der Linie E-F.

gezeichnet worden. Die Fläche AEFD soll mit den Standardvorgaben von ANSI31 schraffiert werden.

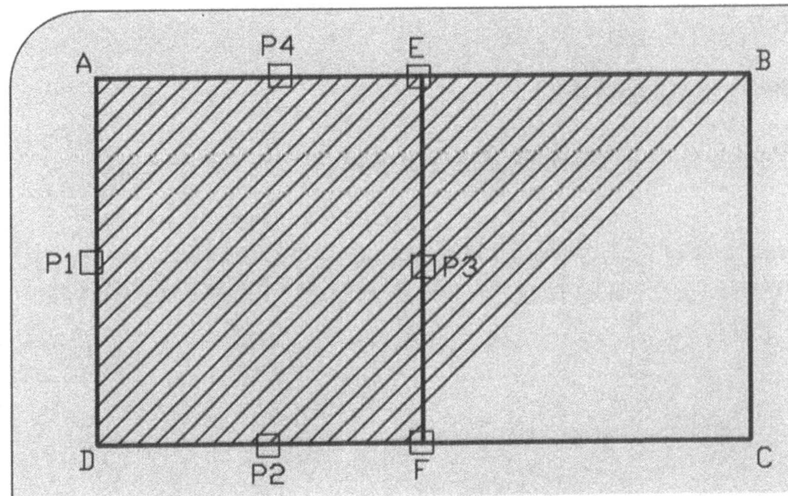

```
[Zeichnen][Schraffur]
Muster-Listenfeld: [ANSI31]
Skalierfaktor-Eingabefeld: 1
Winkel-Eingabefeld: 0
[Objekte wählen]
Objekte wählen: [P1]
Objekte wählen: [P2]
Objekte wählen: [P3]
Objekte wählen: [P4]
Objekte wählen: ⏎
[Anwenden]
```

Offensichtlich liefert die Schraffur nicht das gewünschte Ergebnis. Man könnte die Schraffur rückgängig machen und sie mit einer anderen Festlegung der Fläche erneut erstellen. Dies wird in der Regel ebenfalls zu keiner korrekten Darstellung führen, wenn man die Zeichnung nicht mit dem *Ändern*-Befehl *Bruch* bearbeitet.

☞ *Hinweis: Löschen einer Schraffur*

Eine Schraffur wird in AutoCAD LT als ein Zeichnungsobjekt behandelt und kann daher mit:

```
[Ändern][Löschen]
Objekte wählen: [beliebige Schraffurlinie]
Objekte wählen: ⏎
```

gelöscht werden. Dies kann man nach dem Erstellen einer Schraffur auch mit dem Aufruf:

```
[Bearbeiten][Zurück]
```

durch Zurücknehmen des vorausgegangenen Schraffurbefehls erreichen.

Abschließend wird in diesem Kapitel kurz behandelt, wie mit Hilfe des *Ändern*-Befehls *Bruch* ungünstig gezeichnete Flächen aufgebrochen und schraffiert werden können.

Ändern-Befehl *Bruch*: Aufbrechen eines Zeichnungselementes

Hiermit kann ein Zeichnungselement an einer beliebigen Stelle durch Löschen eines Zwischenteils aufgebrochen werden. Auf die Anfrage:

> Objekte wählen:
> Zweiter Punkt (oder E für den ersten Punkt):

legt man zunächst durch Zeigen das aufzubrechende Element fest. Der Anklickpunkt wird zunächst als erster Punkt des zu löschenden Teils übernommen. Anschließend kann man mit den beiden angebotenen Optionen entweder sofort den zweiten Punkt festlegen oder erneut den ersten und dann den zweiten Punkt vereinbaren. Stimmen erster und zweiter Punkt überein, so wird kein Teil gelöscht, sondern das Zeichnungselement wird lediglich an dieser Stelle aufgebrochen. Man kann den *Ändern*-Befehl *Bruch* auch mit:

> Befehl: **BRUCH** ⏎

oder durch Drücken des Symbols 🔨 im Werkzeugkasten aufrufen.

Bruch-Option *Zweiter Punkt*: Vereinbaren des zweiten Punktes

Mit der Angabe eines Punktes wird dieser als zweiter Punkt und der Anklickpunkt für die Objektwahl automatisch als erster Punkt übernommen. Anschließend wird der zwischen beiden Punkten liegende Teil des angeklickten Zeichnungselementes gelöscht.

Bruch-Option *E*: Festlegen des ersten und zweiten Punktes

Bei Wahl dieser Option hat man im Dialog:

> Erster Punkt:
> Zweiter Punkt:

erneut den ersten und dann den zweiten Punkt für den zu löschenden Teil des vorher angeklickten Zeichnungselementes zu vereinbaren.

☞ *Hinweis: Aufbrechen eines Zeichnungselementes ohne Löschen*

Die Schraffur ungünstig erstellter Flächen wird häufig durch Aufbrechen von Zeichnungslementen ermöglicht, indem man den *Ändern*-Befehl *Bruch* aufruft und den gleichen Punkt als ersten und zweiten Punkt vereinbart. Dies läßt sich realisieren mit:

Objekte wählen: **[Punkt am aufzubrechenden Element]**
Zweiter Punkt (oder E für den ersten Punkt): **[gleicher Punkt]**
oder
Objekte wählen: **[Punkt am aufzubrechenden Element]**
Zweiter Punkt (oder E für den ersten Punkt): @ ⏎

■ Beispiel 10-6: Aufbrechen von Zeichnungselementen beim Schraffieren

Die ungünstig erstellte Fläche aus dem Beispiel 10-5 ist in den Punkten E und F aufzubrechen und dann zu schraffieren, dabei wird vorausgesetzt, daß der Objektfangmodus *Schnittpunkt* eingeschaltet ist.

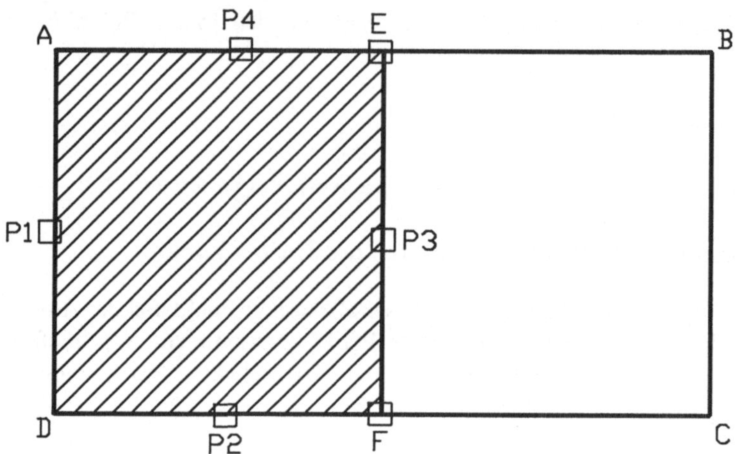

[Ändern][Bruch]   {Aufbrechen der Linie AB}
Objekte wählen: **[E]**
Zweiter Punkt (oder E für den ersten Punkt): **[E]**
[Ändern][Bruch]   {Aufbrechen der Linie CD}
Objekte wählen: **[F]**
Zweiter Punkt (oder E für den ersten Punkt): @ ⏎
[Zeichnen][Schraffur]   {Ausführen der Schraffur}
Muster-Listenfeld: **[ANSI31]**
Skalierfaktor-Eingabefeld: **1**
Winkel-Eingabefeld: **0**
[Objekte wählen]
Objekte wählen: **[P1]**
Objekte wählen: **[P2]**

Objekte wählen: **[P3]**
Objekte wählen: **[P4]**
Objekte wählen: ⬅
[Anwenden]

☞ *Hinweis: Vereinbaren von Punkten zum Aufbrechen eines Elementes*

Die vereinbarten Punkte müssen nicht auf dem aufzubrechenden Zeichnungsobjekt liegen, da AutoCAD LT für das Aufbrechen automatisch die am nächsten liegenden Objektpunkte wählt.

◆ Aufgabe 10-1: Bundbuchse im Schnitt darstellen

Man stelle eine Bundbuchse im Schnitt mit Mittellinie und Bemaßung dar. Die Zeichnung speichere man unter dem Namen BUNDBUCH ab.

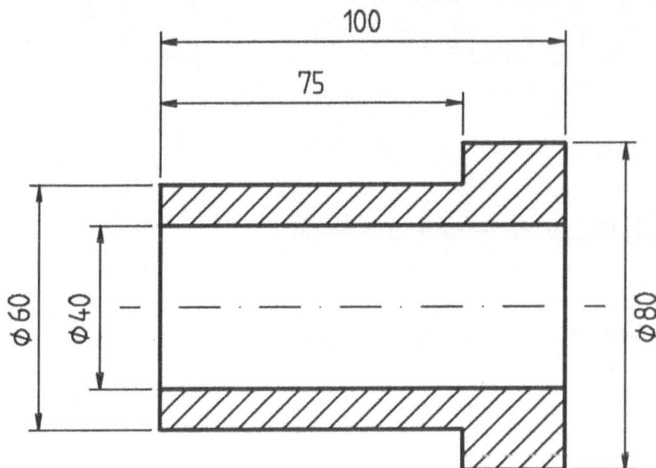

◆ Aufgabe 10-2: Halter zeichnen

Ein Halter ist wie unten dargestellt zu zeichnen und unter dem Namen HALTER zu sichern.

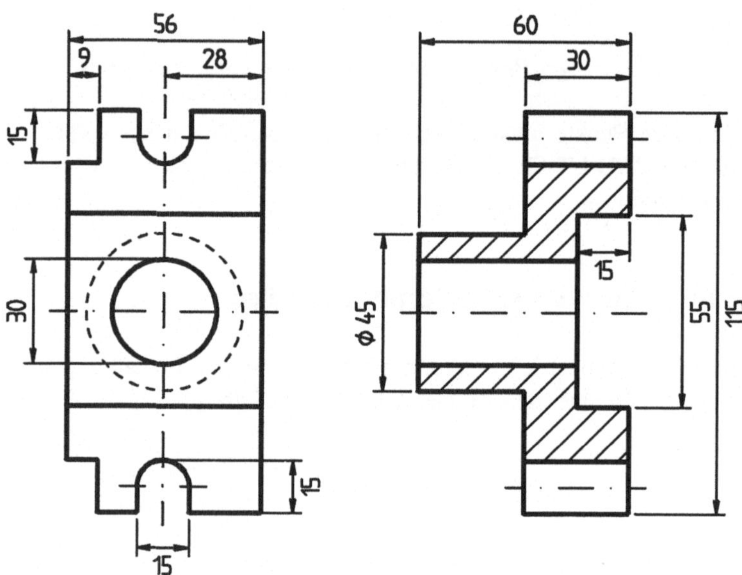

◆ Aufgabe 10-3: Ringe im Schnitt zeichnen

Die im Schnitt dargestellten Ringe sind wie abgebildet zu zeichnen und in der Datei RINGE zu speichern.

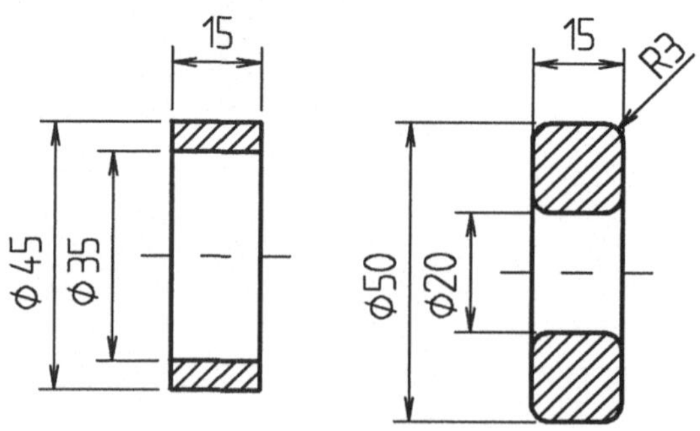

11 Das Ändern und Ergänzen von Zeichnungen

Für das Ändern und Ergänzen von Zeichnungen gibt es in CAD-Systemen - und so auch in AutoCAD LT - eine Reihe von Befehlen, mit denen sich diese Arbeiten sehr viel einfacher als am Zeichenbrett realisieren lassen. Vielfach sind beim herkömmlichen Zeichnen solche speziellen CAD-Arbeitsweisen, wie beispielsweise

- das Verschieben und Drehen,
- das Duplizieren,
- das Ändern der Abmessungen und
- das Ändern der Eigenschaften

von Zeichnungselementen, überhaupt nicht möglich. Unter den AutoCAD LT-Menüpunkten *Ändern* und *Konstruieren* stehen geeignete Befehle zur Verfügung, mit denen in einer Zeichnung die oben aufgeführten Änderungen und Ergänzungen mit einem geringen Zeit- und Arbeitsaufwand ausgeführt werden können. So kann man symmetrische Bauteile unter Ausnutzung ihrer Symmetrieeigenschaften erstellen, indem man sie nur teilweise zeichnet und dann durch Spiegeln vervollständigt. Mehrere kreisförmig angeordnete Bohrungen für Befestigungsschrauben müssen nicht einzeln gezeichnet werden, sondern man zeichnet eine Bohrung und erzeugt die übrigen durch Kopieren in kreisförmiger Anordnung. Die für Anwendungen dieser Art wichtigsten Befehle werden in den folgenden Unterkapiteln behandelt.

11.1 Verschieben und Drehen von Zeichnungselementen

Werden Elemente einer Zeichnung durch Parallelverschiebung oder Drehung in eine neue Position gebracht, ohne daß sich an ihrer Form und ihren Abmessungen etwas ändert, so bezeichnet man dieses als Verschieben bzw. Drehen von Zeichnungselementen. In AutoCAD LT besitzt man hierfür die *Ändern*-Befehle *Schieben* bzw. *Drehen*.

Ändern-Befehl *Schieben*: Verschieben von Zeichnungselementen

Nach dem Aufruf dieses Befehls werden zunächst auf die Anfrage:

Objekte wählen:

die zu verschiebenden Zeichnungselemente festgelegt. Anschließend wird im Dialog:

Basispunkt oder Verschiebung:
Zweiter Punkt der Verschiebung:

die eigentliche Verschiebung durch die Vorgabe zweier Punkte oder durch die Eingabe der Verschiebung in X- und Y-Richtung vereinbart. Im letzteren Fall muß auf die Anfrage nach dem zweiten Punkt der Verschiebung eine Leereingabe erfolgen. Der *Ändern*-Befehl kann ferner durch die Eingabe:

Befehl: **SCHIEBEN** ⏎

oder durch Anklicken des Symbols ⇔ im Werkzeugkasten aktiviert werden.

■ Beispiel 11-1: Verschieben durch Vorgabe zweier Punkte

Ein Drehmeißel ist an das zu fertigende Drehteil zu verschieben. Um ein exaktes Positionieren zu gewährleisten, ist bereits der Objektfangmodus Schnittpunkt eingeschaltet.

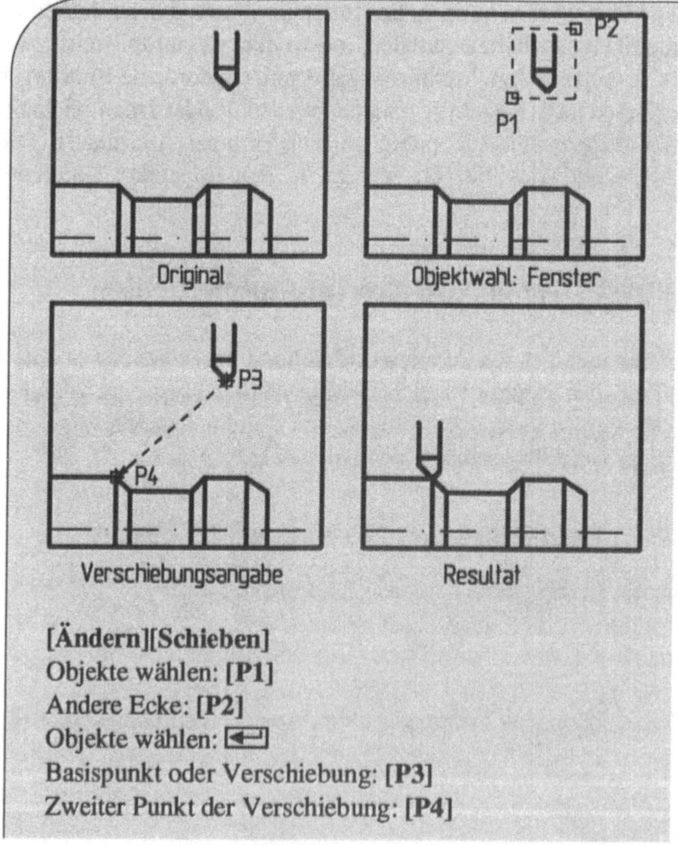

[Ändern][Schieben]
Objekte wählen: [P1]
Andere Ecke: [P2]
Objekte wählen: ⏎
Basispunkt oder Verschiebung: [P3]
Zweiter Punkt der Verschiebung: [P4]

In dem obigen Beispiel erfolgte die Auswahl des zu verschiebenden Drehmeißels mit Hilfe eines Fensters. Hierbei kann es zu Fehlern kommen, wenn die zu verschiebenden Teile nicht vollständig in dem Fenster liegen. Eine daraufhin falsch ausgeführte Verschiebung kann mit den bisher besprochenen Möglichkeiten zum Rückgängigmachen von Befehlen zurückgenommen und erneut z.B. durch das Setzen eines Teilfensters korrekt ausgeführt werden.

■ Beispiel 11-2: Verschieben durch Angabe der Verschiebung

Man verschiebe den Kreis um 30 Einheiten nach rechts und um 30 nach unten.

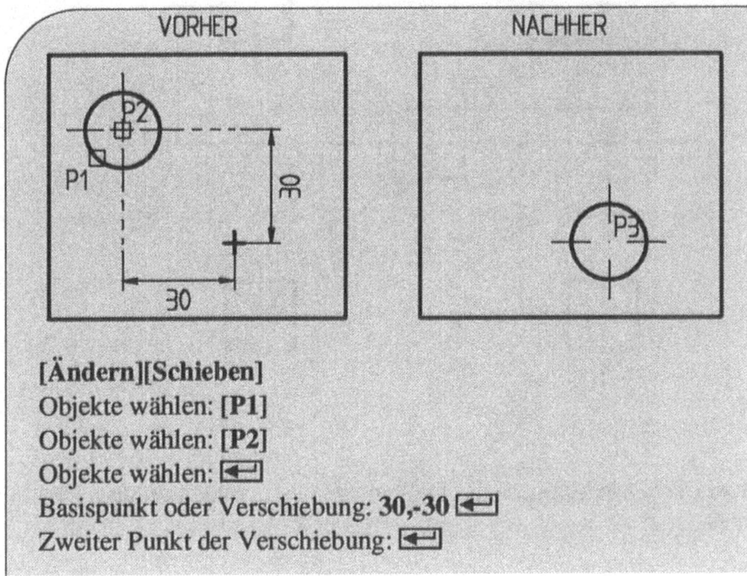

[Ändern][Schieben]
Objekte wählen: **[P1]**
Objekte wählen: **[P2]**
Objekte wählen: ⏎
Basispunkt oder Verschiebung: **30,-30** ⏎
Zweiter Punkt der Verschiebung: ⏎

☞ *Hinweis: Festlegen eines Basispunktes*

Der für eine Verschiebung festzulegende Basispunkt muß kein Punkt des zu verschiebenden Objektes sein und kann beliebig in der Zeichnung liegen. Die Verschiebung ergibt sich in diesem Fall aus der relativen Lage des zweiten Punktes zum Basispunkt.

Entsprechend könnte die Verschiebung des Kreises im voraufgegangenen Beispiel auch mit den Eingaben:

Basispunkt oder Verschiebung: **0,0** ⏎
Zweiter Punkt der Verschiebung: **30,-30** ⏎

realisiert werden.

◆ Aufgabe 11-1: Quadrat verschieben

Ein Quadrat mit der Kantanlänge 20 ist zunächst in der Mitte des Bildschirms zu
zeichnen und dann unter Anwendung verschiedener Vorgehensweisen in unten angegebenen Lagen zu verschieben. Zweckmäßigerweise verschiebe man vor einer weiteren
Verschiebung das Quadrat in seine Ursprungslage zurück.

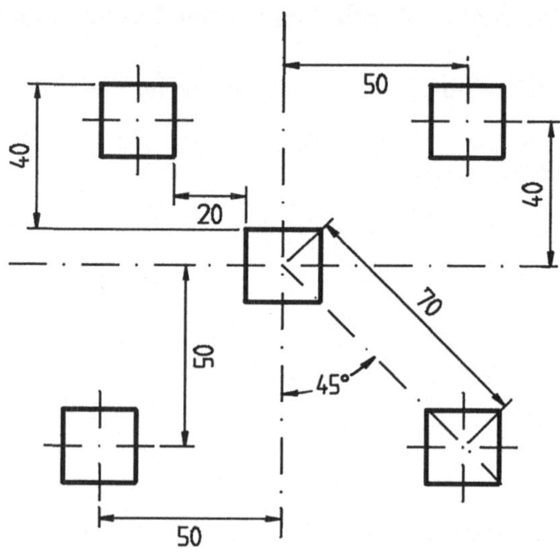

Der *Ändern*-Befehl *Drehen* ermöglicht das Drehen von einem oder mehreren Objekten um
einen beliebigen Punkt.

Ändern-Befehl *Drehen*: Drehen von Zeichnungselementen

Nach dem Aufruf des Befehls *Drehen* bestehen nach der Auswahl der zu drehenden
Elemente und der Festlegung des Drehpunktes mit:

>   Objekte wählen:
>   Basispunkt: <Drehwinkel>/Bezug:

zwei Möglichkeiten zum Vereinbaren des Drehwinkels. Dieser kann direkt über die
Tastatur eingegeben oder über einen Bezugswinkel festgelegt werden. Über die Befehlseingabe:

>   Befehl: **DREHEN** ⏎

oder Anklicken des Symbols 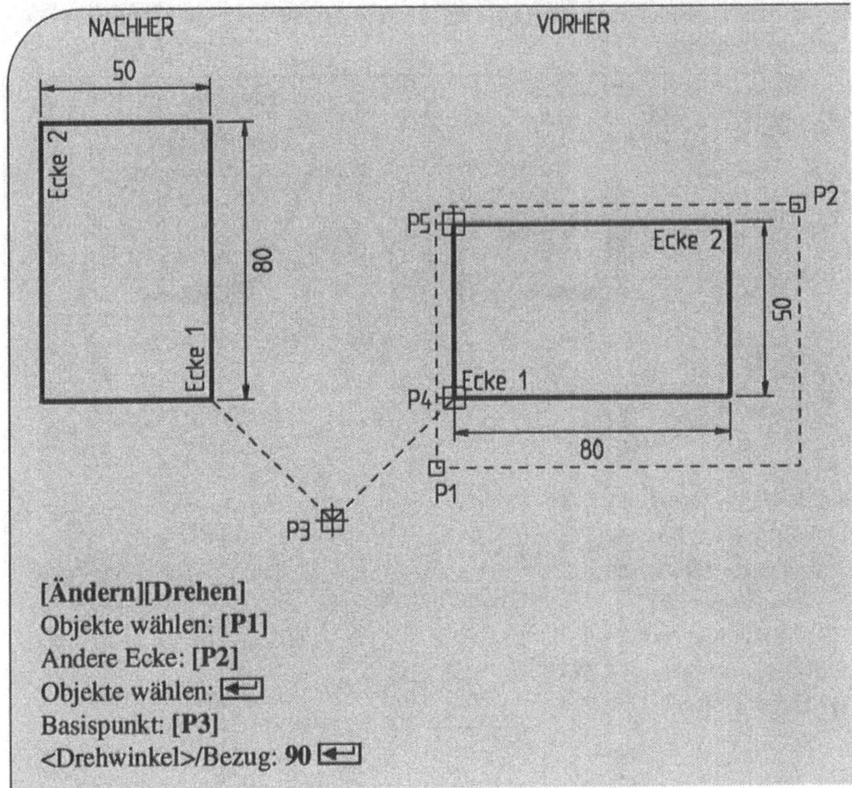 aus dem Werkzeugkasten ist ein Aufruf zum Drehen von Zeichnungselementen ebenfalls möglich.

◼ Beispiel 11-3: Drehen mit Eingabe des Drehwinkels

Ein vorgegebenes Rechteck mit Beschriftung und Bemaßungen ist um einen außerhalb des Rechtecks liegenden Punkt um 90° zu drehen.

[Ändern][Drehen]
Objekte wählen: **[P1]**
Andere Ecke: **[P2]**
Objekte wählen: ⬅
Basispunkt: **[P3]**
<Drehwinkel>/Bezug: **90** ⬅

Offensichtlich werden Linearbemaßungen beim Drehen automatisch angepaßt. Dies gilt entsprechend auch für Winkelbemaßungen.

Drehen-Option Bezug: Festlegen des Drehwinkels über einen Bezugswinkel

Bei Anwendung dieser Option wird im Dialog:

<Drehwinkel>/Bezug: B ⬅
Bezugswinkel <0>:
Neuer Winkel:

ein Ausgangswert und ein zugehöriger neuer Wert für einen Bezugswinkel vereinbart. Anschließend erfolgt die Drehung der ausgewählten Zeichnungselemente um die Differenz der beiden Winkelwerte.

■ Beispiel 11-4: Festlegen des Drehwinkels über einen Bezugswinkel

Der große Zeiger der abgebildeten Uhr soll um fünf Minuten zurückgestellt werden. Da die Ausgangsstellung des Zeigers bei 90° und die Endstellung bei 120° liegen, kann man wie folgt vorgehen:

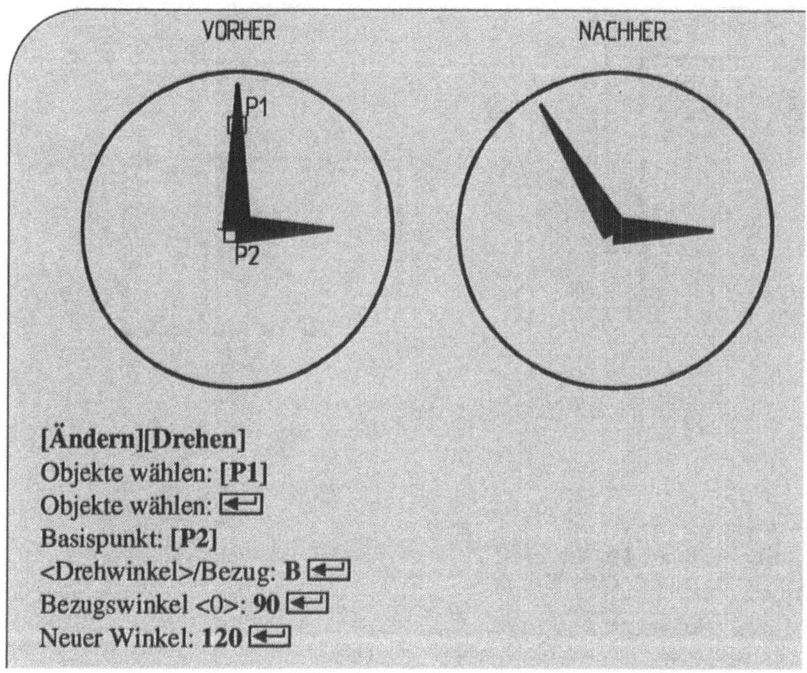

[Ändern][Drehen]
Objekte wählen: [P1]
Objekte wählen: ◄─┘
Basispunkt: [P2]
<Drehwinkel>/Bezug: B ◄─┘
Bezugswinkel <0>: 90 ◄─┘
Neuer Winkel: 120 ◄─┘

◆ Aufgabe 11-2: Hebel mit Durchbruch zeichnen

Man zeichne und bemaße den unten angegebenen Hebel und speichere die Zeichnung unter dem Namen HEBEL ab. Der quadratische Durchbruch ist dabei zunächst in waagerechter Lage zu zeichnen und dann um 15° zu drehen.

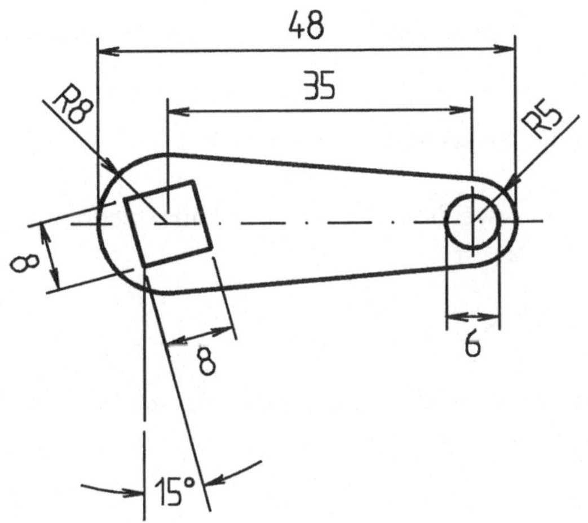

11.2 Duplizieren von Zeichnungselementen

Man versteht unter dem Duplizieren eines Zeichnungselementes, daß zu diesem ein oder mehrere Kopien erstellt werden, wobei das Ausgangselement in seiner Lage und Form erhalten bleibt. In AutoCAD LT können Zeichnungsobjekte durch verschieben und Spiegeln und durch Kopieren in Rechteck- oder Kreisform dupliziert werden.

Man kann hierfür die *Konstruieren*-Befehle *Kopieren*, *Reihe* und *Spiegeln* benutzen. Nach dem Duplizieren besteht zwischen Original und Kopie kein Zusammenhang. Die Kopien sind neue Objekte in der Zeichnung und können unabhängig vom Ausgangselement bearbeitet werden.

Mit dem *Konstruieren*-Befehl *Kopieren* werden deckungsgleiche Abbilder von einem oder mehreren Zeichnungselementen erzeugt, indem diese in einer durch den Anwender festzulegenden Lage und gleicher Ausrichtung wie die Originale neu erstellt werden.

Konstruieren-Befehl _Kopieren_: Kopieren von Zeichnungselementen

Nach dem Aufruf dieses Befehls werden im Dialog:

>   Objekte wählen:

zunächst die zu kopierenden Objekte festgelegt. Anschließend kann man durch Wahl einer der beiden Optionen:

>   <Basispunkt oder Verschiebung>/Mehrfach:

entscheiden, ob die ausgewählten Objekte einmal oder mehrmals kopiert werden sollen. Mit der Befehls-Eingabe:

>   Befehl: **KOPIEREN** ⏎

oder Anklicken des Symbols 🔳 im Werkzeugkasten kann das Kopieren von Zeichnungsobjekten ebenfalls aufgerufen werden.

Kopieren-Option _Basispunkt oder Verschiebung_: Einfaches Kopieren von Zeichnungselementen

Die Festlegung der Lage der zu erstellenden Kopie erfolgt ganz analog wie beim Verschieben mit dem _Ändern_-Befehl _Verschieben_ durch die Vorgabe zweier Punkte oder durch die Eingabe der Verschiebung.

Kopieren-Option _Mehrfach_: Mehrfaches Kopieren von Zeichnungselementen

Von den ausgewählten Elementen können bei Wahl dieser Option im Dialog:

>   <Basispunkt oder Verschiebung>/Mehrfach: **M** ⏎
>   Basispunkt:
>   Zweiter Punkt der Verschiebung:

durch die Vereinbarung mehrerer zweiter Verschiebungspunkte entsprechend viele Kopien erstellt werden. Mit einer Leereingabe, d.h. durch Drücken der ⏎ -Taste, wird das Kopieren abgebrochen.

■ Beispiel 11-5: Kopieren eines Oberflächenzeichens

Unter der Voraussetzung, daß die beiden Objektfangmodi *Schnittpunkt* und *Mittelpunkt* aktiviert sind, füge man durch Kopieren ein vorhandenes Oberflächenzeichen an zwei Stellen der Zeichnung ein.

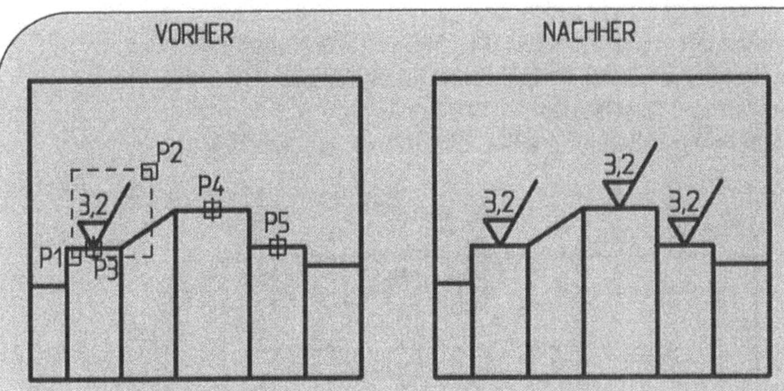

Man wendet hier zweckmäßigerweise die Option für das mehrfache Kopieren an und geht wie folgt vor:

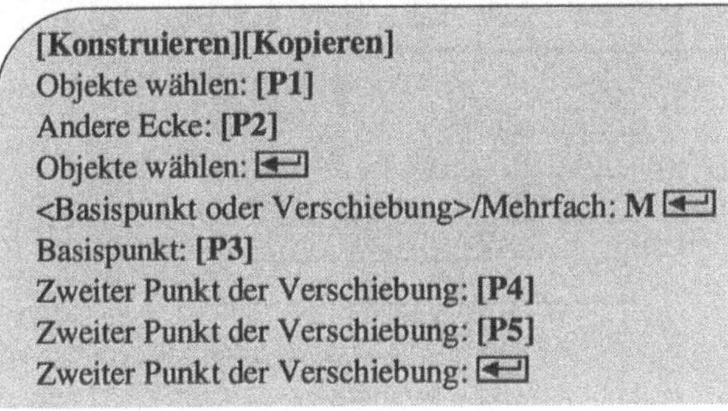

[Konstruieren][Kopieren]
Objekte wählen: **[P1]**
Andere Ecke: **[P2]**
Objekte wählen: ⏎
<Basispunkt oder Verschiebung>/Mehrfach: **M** ⏎
Basispunkt: **[P3]**
Zweiter Punkt der Verschiebung: **[P4]**
Zweiter Punkt der Verschiebung: **[P5]**
Zweiter Punkt der Verschiebung: ⏎

Prinzipiell läßt sich die obige Aufgabenstellung auch durch den zweimaligen Aufruf des Befehls *Kopieren* mit der Option für einfaches Kopieren realisieren. In beiden Fällen ist das Setzen der Objektfangmodi *Schnittpunkt* und *Mittelpunkt* von Vorteil, damit der Referenzpunkt P3 für die untere Ecke des Oberflächenzeichens und die neuen Lagepunkte P4 und P5 in der jeweiligen Kantenmitte exakt gefunden werden.

◆ Aufgabe 11-3: Platte mit Durchbrüchen zeichnen

Man zeichne die abgebildete Platte mit Durchbrüchen. Es ist dabei wie folgt zu verfahren:

- Zeichnen des Plattenrandes
- Zeichnen des rechten oberen Durchbruchs mit Mittellinie
- Erstellen der weiteren Durchbrüche durch Kopieren
- Bemaßen und Beschriften der Zeichnung
- Speichern der Zeichnung unter dem Namen D_PLATTE

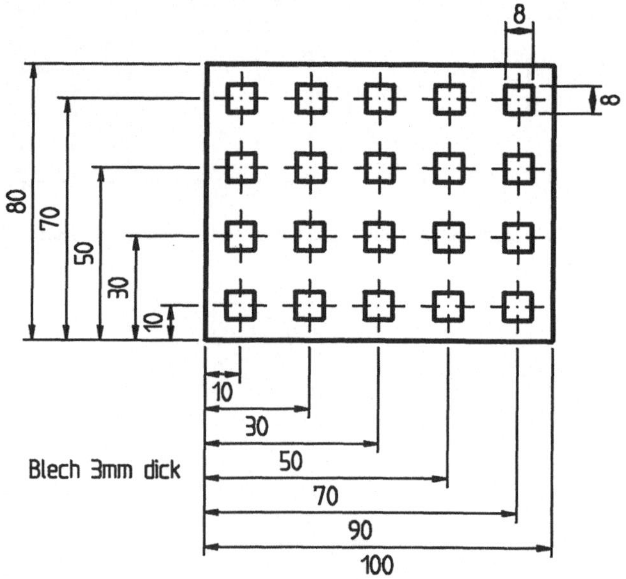

Mit dem bisher behandelten Befehl *Kopieren* lassen sich Aufgabenstellungen wie das mehrfache Kopieren in einer bestimmten Anordnung nur sehr umständlich lösen. Einfacher läßt sich dies mit dem *Konstruieren*-Befehl *Reihe* durchführen, und zwar für mehrfache Kopien in rechteckiger bzw. kreisförmiger Anordnung.

Konstruieren-Befehl *Reihe*: Kopieren von Zeichnungselementen in Rechteck- oder Kreisanordnug

Nach dem Aufruf des Befehls *Reihe* erfolgt im Dialog:

Objekte wählen:
Rechteckige oder polare Anordnung (R/P):

die Vereinbarung der zu kopierenden Elemente und die Auswahl der gewünschten Anordnung der Kopien. Dies läßt sich auch mit der Befehlseingabe:

Befehl: **REIHE** ⏎

ermöglichen.

***Reihe*-Option *Rechteckige Anordnung*: Mehrfaches Kopieren in Rechteckform**

Bei Wahl dieser Option werden die Anzahl der Zeilen und Spalten für die rechteckige Anordung der Kopien und deren Abstände voneinander durch die Tastatureingabe der folgenden Werte:

Anzahl Zeilen (---) <1>:
Anzahl Spalten (I I I) <1>:
Zelle oder Abstand zwischen den Zeilen (---):
Abstand zwischen den Spalten (I I I):

vereinbart. Die Abstände zwischen den einzelnen Zeilen bzw. Spalten lassen sich auch durch Anklicken zweier diagonaler Eckpunkte bestimmen.

■ **Beispiel 11-6: Rechteckanordnung mit direkt eingegebenen Abständen**

Durch mehrfaches Kopieren eines vorgegebenen Kreises ist eine rechteckige Anordnung von Kreisen in zwei Zeilen und fünf Spalten zu erzeugen. Dabei sollen die Kreise einen Abstand von 25 in waagerechter und von 20 in senkrechter Richtung voneinander haben.

[Konstruieren][Reihe]
Objekte wählen: **[P1]**
Andere Ecke: **[P2]**
Objekte wählen: ⏎
Rechteckige oder polare Anordnung (R/P): **R** ⏎
Anzahl Zeilen (---) <1>: **2** ⏎

Anzahl Spalten (| | |) <1>: **5** ⏎
Zelle oder Abstand zwischen den Zeilen (---): **20** ⏎
Abstand zwischen den Spalten (| | |): **25** ⏎

☞ *Hinweis: Eingabe der Zeilen- und Spaltenabstände*

Werden positive Werte für die Abstände eingegeben, so wird das Ausgangsobjekt als linkere untere Ecke in der zu erstellenden Rechteckanordnung angenommen. Der Aufbau der Zeilen erfolgt somit von unten nach oben, der Spalten von links nach rechts. Entsprechend erfolgt der Aufbau der Anordnung für negative Abstände von oben nach unten bzw. von rechts nach links. Werden für beide Abstände unterschiedliche Vorzeichen gewählt, so baut sich die Rechteckform analog auf.

■ Beispiel 11-7: Rechteckanordnung mit Festlegen der Abstände durch Zeigen

Es ist die gleiche Anordnung von Kreisen wie im Beispiel 11-6 zu erzeugen, indem man die Abstände durch Zeigen vereinbart. Man arbeite hier mit einem Fangraster mit dem Rasterabstand 5.

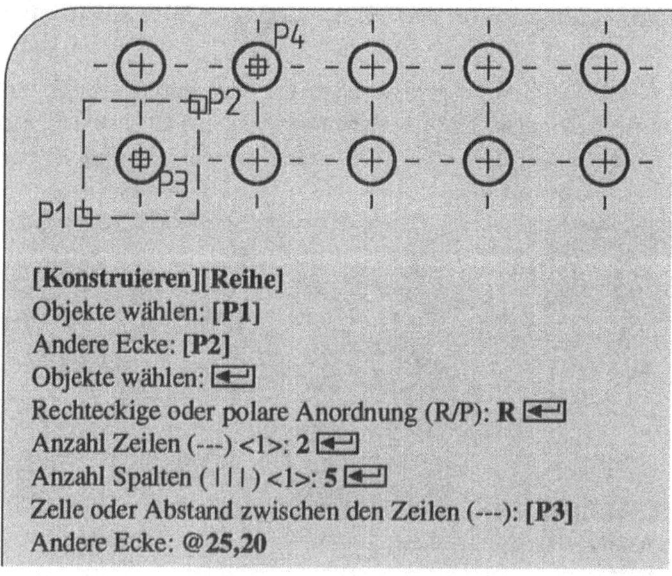

[Konstruieren][Reihe]
Objekte wählen: **[P1]**
Andere Ecke: **[P2]**
Objekte wählen: ⏎
Rechteckige oder polare Anordnung (R/P): **R** ⏎
Anzahl Zeilen (---) <1>: **2** ⏎
Anzahl Spalten (| | |) <1>: **5** ⏎
Zelle oder Abstand zwischen den Zeilen (---): **[P3]**
Andere Ecke: **@25,20**

◆ Aufgabe 11-4: Platte mit Durchbrüchen zeichnen

Die Zeichnung zur Aufgabe 11-3 ist mit Hilfe des Befehls *Reihe* und der Option *Rechteckige Anordnung* erneut zu erstellen.

Reihe-Option *Polare Anordnung*: Mehrfaches Kopieren in Kreisform

Bei Wahl einer kreisförmigen Anordnung sind nach dem Vereinbaren der zu kopierenden Objekte auf die Anfrage:

> Mittelpunkt der Anordnung:

der Mittelpunkt der Kreisanordnung festzulegen. Die Anzahl der zu erstellenden Objekte und ihre Lage zueinander werden in einem Dialog mit folgenden möglichen Eingaben:

> Anzahl Elemente:
> Auszufüllender Winkel (+=GUZ, -=UZ) <360>:
> Winkel zwischen den Elementen:

bestimmt. Hierbei sind jeweils zwei Vorgaben erforderlich. Durch die Eingabe von Null bei der Anzahl der Elemente bzw. beim auszufüllenden Winkel wird der Dialog entsprechend gesteuert. Abschließend kann durch die Beantwortung der Frage:

> Objekte drehen beim Kopieren? <J>:

entschieden werden, ob die Objekte beim Kopieren entsprechend zum jeweiligen Drehwinkel gedreht oder in der Ausrichtung des Ausgangsobjekts dargestellt werden sollen.

■ Beispiel 11-8: Kreisförmige Anordnung eines Quadrats mit Drehen

Ein vorgegebenes Quadrat mit Mittellinien und Beschriftung ist in Kreisform zu kopieren, so daß anschließend acht Quadrate gleichmäßig auf einem Kreis angeordnet sind. Diese sollen entsprechend ihrer Lage gedreht sein.

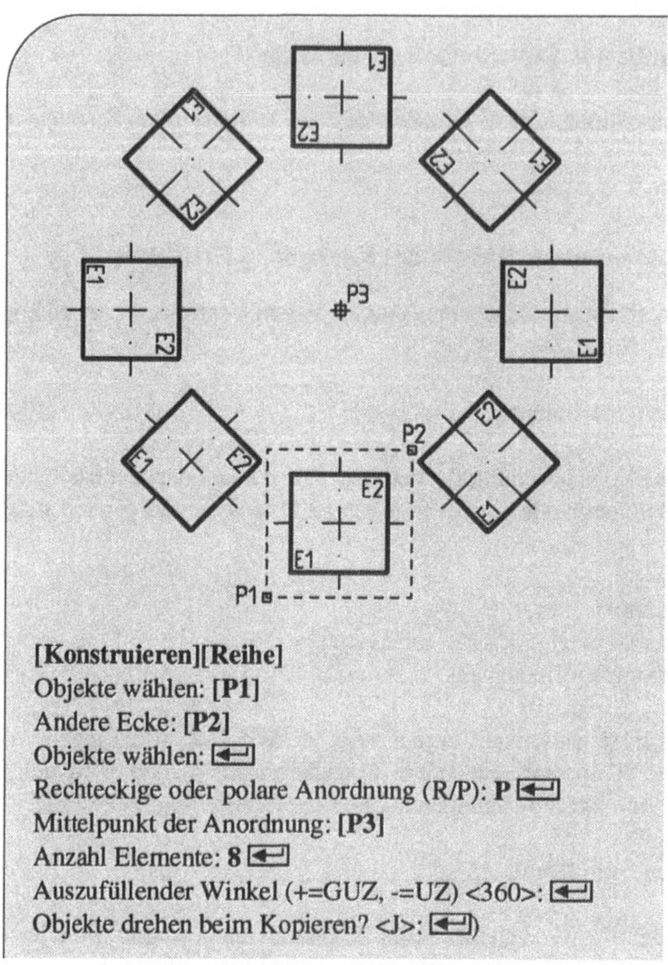

[Konstruieren][Reihe]
Objekte wählen: **[P1]**
Andere Ecke: **[P2]**
Objekte wählen: ⏎
Rechteckige oder polare Anordnung (R/P): **P** ⏎
Mittelpunkt der Anordnung: **[P3]**
Anzahl Elemente: **8** ⏎
Auszufüllender Winkel (+=GUZ, -=UZ) <360>: ⏎
Objekte drehen beim Kopieren? <J>: ⏎)

Die Vereinbarung der eigentlichen Anordnung der Quadrate läßt sich auch mit:

Anzahl Elemente: **0** ⏎
Auszufüllender Winkel (+=GUZ, -=UZ) <360>: ⏎
Winkel zwischen den Elementen: **45**

oder mit:

Anzahl Elemente: **8** ⏎
Auszufüllender Winkel (+=GUZ, -=UZ) <360>: **0** ⏎
Winkel zwischen den Elementen: **45** ⏎

realisieren.

☞ *Hinweis: Eingabe von Anzahl und Winkeln*

Die Angabe der Anzahl der zu erstellenden Elemente erfolgt immer einschließlich des Ausgangselements. Winkel sind im mathematisch positiven Sinn einzugeben, d.h. positive Winkel werden im Gegenuhrzeigersinn (GUZ) und negative Winkel im Uhrzeigersinn (UZ) abgetragen.

■ Beispiel 11-9: Kreisförmige Anordnung eines Quadrats ohne Drehen

Analog zum Beispiel 11-8 ist eine kreisförmige Anordnung von acht Quadraten zu erstellen, die alle die gleiche Ausrichtung wie das Ausgangsquadrat besitzen sollen. Die Erstellung der einzelnen Quadrate erfolge hierbei im Uhrzeigersinn.

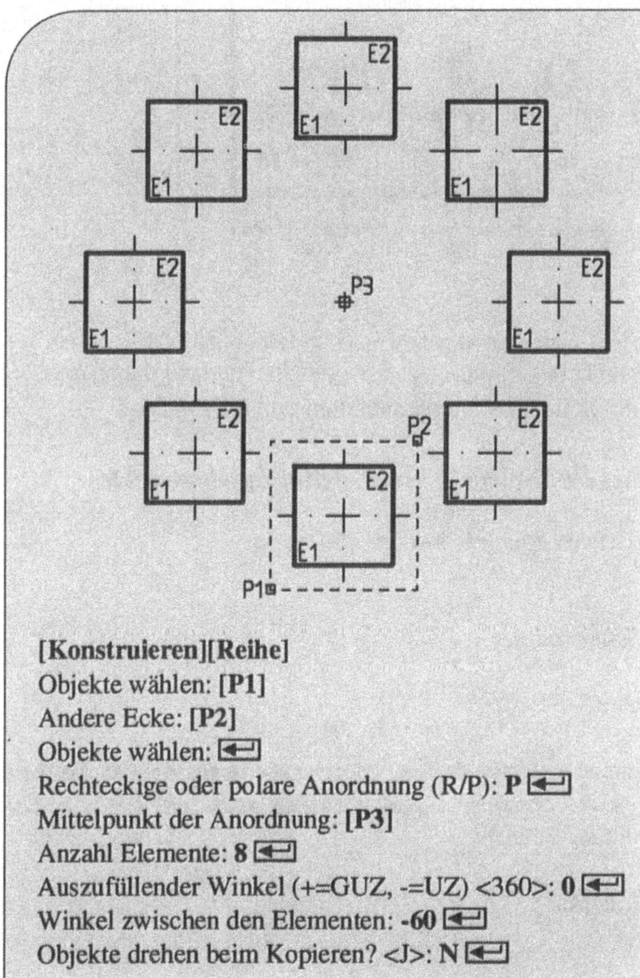

[Konstruieren][Reihe]
Objekte wählen: **[P1]**
Andere Ecke: **[P2]**
Objekte wählen: ⏎
Rechteckige oder polare Anordnung (R/P): **P** ⏎
Mittelpunkt der Anordnung: **[P3]**
Anzahl Elemente: **8** ⏎
Auszufüllender Winkel (+=GUZ, -=UZ) <360>: **0** ⏎
Winkel zwischen den Elementen: **-60** ⏎
Objekte drehen beim Kopieren? <J>: **N** ⏎

◆ Aufgabe 11-5: Bohrplatte zeichnen

Die unten abgebildete Bohrplatte ist mit Bemaßung zu zeichnen und unter dem Namen
B_PLATTE zu sichern.

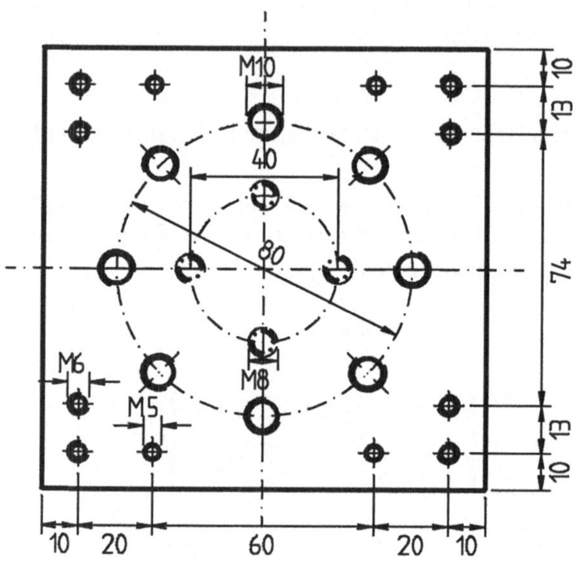

Mit dem *Konstruieren*-Befehl *Spiegeln* werden neue Zeichnungsobjekte erzeugt, indem
man Ausgangselemente an einer beliebigen Geraden spiegelt. Hierbei können die Originale
nach dem Spiegeln weiterhin in der Zeichnung enthalten sein oder nicht.

Konstruieren-Befehl *Spiegeln*: Spiegeln von Zeichnungselementen

Nach dem Aufruf des Befehls *Spiegeln* werden im Dialog:

>   Objekte wählen:
>   Erster Punkt der Spiegelachse:
>   Zweiter Punkt:
>   Alte Objekte löschen? <N>:

die zu spiegelnden Elemente ausgewählt, die Spiegelachse festgelegt und die Vereinbarung über ein eventuelles Löschen der Ausgangselemente getroffen. Weiterhin kann der
Aufruf zum Spiegeln mit der Eingabe:

>   Befehl: **SPIEGELN** ⬅

erfolgen.

■ Beispiel 11-10: Spiegeln durch Zeigen der Spiegelachse

Ein vorgegebenes Rechteck mit Bemaßung und Beschriftung ist an einer durch Zeigen festzulegenden Geraden zu spiegeln. Anschließend soll sich nur das neue Rechteck in der Zeichnung befinden.

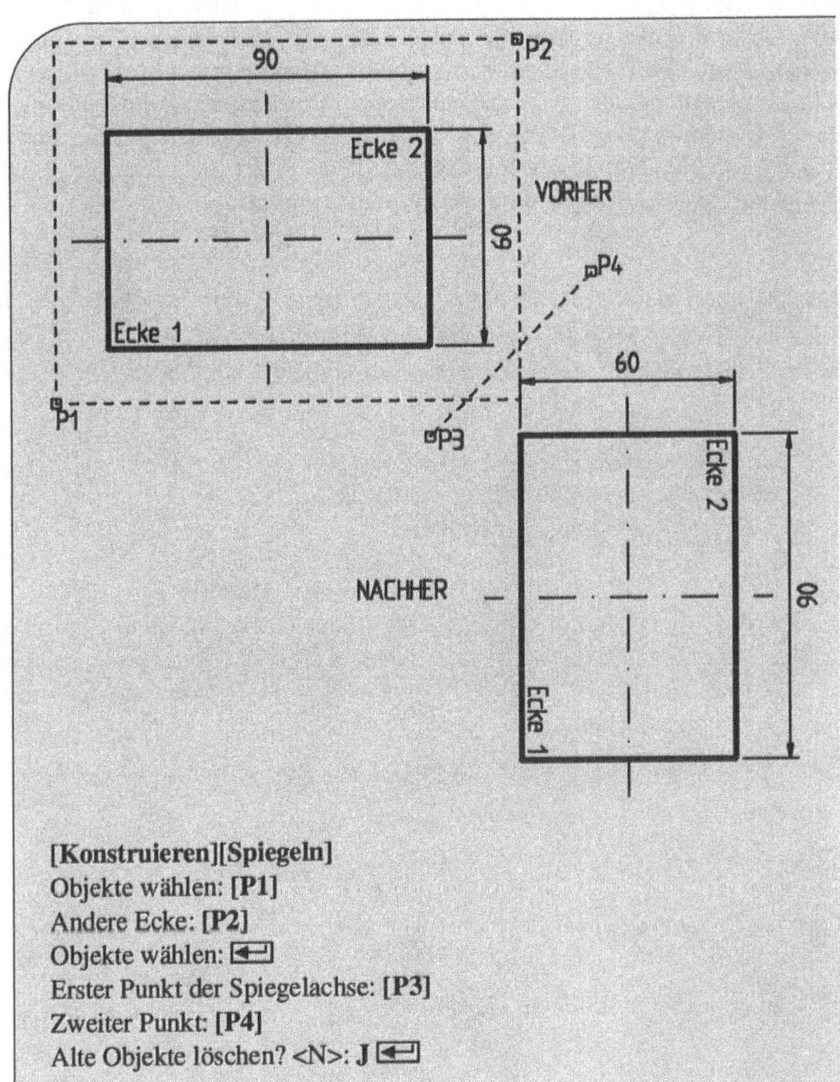

[Konstruieren][Spiegeln]

Objekte wählen: **[P1]**

Andere Ecke: **[P2]**

Objekte wählen: ⏎

Erster Punkt der Spiegelachse: **[P3]**

Zweiter Punkt: **[P4]**

Alte Objekte löschen? <N>: **J** ⏎

☞ *Hinweis: Standardmäßiges Spiegeln von Bemaßungen und Texten*

Bemaßungen werden gespiegelt, indem sie aufgrund der vereinbarten Spiegelachse in ihre neue Lage gebracht werden. Hierbei bleiben die Ziffern und Zeichen der Bemaßung unverändert und werden nicht einzeln gespiegelt. Die Art des Spiegelns von Texten wird über den Wert der Systemvariablen *MIRRTEXT* gesteuert. Standardmäßig besitzt diese den Wert Eins. Das hat zur Wirkung, daß ein Text wie ein beliebiges Zeichungsobjekt gespiegelt wird. Die Buchstaben, Ziffern und Zeichen in einem Text werden somit einzeln gespiegelt, d.h. der gespiegelte Text erscheint in Spiegelschrift. Für den Wert Null der Systemvariablen *MIRRTEXT* wird ein Text ähnlich wie eine Bemaßung gespiegelt. Der Text wird in seiner Gesamtheit in der neuen Zeichnung dargestellt und erscheint dort in normaler Schrift und nicht in Spiegelschrift.

Im vorausgegangenen Beispiel erscheinen die beiden Texte 'Ecke 1' und 'Ecke 2' nach dem Spiegeln nicht in Spiegelschrift, d.h. die Systemvariable *MIRRTEXT* ist vorher auf den Wert Null gesetzt worden. Dies läßt sich mit dem bereits besprochenen Befehl *SETVAR* wie folgt realisieren:

> Befehl: **SETVAR** ⏎
> Variablenname oder ? <Vorgabe>: **MIRRTEXT** ⏎
> Neuer Wert für MIRRTEXT <1>: **0** ⏎

Insbesondere beim Zeichnen von symmetrischen Bauteilen kann man sich seine Arbeit durch Anwenden des Befehls *Spiegeln* wesentlich erleichtern. Beispielsweise muß man ein Symmetrieteil nicht vollständig zeichnen, sondern man zeichnet es nur teilweise und vervollständigt es durch Spiegelung an seiner Symmetrieachse. Diese Vorgehensweise soll im nächsten Beispiel exemplarisch gezeigt werden.

▮ Beispiel 11-11: Zeichnen eines symmetrischen Vollschnitts

Für das abgebildete Drehteil ist unter Ausnutzung der vorliegenden Symmetrie ein Vollschnitt zu erstellen. Um die Mittellinie exakt als Spiegelachse festlegen zu können, arbeite man mit dem Objektfangmodus *Endpunkt*.

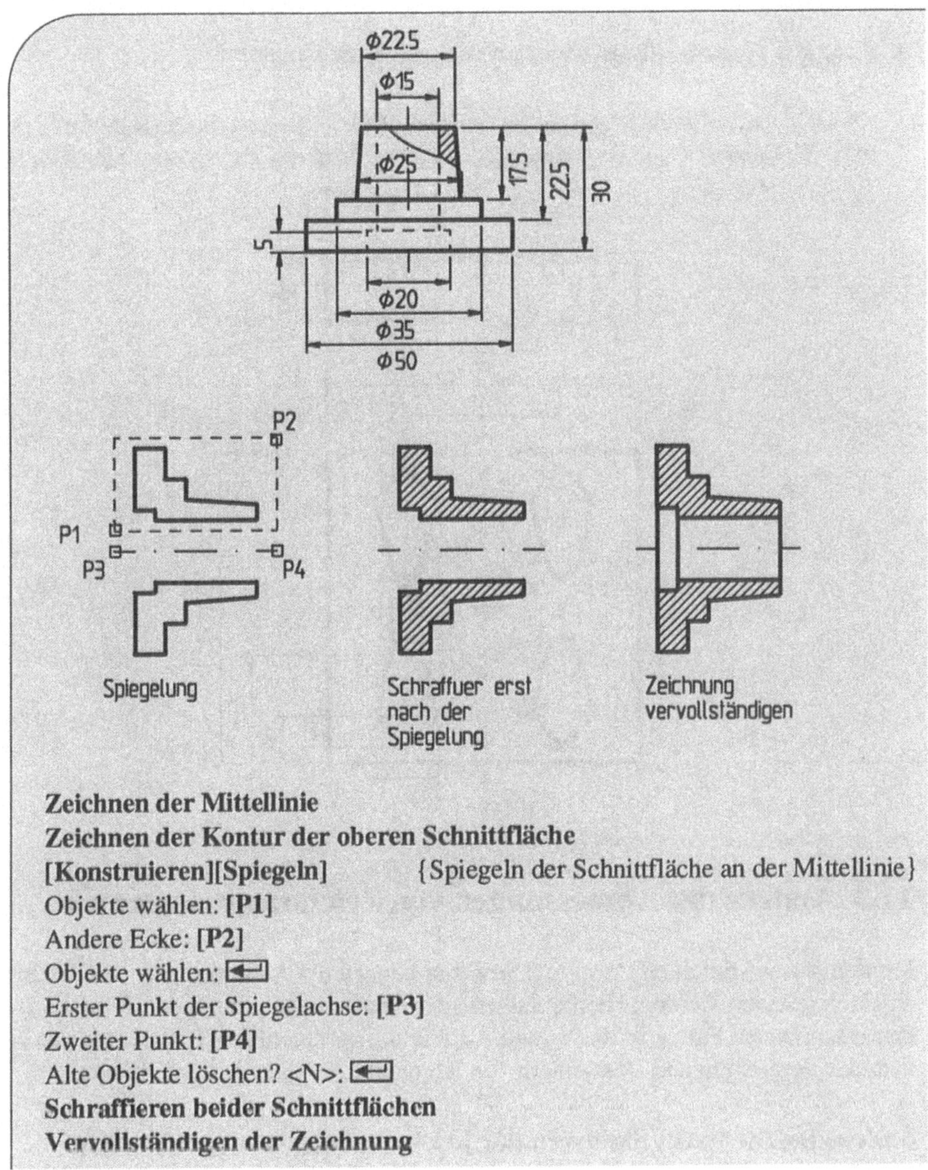

Zeichnen der Mittellinie

Zeichnen der Kontur der oberen Schnittfläche

[Konstruieren][Spiegeln]   {Spiegeln der Schnittfläche an der Mittellinie}

Objekte wählen: **[P1]**

Andere Ecke: **[P2]**

Objekte wählen: ◄┘

Erster Punkt der Spiegelachse: **[P3]**

Zweiter Punkt: **[P4]**

Alte Objekte löschen? <N>: ◄┘

Schraffieren beider Schnittflächen

Vervollständigen der Zeichnung

Beim Spiegeln von Schraffuren ändern sich deren Schraffurwinkel, so daß es anschließend zu nicht korrekten Darstellungen kommt. Aus diesem Grund erfolgte in dem obigen Beispiel zunächst das Spiegeln der Ausgangskontur und dann erst das Schraffieren.

Beim Spiegeln der oberen Schnittfläche mit Schraffur muß man anschließend mit der Option *Schraffur bearbeiten* des *Ändern*-Befehls die erhaltene Schraffur der unteren Schnittfläche anpassen.

◆ Aufgabe 11-6: Symmetrisches Werkstück zeichnen

Man zeichne unter Ausnutzung der vorliegenden Symmetrieeigenschaften das abgebildete Werkstück. Nach dem Bemaßen speichere man die Zeichnung unter dem Namen W_STUECK ab.

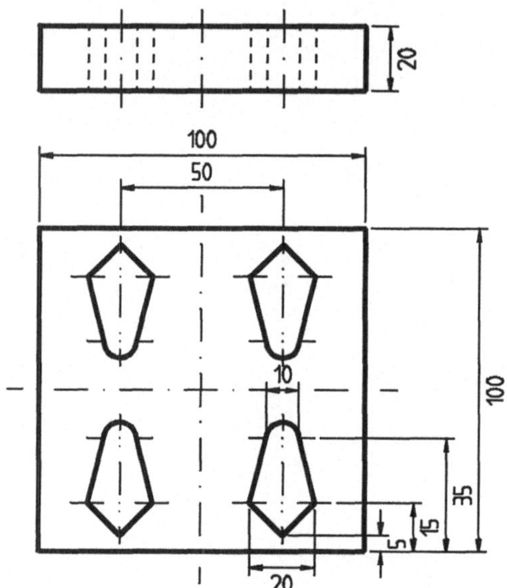

11.3 Ändern der Abmessungen von Zeichnungselementen

Mit den *Ändern*-Befehlen *Varia* und *Strecken* können die Abmessungen von Zeichnungsobjekten geändert werden. Hierbei lassen sich Abmessungen durch den Befehl *Varia* mit einem konstanten Faktor in X-, Y- und Z-Richtung variieren. Der Befehl *Strecken* ermöglicht das Vergrößern und Verkleinern von Abmessungen in beliebigen Richtungen.

Ändern-Befehl *Varia*: Skalieren der Maße von Zeichnungselementen

Nach dem Aufruf des Befehls *Varia* werden im Dialog:

> Objekte wählen:
> Basispunkt:
> <Skalierfaktor>/Bezug:

zunächst die zu variierenden Elemente ausgewählt und ein Basispunkt vereinbart. Dieser Punkt bleibt beim Variieren der Abmessungen in seiner ursprünglichen Lage und stellt somit einen sogenannten Fixpunkt dar. Anschließend werden zwei Möglichkeiten zum Festlegen des Skalierungsfaktors angeboten, und zwar kann der Wert dieses Faktors direkt über die Tastatur eingegeben oder indirekt über eine Bezugslänge vereinbart werden. Ein weiterer Aufruf zur Variation der Maße von Zeichnungselementen kann durch die Eingabe:

Befehl: **VARIA** ⬅

oder durch Anklicken des Symbols ⬈ im Werkzeugkasten erfolgen.

Varia-Option _Skalierfaktor_: Skalierungsfaktor über Tastatur eingeben

Diese Option wird gewählt, indem man einen positiven Zahlenwert über die Tastatur eingibt. Alle Abmessungen der zuvor ausgewählten Elemente werden mit diesem multipliziert und entsprechend geändert dargestellt. Ein Wert größer als Eins bewirkt eine Vergrößerung der Maße um diesen Faktor. Die Maße werden entsprechend verkleinert für Werte zwischen Null und Eins.

■ **Beispiel 11-12: Direkte Eingabe eines Skalierungsfaktors**

Ein Rechteck mit Bemaßung und Beschriftung ist auf sein Vierfaches zu vergrößern. Hierbei soll seine linke untere Ecke in ihrer Ausgangslage bleiben. Das so erhaltene Rechteck ist anschließend durch Verkleinern in seine Ausgangsgröße zu bringen.

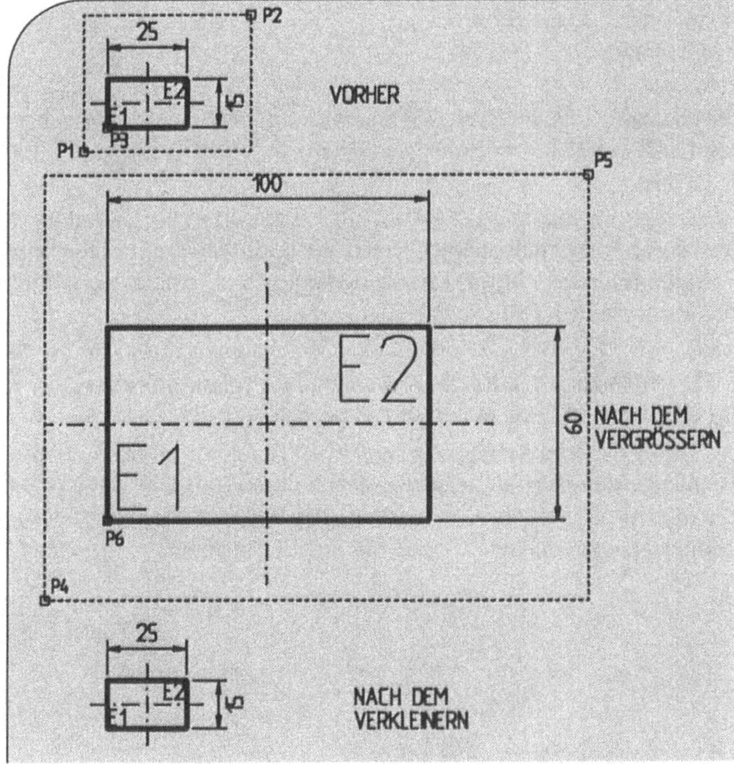

```
[Ändern][Varia]                              { Vergrößern auf das Vierfache }
Objekte wählen: [P1]
Andere Ecke: [P2]
Objekte wählen: ⏎
Basispunkt: [P3]
<Skalierfaktor>/Bezug: 4 ⏎
[Ändern][Varia]                              { Verkleiner auf ein Viertel }
Objekte wählen: [P4]
Andere Ecke: [P5]
Objekte wählen: ⏎
Basispunkt: [P6]
<Skalierfaktor>/Bezug: 0.25 ⏎
```

Offensichtlich werden beim Variieren von Abmessungen die zugehörigen Maßangaben automatisch angepaßt. Sie müssen bei der voraufgegangenen Objektwahl ebenfalls ausgewählt worden sein.

Varia-Option *Bezug*: **Skalierungsfaktor über eine Bezugslänge festlegen**

Nach Wahl dieser Option durch die Eingabe:

<Skalierfaktor>/Bezug: **B** ⏎

werden im Dialog:

Bezugslänge <aktueller Wert>:
Neue Länge:

eine Bezugslänge und ihre neue Länge vereinbart, und zwar über Tastatureingaben oder durch Zeigen der Endpunkte der beiden Längen. Der Skalierungsfaktor ergibt sich aus dem Verhältnis der beiden festgelegten Längen.

■ Beispiel 11-13: Indirektes Festlegen eines Skalierungsfaktors

Ein Maulschlüssel mit der Schlüsselweite 10 soll durch Vergrößern auf eine Schlüsselweite von 17 gebracht werden. Der zugehörige Faktor für das Vergrößern soll dabei indirekt festgelegt werden, indem man für die Bezugslänge 10 die neue Länge 17 vereinbart.

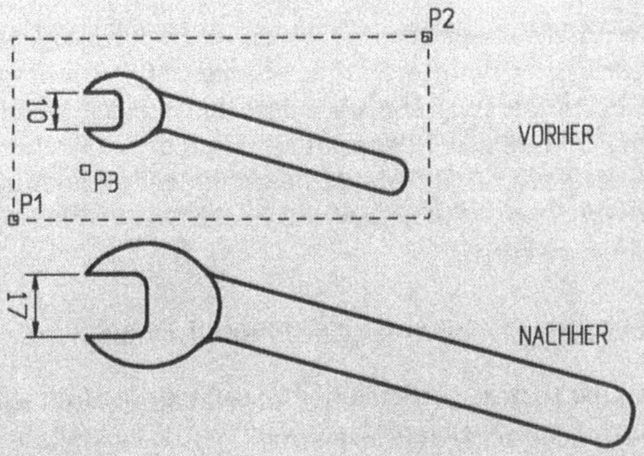

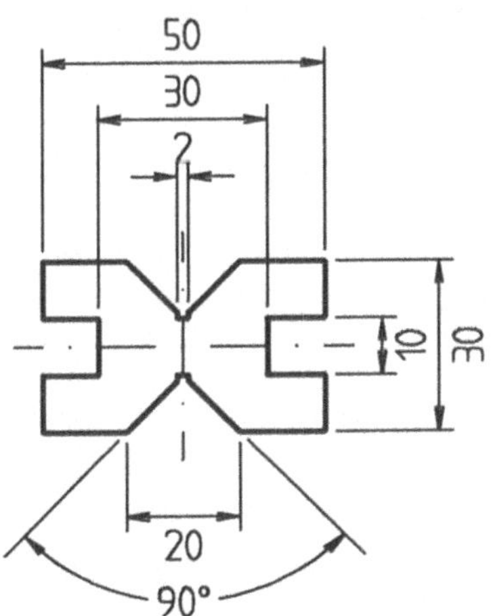

◆ Aufgabe 11-7: Prismenfuß zeichnen

Ein Prismenfuß ist zunächst - wie unten abgebildet - mit einer Nutbreite von 10 zu zeichnen. Anschließend erstelle man eine Variante dieses Fußes mit einer Fußbreite von 15 und speichere die neue Zeichnung unter dem Namen PRISFUSS ab.

In AutoCAD LT werden die verschiedenen Objekte intern durch sogenannte Definitions-
oder Geometriepunkte in ihrer Form und Größe beschrieben. Beispielsweise ist ein Rechteck durch seine vier Eckpunkte festgelegt, ein Bogen durch seinen Anfangs- und Endpunkt
und einen beliebigen Punkt auf dem Bogen. Mit dem Befehl *Strecken* werden Zeichnungselemente gestreckt, indem unter Beibehaltung einiger dieser Definitionspunkte die übrigen
verschoben werden. Auf diese Weise werden die bestehenden Verbindungen zwischen den
Punkten verlängert bzw. verkürzt.

Ändern-Befehl *Strecken*: Strecken von Zeichnungselementen

Nach dem Aufruf des Befehls *Strecken* sind zunächst die zu streckenden Elemente mit
Hilfe eines Teilfensters, d.h. eines Fensters vom Typ „Kreuzen", zu vereinbaren:

Objekte wählen:

Anschließend ist im Dialog:

Basispunkt oder Verschiebung:
Zweiter Punkt der Verschiebung:

die Richtung und Entfernung für die Verschiebung der ausgewählten Elemente festzulegen. Dies erfolgt ganz analog wie beim *Ändern*-Befehl *Schieben*. Anschließend
werden alle Definitionspunkte, die innerhalb des gewählten Fensters liegen, um die
festgelegten Werte verschoben. Hierbei bleiben alle Punkte außerhalb des Fensters in
ihrer Lage unverändert. Ein andere Möglichkeiten zum Aufruf des Streckens von
Zeichnungselementen ist mit der Eingabe:

Befehl: **STRECKEN** ⏎

oder durch Anklicken des Symbols ⬚ im Werkzeugkasten möglich.

■ Beispiel 11-14: Strecken eines Rechtecks

Man wandle ein Rechteck mit den Seiten 80 und 40 in ein Trapez um, indem man die
Eckpunkte der unteren Seite jeweils um 30 Einheiten nach links bzw. rechts verschiebt.

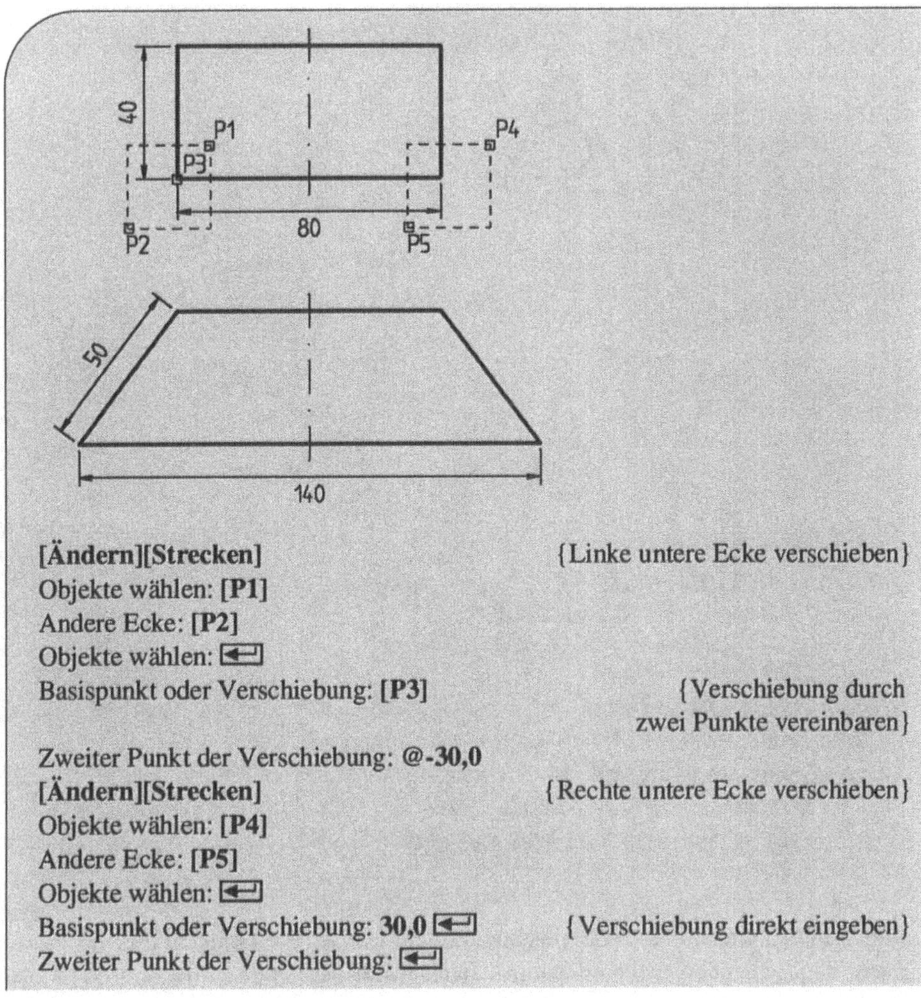

<table>
<tr><td>[Ändern][Strecken]</td><td>{Linke untere Ecke verschieben}</td></tr>
<tr><td>Objekte wählen: [P1]</td><td></td></tr>
<tr><td>Andere Ecke: [P2]</td><td></td></tr>
<tr><td>Objekte wählen: ⏎</td><td></td></tr>
<tr><td>Basispunkt oder Verschiebung: [P3]</td><td>{Verschiebung durch
zwei Punkte vereinbaren}</td></tr>
<tr><td>Zweiter Punkt der Verschiebung: @-30,0</td><td></td></tr>
<tr><td>[Ändern][Strecken]</td><td>{Rechte untere Ecke verschieben}</td></tr>
<tr><td>Objekte wählen: [P4]</td><td></td></tr>
<tr><td>Andere Ecke: [P5]</td><td></td></tr>
<tr><td>Objekte wählen: ⏎</td><td></td></tr>
<tr><td>Basispunkt oder Verschiebung: 30,0 ⏎</td><td>{Verschiebung direkt eingeben}</td></tr>
<tr><td>Zweiter Punkt der Verschiebung: ⏎</td><td></td></tr>
</table>

Im nächsten Beispiel soll anhand eines Kreises, eines Bogens und mehrerer Linien die unterschiedliche Wirkungsweise des Befehls *Strecken* veranschaulicht werden.

■ Beispiel 11-15: Strecken verschiedener Zeichnungselemente

Die dargestellten Zeichnungselemente sind durch die Vorgabe zweier Punkte zu strecken.

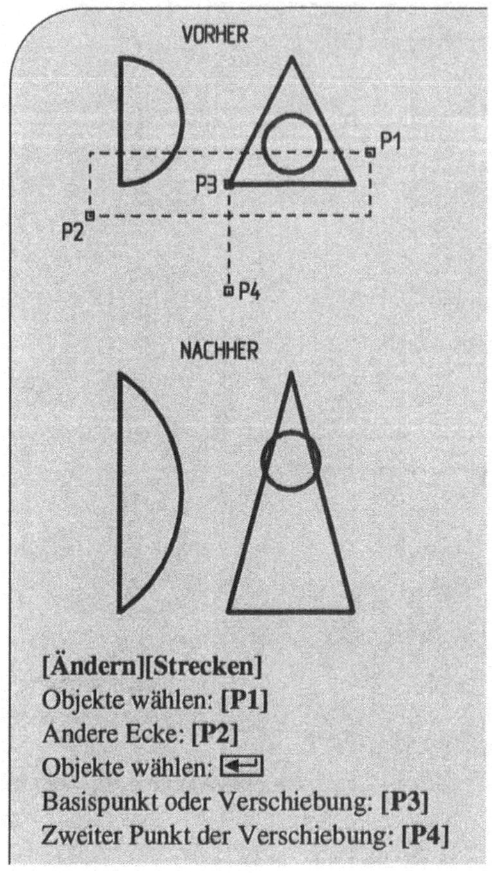

[Ändern][Strecken]
Objekte wählen: [P1]
Andere Ecke: [P2]
Objekte wählen: ⏎
Basispunkt oder Verschiebung: [P3]
Zweiter Punkt der Verschiebung: [P4]

Offensichtlich werden der Halbkreis und das Dreieck in der erwarteten Form gestreckt, der Kreis hingegen nicht. Generell können Kreise mit dem Befehl *Strecken* nicht gestreckt werden, sondern lassen sich hiermit lediglich verschieben. In dem obigen Beispiel wäre eine Verschiebung des Kreises nach unten erfolgt, wenn sein Mittelpunkt im Fenster gelegen hätte.

☞ *Hinweis: Verschieben von Objekten mit dem Befehl Strecken*

Werden bei Anwendung des Befehls *Strecken* mit dem Auswahlfenster alle Definitions-punkte eines Zeichnungselementes erfaßt, so wird dieses in seiner Gesamtheit verscho-ben.

■ Beispiel 11-16: Verschieben eines Rechtecks

Ein vorgegebenes Rechteck mit Bemaßung ist mit Hilfe des Befehls *Strecken* um 80 Einheiten nach unten zu verschieben.

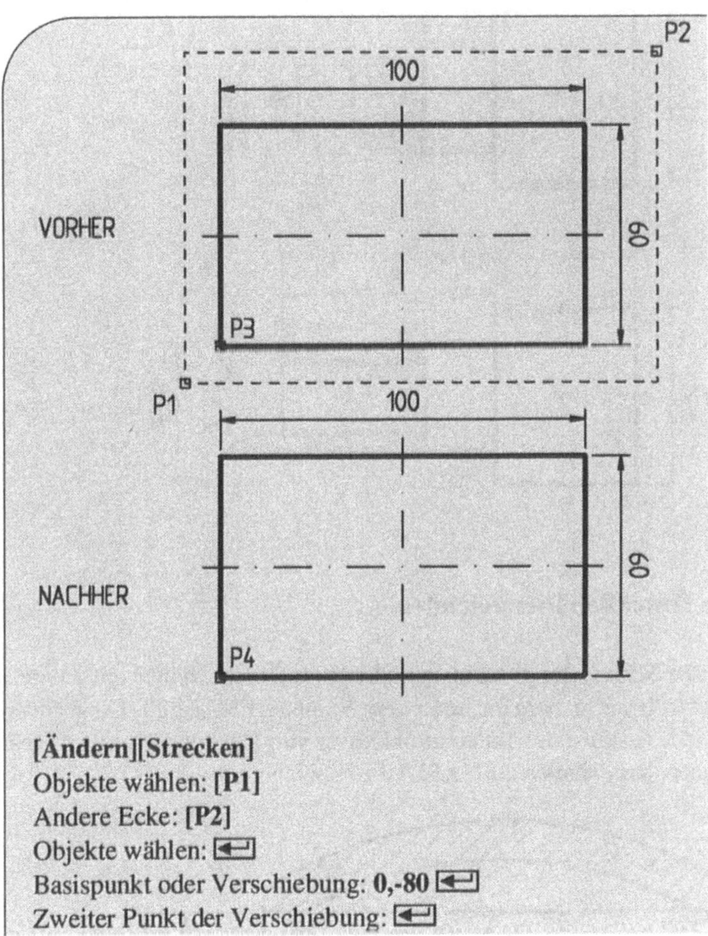

[Ändern][Strecken]
Objekte wählen: **[P1]**
Andere Ecke: **[P2]**
Objekte wählen: ⏎
Basispunkt oder Verschiebung: **0,-80** ⏎
Zweiter Punkt der Verschiebung: ⏎

◆ Aufgabe 11-8: Bolzen zeichnen

Es sind zwei Bolzen mit unterschiedlicher Länge zu zeichnen, zu bemaßen und unter dem Namen BOLZEN zu speichern. Man gehe dabei zweckmäßigerweise wie folgt vor:

- Zeichnen des oberen Bolzens mit Bemaßung
- Kopieren des Bolzens mit Bemaßung

–   Ändern der Länge des rechten Zapfens von 20 auf 40

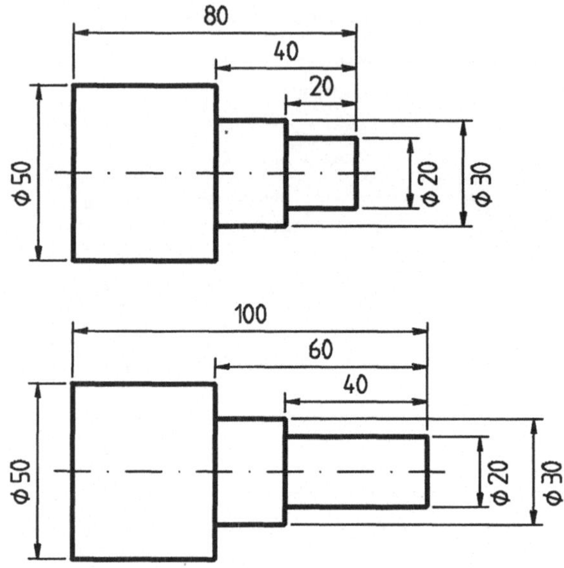

◆ Aufgabe 11-9: Druckbehälter zeichnen

Man erstelle einen Schnitt durch einen zylindrischen Druckbehälter mit einem Innendurchmesser von 100 und sichere ihn unter dem Namen BEHAELT1. Dann ändere man
die Zeichnung, indem man einen Innendurchmesser von 120 vorsieht. Die so geänderte
Zeichnung ist unter dem Namen BEHAELT2 zu speichern.

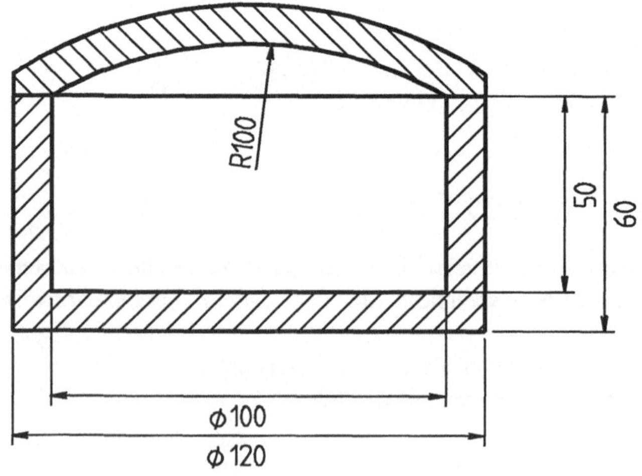

11.4 Arbeiten mit Objektgriffen

Die in den vorausgegangenen Abschnitten behandelten Möglichkeiten zum Ändern von Zeichnungselementen lassen sich auch durch das Arbeiten mit den sogenannten Objektgriffen realisieren. Man kann diese Griffe zum Schieben, Drehen, Kopieren, Spiegeln, Skalieren oder Strecken von Zeichnungselementen aufrufen, indem man diese durch Anklicken auswählt, ohne vorher einen Befehl eingegeben zu haben. Anschließend werden die so angeklickten Objekte gestrichelt und spezielle Geometriepunkte, die im weiteren als Objektgriffe oder kurz Griffe bezeichnet werden, durch kleine Quadrate markiert. Man vergleiche hierzu die folgende Abbildung.

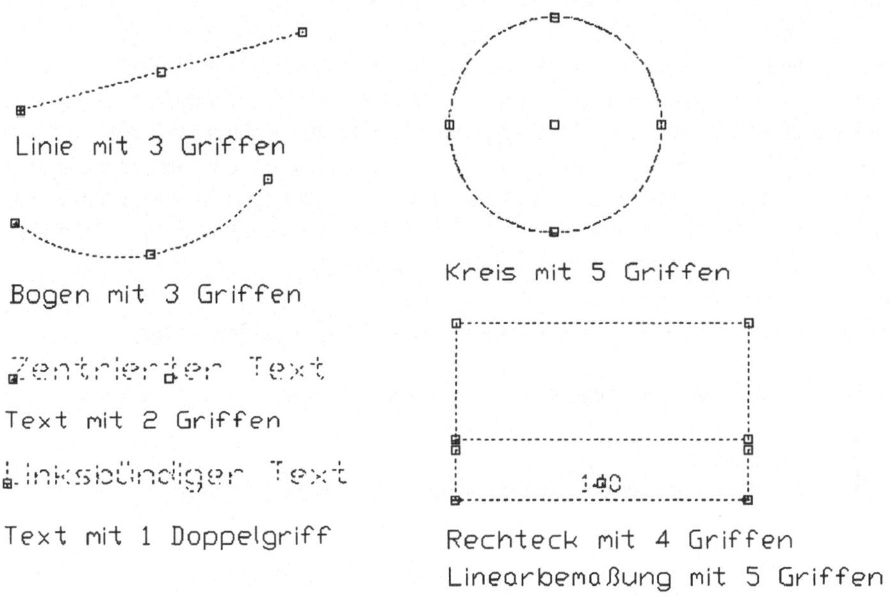

Bild 11-1: Objektgriffe verschiedener Zeichnungselemente

Offensichtlich gelten für die obigen Elemente bezüglich der Lage ihrer Griffe folgende Vorgaben:

– Linie	Anfangs- und Endpunkt und Mitte der Linie
– Rechteck	alle vier Eckpunkte
– Bogen	Anfangs- und Endpunkt und Mitte des Bogens
– Kreis	Zentrum und die vier Quadrantenpunkte
– Text	Anfangs- und Einfügepunkt
– Bemaßung	Anfangs- und Endpunkte der Maßhilfslinien und Lage der Maßzahl

Durch Anklicken eines markierten Objektgriffes wird dieser aktiviert und in einer anderen
Farbe und als ausgefülltes Quadrat dargestellt. Anschließend wird die erste Möglichkeiten
zum Ändern des Objekts bezogen auf den aktivierten Griff in der Form:

- *STRECKEN*   zum Strecken von Zeichnungselementen

zur Bearbeitung angeboten. Die weiteren Möglichkeiten:

- *SCHIEBEN*   zum Verschieben in X- und Y-Richtung,
- *DREHEN*   zum Drehen um einen Punkt,
- *SKALIEREN*   zum Ändern der Abmessungen,
- *SPIEGELN*   zum Spiegeln an einer Achse

können nacheinander durch eine Leereingabe, d.h. durch Drücken der ⏎ -Taste, aufgerufen werden. Im weiteren werden die Möglichkeiten *STRECKEN*, *SCHIEBEN*, *DREHEN*,
SKALIEREN und *SPIEGELN* als *Objektgriff*-Befehle und die in der jeweiligen Anfrage
angebotenen Möglichkeiten als Optionen dieser Befehle bezeichnet. Hierbei unterscheiden
sich die Optionen zu den verschiedenen Befehlen im wesentlichen nur in der jeweils ersten
Option. Diese Option wird zu jedem Befehl ausführlich besprochen. Die übrigen Optionen
werden exemplarisch in den einzelnen Beispielen angewandt.

Objektgriff-Befehl *STRECKEN*: Strecken von Zeichnungselementen

Nach dem Aufruf dieses Befehls kann man auf die Anfrage:

** STRECKEN **
<Strecken bis Punkt>/BAsispunkt/Kopieren/Zurück/eXit:

zwischen den Optionen:

- *Strecken bis Punkt*   Strecken durch Zeigen der neuen Griffposition,

- *BAsispunkt*   Strecken durch Vorgabe zweier Punkte zum
                           Verschieben des Griffes,

- *Kopieren*   Strecken unter Beibehaltung des Ausgangselements,

- *Zurück*   Rückgängigmachen der zuletzt durchgeführten
                           Streckung und

- *eXit*   Beenden des Arbeitens mit dem Befehl *STRECKEN*

wählen. Entsprechend der gewählten Option kann das Strecken der Elemente auf verschiedene Weise ausgeführt werden.

STRECKEN-Option *Strecken bis Punkt*: **Festlegen der neuen Lage für aktivierten Griff**

Die neue Lage eines aktivierten Griffes kann durch Zeigen oder Tastatureingabe festgelegt werden. In Abhängigkeit von der Art des aktivierten Griffes wird das zugehörige Element gestreckt bzw. verschoben. Beispielsweise gelten hierfür folgende Vereinbarungen

- Linie wird gestreckt, falls Griff an einem Endpunkt aktiviert ist
- Linie wird verschoben, falls Griff am Mittelpunkt aktiviert ist
- Radius des Kreises wird geändert, falls Griff an einem Quadrantenpunkt aktiviert ist
- Kreis wird verschoben, falls Griff am Zentrumspunkt aktiviert ist

STRECKEN-Option *BAsispunkt*: **Festlegen eines neuen Basispunktes**

Werden keine weiteren Vereinbarungen getroffen, so bezieht sich das Strecken auf den jeweils aktivierten Objektgriff. Soll anstelle dieses Griffes ein anderer Punkt genommen werden, so kann dieser mit der Option *BAsispunkt* im Dialog:

Basispunkt:

durch Zeigen oder Tastatureingabe vereinbart werden.

STRECKEN-Option *eXit*: **Beenden des STRECKEN-Befehls**

Hiermit wird das Arbeiten mit dem *STRECKEN*-Befehl beendet und die Anfrage nach den Optionen verlassen. Vorher aktivierte Griffe sind anschließend nur noch markiert. Für die übrigen *Griff*-Befehle hat die Option *eXit* die gleiche Wirkung.

■ **Beispiel 11-17: Strecken eines Rechtecks**

Analog zur Aufgabenstellung im Beispiel 11-14 sind die unteren Ecken eines Rechtecks um 30 nach links bzw. rechts zu verschieben, so daß sich ein Trapez ergibt.

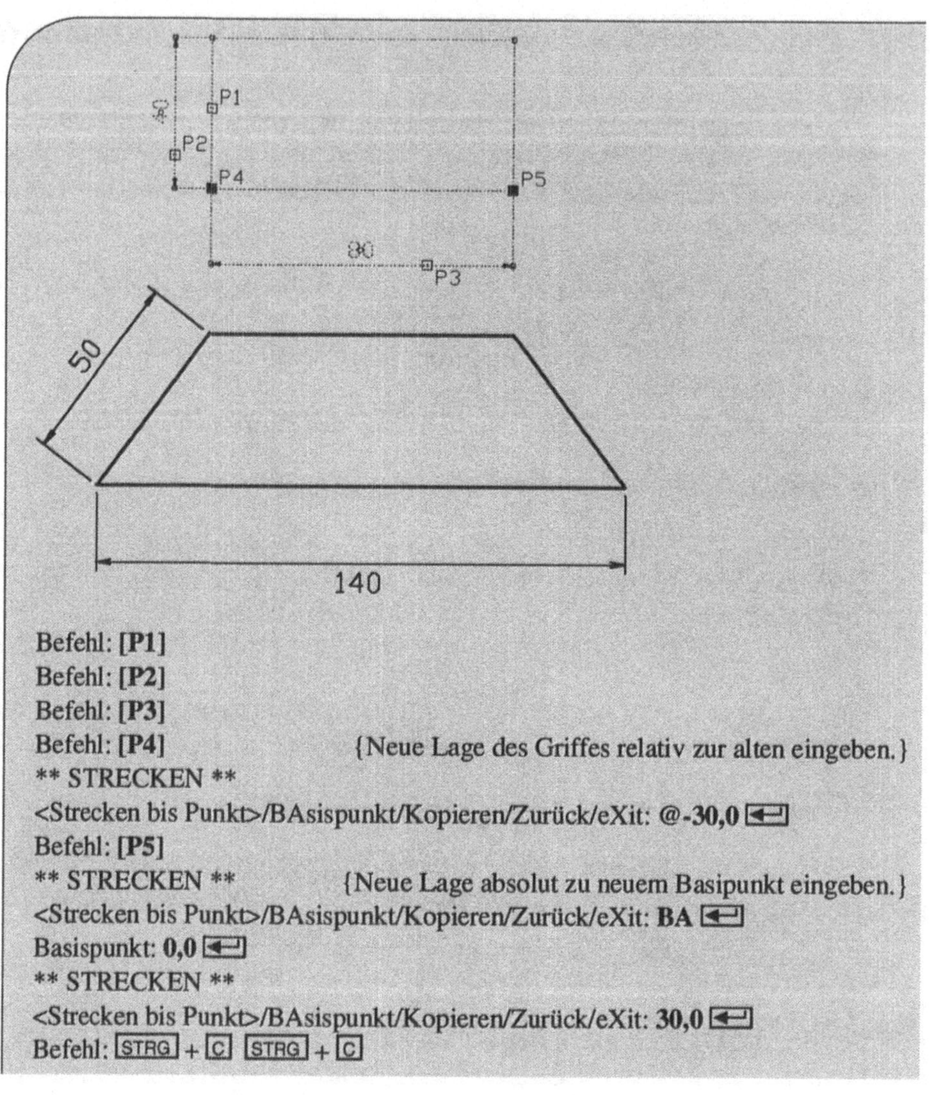

Befehl: **[P1]**
Befehl: **[P2]**
Befehl: **[P3]**
Befehl: **[P4]**   {Neue Lage des Griffes relativ zur alten eingeben.}
** STRECKEN **
<Strecken bis Punkt>/BAsispunkt/Kopieren/Zurück/eXit: **@-30,0** ⏎
Befehl: **[P5]**
** STRECKEN **   {Neue Lage absolut zu neuem Basipunkt eingeben.}
<Strecken bis Punkt>/BAsispunkt/Kopieren/Zurück/eXit: **BA** ⏎
Basispunkt: **0,0** ⏎
** STRECKEN **
<Strecken bis Punkt>/BAsispunkt/Kopieren/Zurück/eXit: **30,0** ⏎
Befehl: STRG + C STRG + C

☞ *Hinweis: Zurücksetzen von Griffen*

Ein aktivierter Griff kann durch die Eingabe:

<Strecken bis Punkt>/BAsispunkt/Kopieren/Zurück/eXit: **X** ⏎

oder durch Drücken der Tastenkombination STRG + C in einen markierten Griff
zurückgesetzt werden. Durch das Markieren eines anderen Griffes wird i.a. ein vorher
markierter Griff ebenfalls zurückgesetzt. Markierte Griffe werden durch zweimaliges

Drücken der Tastenkombination ⌜STRG⌟ + ⌜C⌟ bzw. durch den Aufruf eines anderen AutoCAD LT-Befehles entfernt.

☞ *Hinweis: Assoziative Bemaßung*

Die Vorteile der assoziativen Bemaßung, d.h. das automatische Anpassen einer Bemaßung bei einer Zeichnungsänderung, ergeben sich nur dann, wenn deren Griffe entsprechend aktiviert bzw. markiert sind.

Abweichend von der oben beschriebenen Vorgehensweise beim Aktivieren eines Griffes lassen sich mehrere Griffe gleichzeitig aktivieren, indem man beim Anklicken der markierten Griffe die ⌜⇧⌟ -Taste gedrückt hält. Nachdem auf diese Weise alle gewünschten Griffe aktiviert sind, wechselt man durch Drücken der ⌜←⌟ -Taste in die Abfrage für die eigentliche Bearbeitung.

■ Beispiel 11-18: Strecken mit zwei aktivierten Griffen

Das Rechteck aus dem Beispiel 11-17 ist in ein Parallelogramm umzuwandeln. Man verschiebe hierzu seine untere Seite um 30 Einheiten nach rechts.

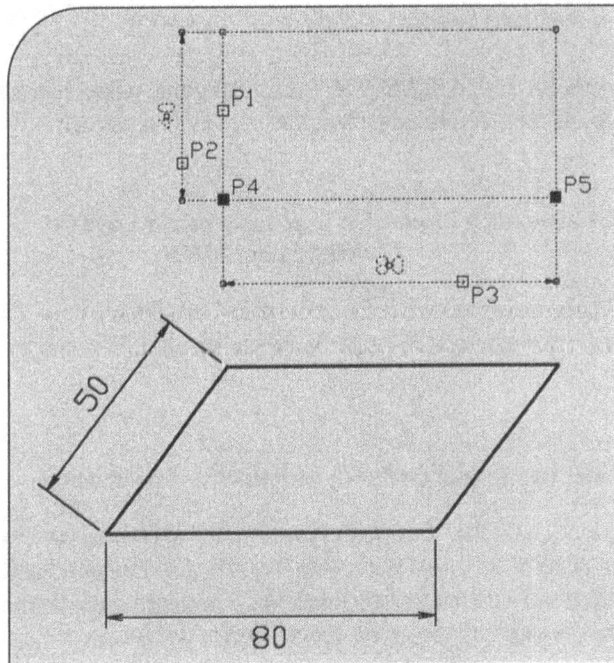

```
Befehl: [P1]
Befehl: [P2]
Befehl: [P3]
Befehl: ⇧ +[P4]
Befehl: ⇧ +[P5]
Befehl: ⏎
** STRECKEN **
<Strecken bis Punkt>/BAsispunkt/Kopieren/Zurück/eXit: [P6]
Befehl: STRG + C  STRG + C
```

◆ Aufgabe 11-10: Bolzen zeichnen

Nach dem Zeichnen und Kopieren des ersten Bolzens aus der Aufgabe 11-8 ist die Länge des neuen Bolzens von 20 auf 40 mit Hilfe des *Objektgriff*-Befehls *STRECKEN* zu ändern.

Objektgriff-Befehl *SCHIEBEN*: Verschieben von Zeichnungselementen

Nach dem Wechsel zu diesem Befehl stehen aufgrund der Anfrage:

```
** SCHIEBEN **
<Schieben nach Punkt>/BAsispunkt/Kopieren/Zurück/eXit:
```

analoge Optionen wie beim Befehl *STRECKEN* zur Verfügung, wobei hier alle mit dem aktivierten Griff verbundenen Zeichnungselemente verschoben werden.

SCHIEBEN-Option *Schieben nach Punkt*: Festlegen der neuen Lage des aktivierten Griffes

Durch Zeigen oder Tastatureingabe wird ein aktivierter Griff in eine neue Zeichnungsposition verschoben. Entsprechend erfolgt das Verschieben aller Elemente mit markierten Griffen.

SCHIEBEN-Option *Kopieren*: Kopieren durch mehrfaches Verschieben

Hiermit wird festgelegt, daß die Ausgangselemente - im Gegensatz zur üblichen Anwendung des *SCHIEBEN*-Befehls - nach dem Verschieben erhalten bleiben, d.h. in der vereinbarten neuen Lage wird somit eine Kopie der Ausgangselemente erstellt. Nach Wahl der Option *Kopieren* erfolgt die etwas modifizierte Anfrage:

** SCHIEBEN (mehrere) **
<Schieben nach Punkt>/BAsispunkt/Kopieren/Zurück/eXit:

Man kann anschließend beliebig viele Kopien der Ausgangselemente erstellen. Durch Wahl der *eXit*-Option oder Drücken der Tastenkombination STRG + C wird der Befehl *SCHIEBEN* beendet.

SCHIEBEN-Option *Zurück*: Zurücksetzen von ausgeführten Verschiebungen

Mit dieser Option können Verschiebungen, die beispielsweise durch mehrfaches Verschieben mit der Option *Kopieren* erstellt worden sind, schrittweise rückgängig gemacht werden.

■ Beispiel 11-19: Kopieren beim Verschieben

Ein vorhandener Kreis mit Mittellinien soll durch Verschieben zweimal kopiert werden, so daß die Mittelpunkte der dann existierenden Kreise ein gleichseitiges Dreieck mit der Seitenlänge 100 bilden.

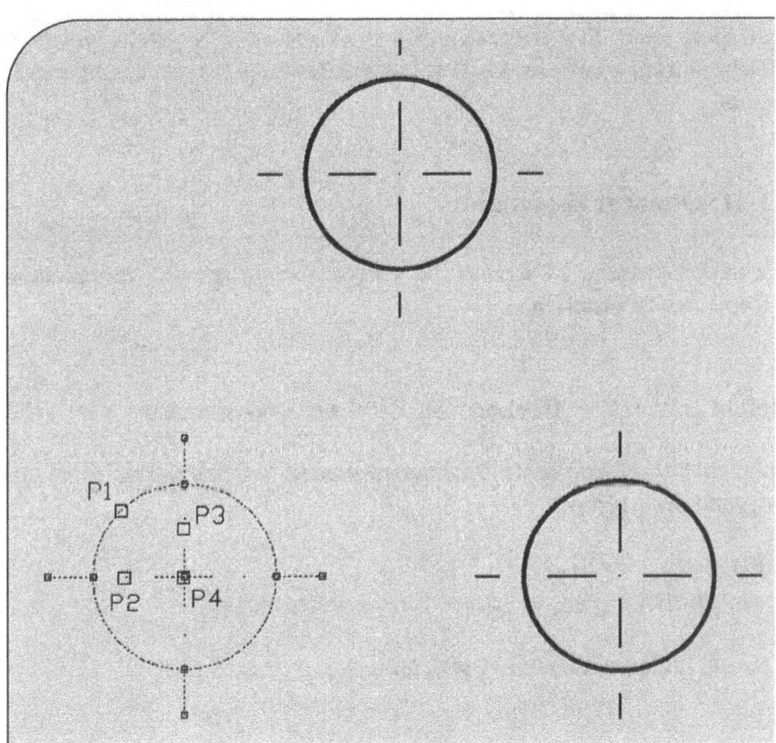

```
Befehl: [P1]
Befehl: [P2]
Befehl: [P3]
Befehl: [P4]
** STRECKEN **
<Strecken bis Punkt>/BAsispunkt/Kopieren/Zurück/eXit: ⏎
** SCHIEBEN **
<Schieben nach Punkt>/BAsispunkt/Kopieren/Zurück/eXit: k ⏎
** SCHIEBEN (mehrere ) **
<Schieben nach Punkt>/BAsispunkt/Kopieren/Zurück/eXit: @100,0 ⏎
** SCHIEBEN (mehrere ) **
<Schieben nach Punkt>/BAsispunkt/Kopieren/Zurück/eXit: @100< 60 ⏎
** SCHIEBEN (mehrere ) **
<Schieben nach Punkt>/BAsispunkt/Kopieren/Zurück/eXit: x ⏎
Befehl: STRG + C  STRG + C
```

☞ *Hinweis: Anwendung allgemeingültiger Optionen*

Die Optionen *BAsispunkt*, *Kopieren*, *Zurück* und *eXit* besitzen für alle *Objektgriff*-Befehle die gleiche Wirkung und werden dort entsprechend der Art der Zeichnungsänderung angewandt.

◆ **Aufgabe 11-11: Quadrat kopieren**

Das Quadrat in der Aufgabe 11-1 ist in die vorgesehenen Lagen zu verschieben und jeweils als Kopie neu zu erstellen.

Objektgriff-Befehl *DREHEN*: Drehen von Zeichnungselementen

Mit diesem Befehl können markierte Zeichnungselemente um den aktiven Griff gedreht werden. Aufgrund der Abfrage:

```
** DREHEN **
<Drehwinkel>/BAsispunkt/Kopieren/Zurück/BEzug/eXit:
```

lassen sich hierfür die erforderlichen Vereinbarungen treffen.

DREHEN-Option *Drehwinkel*: Festlegen des Drehwinkels

Der Drehwinkel kann über die Tastatur eingegeben oder durch Zeigen festgelegt werden. Die Eingabe des Winkels erfolgt im Gradmaß und im mathematisch positiven Sinn, d.h. im Gegenuhrzeigersinn. Beim Zeigen des Drehwinkels wird beim Anklicken eines Punktes der Winkel zwischen der X-Achse und der Verbindungslinie zwischen dem angeklickten Punkt und dem aktiven Griff übernommen.

DREHEN-Option *BEzug*: Vereinbaren des Drehwinkels über einen Bezugswinkel

Durch Wahl dieser Option kann an Stelle der X-Achse mit dem Bezugswinkel Null zum Abtragen des Drehwinkels ein anderer Bezugswinkel vereinbart werden.

■ Beispiel 11-20: Drehen eines Rechtecks um einen neuen Basispunkt

Das Rechteck aus dem Beispiel 11-3 ist mit Hilfe des *Objektgriff*-Befehls *DREHEN* um einen Punkt außerhalb des Rechtecks um 90° zu drehen.

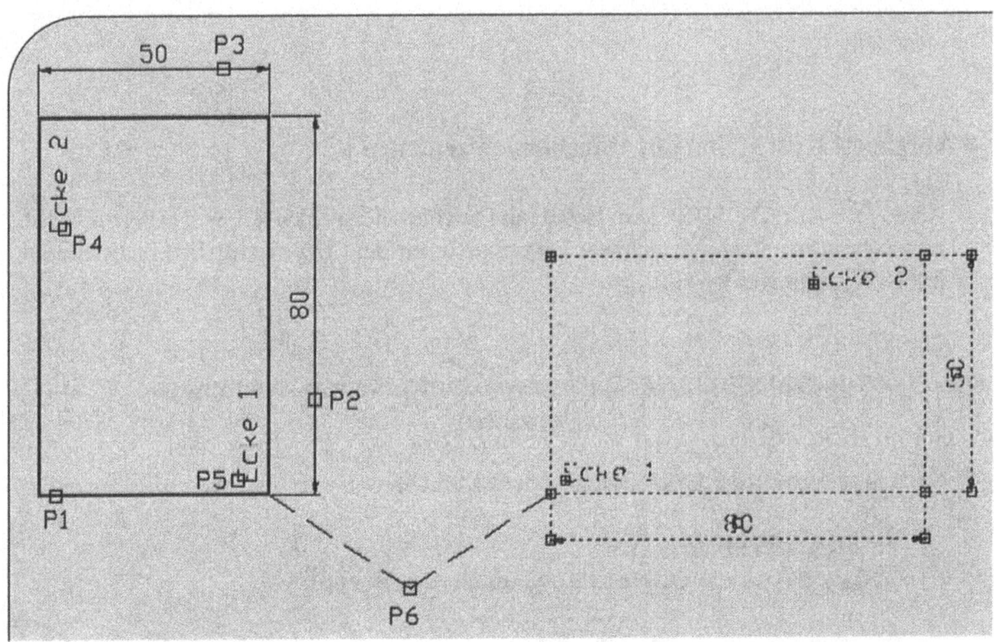

```
Befehl: [P1] [P2] [P3] [P4]                  {Markieren der Griffe für alle Elemente}
Befehl: [P5]                                      {Aktivieren eines Griffes}
** STRECKEN **
<Strecken bis Punkt>/BAsispunkt/Kopieren/Zurück/eXit: ⏎
** SCHIEBEN **
<Schieben nach Punkt>/BAsispunkt/Kopieren/Zurück/eXit: ⏎
** DREHEN **
<Drehwinkel>/BAsispunkt/Kopieren/Zurück/BEzug/eXit: ba ⏎
Basispunkt: [P6]
** DREHEN **
<Drehwinkel>/BAsispunkt/Kopieren/Zurück/BEzug/eXit: -90 ⏎
Befehl: STRG + C  STRG + C
```

Die Festlegung des Drehwinkels könnte über die Option BEzug auch mit:

```
** DREHEN **
<Drehwinkel>/BAsispunkt/Kopieren/Zurück/BEzug/eXit: be ⏎
Bezugswinkel <0>: 90 ⏎
** DREHEN **
<Neuer Winkel>/BAsispunkt/Kopieren/Zurück/BEzug/eXit: 180 ⏎
```

erfolgen.

◆ Aufgabe 11-12: Hebel mit Durchbruch zeichnen

Analog zur Aufgabe 11-2 ist ein Hebel mit Durchbruch zu zeichnen, wobei der zunächst in waagerechter Lage gezeichnete Durchbruch mit dem *Objektgriff*-Befehl *DREHEN* um 10° gedreht werden soll.

Objektgriff-Befehl *SKALIEREN*: Ändern der Maße von Zeichnungselementen

Nach dem Aktivieren dieses Befehls können im Dialog:

```
** SKALIEREN **
<Skalierfaktor>/BAsispunkt/Kopieren/Zurück/Bezug/eXit:
```

die Abmessungen von Zeichnungselementen analog zum *Ändern*-Befehl *Varia* in ihren Abmessungen verändert werden.

SKALIEREN-Option *Skalierfaktor*: Festlegen des Skalierungsfaktors

Der Faktor, um den alle markierten Elemente vergrößert bzw. verkleinert werden sollen, ist wiederum über die Tastatur einzugeben oder durch Zeigen festzulegen. Beim Zeigen wird die Länge zwischen dem aktivierten Griff und dem angeklickten Punkt als Faktor übernommen.

SKALIEREN-Option *BEzug*: Vereinbaren des Skalierungsfaktors über eine Bezugslänge

Mit Hilfe dieser Option wird für die standardmäßig vorgegebene Bezugslänge Eins eine neue Bezugslänge vereinbart.

■ Beispiel 11-21: Skalieren mit Hilfe einer Bezugslänge

Unter der Annahme, daß der Maulschlüssel aus dem Beispiel 11-13 als Polylinie gezeichnet worden ist, soll seine Schlüsselweite von 10 auf 17 vergrößert werden.

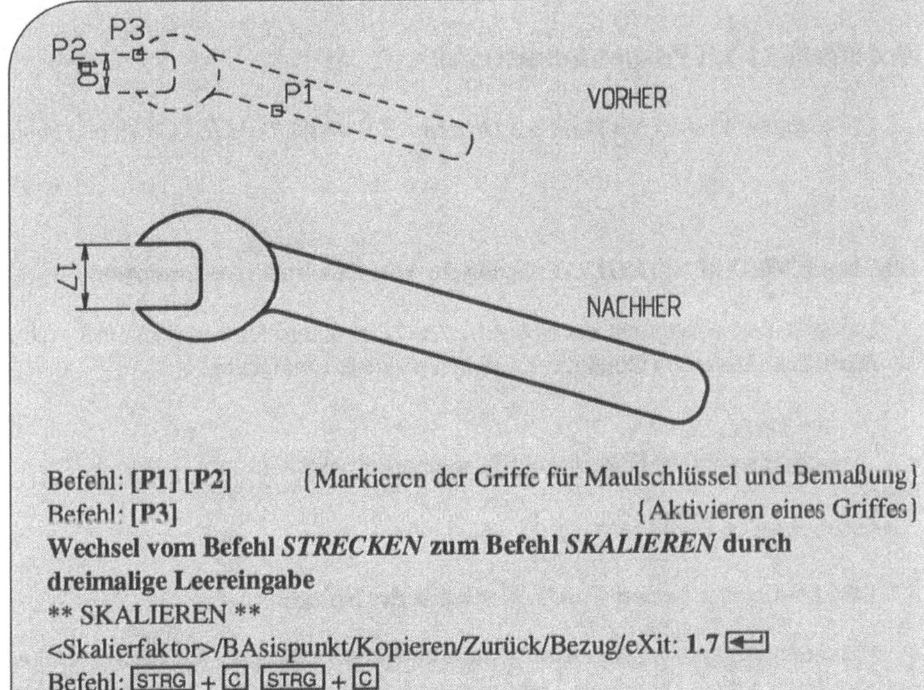

Befehl: [P1] [P2]   {Markieren der Griffe für Maulschlüssel und Bemaßung}
Befehl: [P3]   {Aktivieren eines Griffes}
Wechsel vom Befehl *STRECKEN* zum Befehl *SKALIEREN* durch dreimalige Leereingabe
** SKALIEREN **
<Skalierfaktor>/BAsispunkt/Kopieren/Zurück/Bezug/eXit: 1.7 ⏎
Befehl: STRG + C STRG + C

Mit der Option *BEzug* kann man den Skalierungsfaktor 1.7 auch wie folgt:

```
** SKALIEREN **
<Skalierfaktor>/BAsispunkt/Kopieren/Zurück/BEzug/eXit: be ⏎
Bezugslänge <1.0000>: 10 ⏎
** SKALIEREN **
<Neue Länge>/BAsispunkt/Kopieren/Zurück/BEzug/eXit: 17 ⏎
```

vereinbaren.

☞ *Hinweis: Polylinie*

Polylinien setzen sich aus verschiedenen Linien- und Kreisbogen-Elementen zusammen und werden in AutoCAD LT als ein Zeichnungsobjekt behandelt. So werden beispielsweise beim Anklicken einer Polylinie die Objektgriffe für alle ihre Elemente markiert.

◆ Aufgabe 11-13: Prismenfuß zeichnen

Die Aufgabe 11-7 ist mit Hilfe des *Objektgriff*-Befehls *SKALIEREN* zu bearbeiten.

Objektgriff-Befehl *SPIEGELN*: Spiegeln von Zeichnungselementen

Dieser Befehl ermöglicht das Spiegeln von Zeichnungselementen an einer Achse, die durch den aktivierten Objektgriff und einen zweiten im Dialog:

```
** SPIEGELN **
<Zweiter Punkt>/BAsispunkt/Kopieren/Zurück/eXit:
```

festzulegenden Punkt geht.

SPIEGELN-Option *Zweiter Punkt*: Festlegen der Spiegelachse

Mit dieser Option wird der zweite Punkt der Spiegelachse über die Tastatur eingegeben oder durch Zeigen vereinbart. Der Ausgangspunkt der Achse ist entweder der aktivierte Griff oder ein vorher mit der Option *BAsispunkt* definierter neuer Punkt.

■ Beispiel 11-22: Spiegeln eines Rechtecks

Das Rechteck aus Beispiel 11-10 ist an einer mit 45° geneigten Achse zu spiegeln.

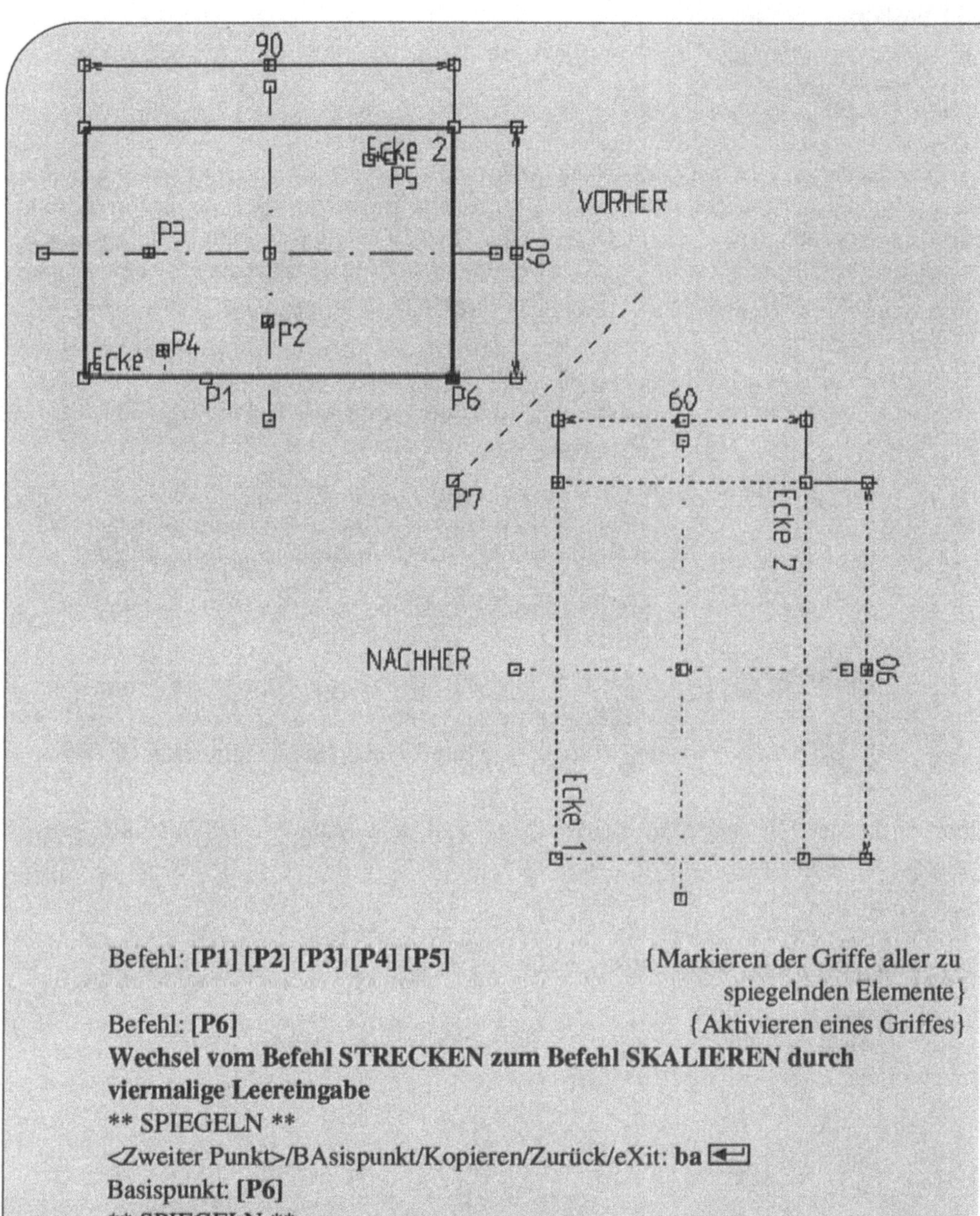

Befehl: [P1] [P2] [P3] [P4] [P5]   {Markieren der Griffe aller zu
                                                                              spiegelnden Elemente}
Befehl: [P6]   {Aktivieren eines Griffes}
**Wechsel vom Befehl STRECKEN zum Befehl SKALIEREN durch
viermalige Leereingabe**
** SPIEGELN **
<Zweiter Punkt>/BAsispunkt/Kopieren/Zurück/eXit: **ba** ⏎
Basispunkt: **[P6]**
** SPIEGELN **
<Zweiter Punkt>/BAsispunkt/Kopieren/Zurück/eXit: **@100<45** ⏎
Befehl: STRG + C STRG + C

◆ Aufgabe 11-14: Symmetrisches Werkstück zeichnen

Das Werkstück aus Aufgabe 11-6 ist unter Anwendung des Arbeitens mit Griffen zu zeichnen.

Standardmäßig werden markierte Objektgriffe durch kleine Quadrate in der Farbe Blau und aktivierte in der Farbe Rot und ausgefüllt dargestellt. Diese Vorgaben werden im System über die Systemvariablen GRIPCOLOR bzw. GRIPHOT gesteuert. Ob beim Anklicken eines Elements überhaupt seine Objektgriffe aktiviert und mit ihnen gearbeitet werden kann, läßt sich über die Variable GRIPS festlegen. Insgesamt stehen in dieser Hinsicht folgende Systemvariablen:

- *GRIPS*   mit den Werten 0 oder 1 zum Aus- bzw. Einschalten des Aktivierens von Griffen,

- *GRIPBLOCK*   mit den Werten 0 oder 1 zum Vereinbaren, ob ein Block nur mit einem Griff am Einfügepunkt oder mit sämtlichen Griffen der zugehörigen Blockelemente aktiviert wird,

- *GRIPCOLOR*   mit der Nummer der Farbe für die Darstellung aktivierter Griffe,

- *GRIPHOT*   mit der Nummer der Farbe für die Darstellung markierter Griffe und

- *GRIPSIZE*   mit Werten zwischen 1 und 20 für die Größe der Griffe

zur Verfügung. Mit dem *Modi*-Befehl *Griffe* oder dem AutoCAD LT-Befehl *SETVAR* können die Werte dieser Variablen und damit die Möglichkeiten beim Arbeiten mit Griffen vereinbart werden.

Modi-Befehl *Griffe*: Einstellungen für das Arbeiten mit Griffen vornehmen

Nach dem Aufruf des Befehls *Griffe* kann man in dem Dialogfenster *Griffe*:

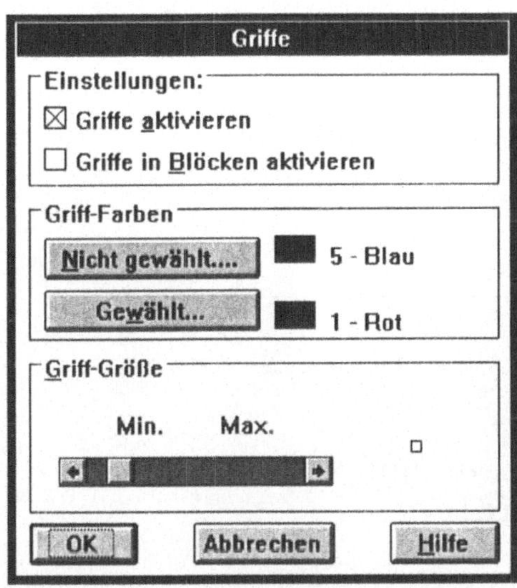

Bild 11-2: Dialogfenster *Griffe*

die entsprechenden Festlegungen treffen, und zwar mit den Optionen:

- *Griffe aktivieren*   Ein- und Ausschalten von Objektgriffen
- *Griffe in Blöcken aktivieren*   Anzeigen eines oder aller Griffe eines Blockes
- *Nicht gewählt*   Festlegen der Farbe für aktivierte Griffe
- *Gewählt*   Festlegen der Farbe für markierte Griffe
- *Griff-Größe*   Festlegen der Größe der Griffe

Mit dem Befehlsaufruf:

    Befehl: **DDGRIPS** ⏎

läßt sich das Dialogfenster *Griffe* ebenfalls aufrufen.

■ **Beispiel 11-23: Größe und Farben für Griffe vereinbaren**

Beim Arbeiten mit Griffen sollen diese in maximaler Größe und in den Farben Grün und Magenta für markiert bzw. aktiviert dargestellt werden. Dies läßt sich mit der Befehlsfolge:

> [Modi][Griffe]
> Nicht gewählt-Listenfeld **[Farbe Grün]**
> Gewählt-Listenfeld   **[Farbe Magenta]**
> Griffe-Größe   **Schieberegler ganz nach rechts bewegen**
> **[OK]**

oder über die Tastatureingabe:

> Befehl: **SETVAR** ⏎
> Variablenname oder ? <Vorgabe>: **GRIPCOLOR** ⏎
> Neuer Wert für GRIPCOLOR <5>: **3** ⏎
> Befehl: ⏎
> Variablenname oder ? <GRIPCOLOR>: **GRIPHOT** ⏎
> Neuer Wert für GRIPHOT <1>: **6** ⏎
> Befehl: ⏎
> Variablenname oder ? <GRIPHOT>: **GRIPSIZE** ⏎
> Neuer Wert für GRIPSIZE <6>: **20** ⏎

11.5 Ändern der Eigenschaften von Zeichnungselementen

Jedem Zeichnungselement werden in AutoCAD LT eine Reihe von Daten zugeordnet und intern gespeichert, mit denen seine Geometrie und Darstellungsform eindeutig festgelegt sind. Unabhängig von der Art des Zeichnungselementes wird dessen Darstellung durch Farbe, Layer, Linientyp und Objekthöhe beschrieben. Man bezeichnet diese Daten auch als Eigenschaften eines Elements. Im Gegensatz zu diesen vier Eigenschaften werden für die verschiedenen Arten von Elementen unterschiedliche Geometriedaten erfaßt. So gehören beispielsweise zu den in den vorausgegangenen Kapiteln behandelten Zeichnungselementen folgende Geometriedaten:

–	Punkt	mit seinen Koordinaten
–	Linie	mit den Koordinaten ihres Anfangs- und Endpunktes
–	Rechteck	als geschlossene Polylinie mit einer Anfangs- und Endbreite und ferner mit den Koordinaten seiner vier Eckpunkte
–	Kreis	mit den Koordinaten seines Mittelpunktes und seinem Radius
–	Bogen	mit den Koordinaten seines Mittelpunktes, dem Radius und dem Start- und Endwinkel
–	Text	mit dem Textstil, der Textart, den Koordinaten des Startpunktes, der Texthöhe, dem eigentlichen Text, dem Drehwinkel, dem Breite-Skalierfaktor, dem Neigungswinkel und der Generation

   – Bemaßung   mit den Koordinaten der Definitionspunkte für die beiden Maßhilfs-
                    linien, die Maßlinie und den Maßtext und ferner mit dem Maßtext
                    selbst und dem Bemaßungsstil
   – Schraffur   mit dem Schraffurnamen, der Schraffurgröße, dem Schraffurwinkel,
                    den Koordinaten des Ausrichtepunktes, den Skalierfaktoren und
                    dem Drehwinkel in der X-Y-Ebene

Die speziellen Ausprägungen dieser Daten für ein bestimmtes Zeichnungselement lassen sich mit dem *Hilfen*-Befehl *Liste* auf dem Bildschirm anzeigen. Man vergleiche hierzu die Ausführungen im Kapitel 9.5 und das dortige Beispiel 9-24.

☞ *Hinweis: Angabe von Koordinaten*

Die Angabe von Koordinaten erfolgt stets für die X-, Y- und Z-Richtung. Da in diesem Buch nur das Zeichnen in der Ebene behandelt wird, sind alle Z-Koordinaten gleich Null.

Mit den Befehlen des Menüpunktes *Ändern* lassen sich sowohl Darstellungs- als auch Geometriedaten von Zeichnungselementen ändern. Im einzelnen sind dies die Befehle:

- *Eigenschaften ändern*   zum Ändern von Farbe, Layer, Linientyp und
                              Objekthöhe

- *Umbenennen*   zur Vergabe neuer Namen für benannte Objekte

- *Text bearbeiten*   zum Editieren von Texten in einer Zeichnung

- *Schraffur bearbeiten*   zum Ändern einer Schraffur

- *Polylinien bearbeiten*   zum Bearbeiten von Polylinien

- *Bemaßung bearbeiten*   zum Ändern von Bemaßungen

- *Attribute bearbeiten*   zum Bearbeiten von Attributsdefinitionen

In diesem Kapitel sollen nur die Befehle *Eigenschaften ändern*, *Schraffur bearbeiten* und *Bemaßung bearbeiten* näher behandelt werden. Der *Ändern*-Befehl *Text bearbeiten* wurde bereits im Kapitel 8.3 besprochen. Man vergleiche hierzu auch das Beispiel 8-10.

Ändern-Befehl *Eigenschaften ändern*: Ändern der Eigenschaften von Zeichnungselementen

Nach dem Aufruf dieses Befehls sind mit:

Objekte wählen:

zunächst die Elemente auszuwählen, deren Eigenschaften geändert werden sollen. Anschließend werden im Dialogfenster *Eigenschaften*:

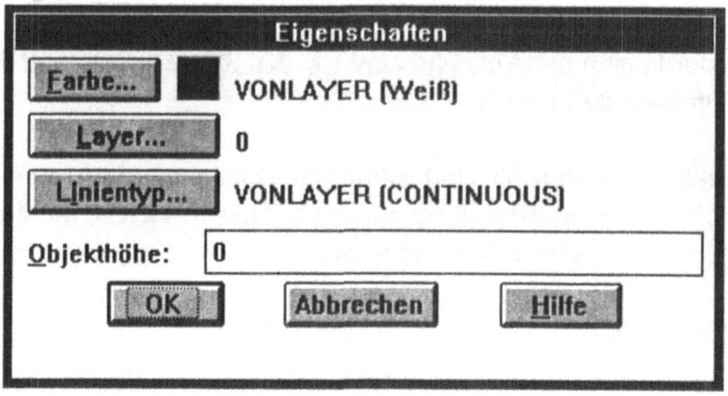

Bild 11-3: Dialogfenster *Eigenschaften*

die Änderungsmöglichkeiten für

- *Farbe*   im Dialogfenster *Farbe wählen,*
- *Layer*   im Dialogfenster *Layer,*
- *Linientyp*   im Dialogfenster *Linientyp wählen* und
- *Objekthöhe*   über ein entsprechendes Eingabefeld

zur Auswahl angeboten. Das Ändern von Eigenschaften läßt sich auch über die Tastatur mit:

Befehl: **DDCHPROP** ⏎

oder durch Anklicken von ⊞ im Werkzeugkasten aufrufen.

■ Beispiel 11-24: Ändern von Linienarten und Farben

Alle Elemente im unten abgebildeten Schnitt einer Welle mit Nut sind mit der Linienart AUSGEZOGEN und der Farbe weiß im Standardlayer 0 gezeichnet. Man ändere die Eigenschaften der jeweiligen Elemente in der Weise ab, daß anschließend Mittellinien mit der Farbe rot und der Linienart STRICHPUNKT, Schraffurlinien mit der Farbe rot und der Linienart AUSGEZOGEN und Bemaßungen mit der Farbe gelb und der Linienart AUSGEZOGEN dargestellt sind.

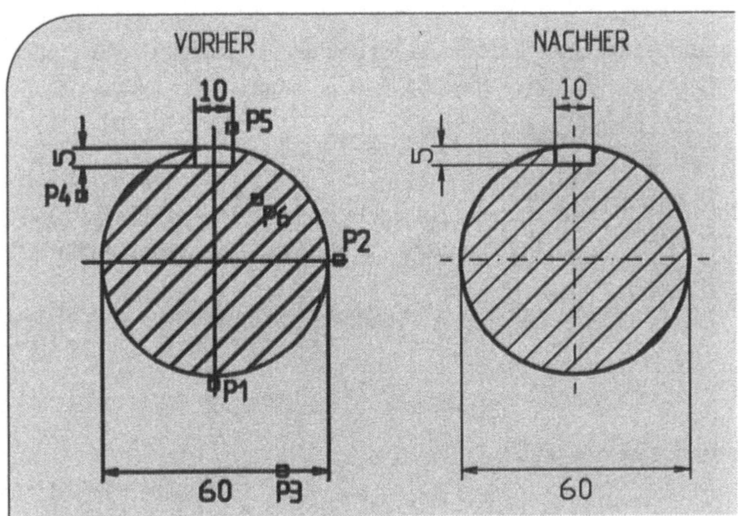

Unter der Annahme, daß alle AutoCAD LT-Linientypen aus der Datei ACLTISO.LIN bereits geladen worden sind, kann man die gestellte Aufgabe mit dem folgenden Befehlsdialog erfüllen.

```
[Ändern][Eigenschaften]
Objekte wählen: [P1]                        {Anpassen der Mittellinien}
Objekte wählen: [P2]
Objekte wählen: ⏎
[Farbe]
[rot][OK]
[Linientyp]
[STRICHPUNKT][OK]
[OK]
[Ändern][Eigenschaften]                     {Anpassen der Bemaßungen}
Objekte wählen: [P3]
Objekte wählen: [P4]
Objekte wählen: [P5]
Objekte wählen: ⏎
[Farbe]
[gelb][OK]
[Ändern][Eigenschaft]
Objekte wählen: [P6]
Objekte wählen: ⏎
[Farbe]
[rot][OK]
[OK]
```

Die gewünschte Darstellung des obigen Schnitts der Welle läßt sich auch erreichen, indem man Kontur, Mittellinien, Schraffur und Bemaßungen in verschiedenen Layern zeichnet. Setzt man voraus, daß wie im Beispiel 5-3 die Layer

- MITTELLINIE   mit Farbe 1 (rot) und Linienart STRICHPUNKT,
- SCHRAFFUR   mit Farbe 1 (rot) und Linienart AUSGEZOGEN und
- BEMASSUNG   mit Farbe 2 (gelb) und Linienart AUSGEZOGEN

vereinbart worden sind, so kann man die gestellte Aufgabe auch durch Änderung der Layer erreichen.

■ Beispiel 11-25: Ändern von Layern

Man löse die Aufgabenstellung zum vorausgegangenen Beispiel durch Zuordnung der Layer MITTELLINIE, SCHRAFFUR und BEMASSUNG zu den entsprechenden Zeichnungselementen. Dabei setze man voraus, daß den zu ändernden Elementen die Standardfarbe VONLAYER und die Standardlinienart VONLAYER zugeordnet sind.

```
[Ändern][Eigenschaften]                          {Anpassen der Mittellinien}
Objekte wählen: [P1]
Objekte wählen: [P2]
Objekte wählen: [⏎]
[Layer]
[MITTELLINIE][OK]
[OK]
[Ändern][Eigenschaften]                          {Anpassen der Bemaßungen}
Objekte wählen: [P3]
Objekte wählen: [P4]
Objekte wählen: [P5]
Objekte wählen: [⏎]
[Layer]
[BEMASSUNG][OK]
[OK]
[Ändern][Eigenschaften]                          {Anpassen der Schraffur}
Objekte wählen: [P6]
Objekte wählen: [⏎]
[Layer]
[SCHRAFFUR][OK]
[OK]
```

◆ Aufgabe 11-15: Rechteckbehälter mit Versteifung

Der im Schnitt dargestellte Rechteckbehälter ist mit Bemaßung zu zeichnen und mit dem
Namen RECHBEHA zu speichern. Man erstelle hierbei alle Elemente der Zeichnung
im Layer 0 mit gleicher Farbe und Linienart und und ändere diese anschließend in
geeigneter Weise ab.

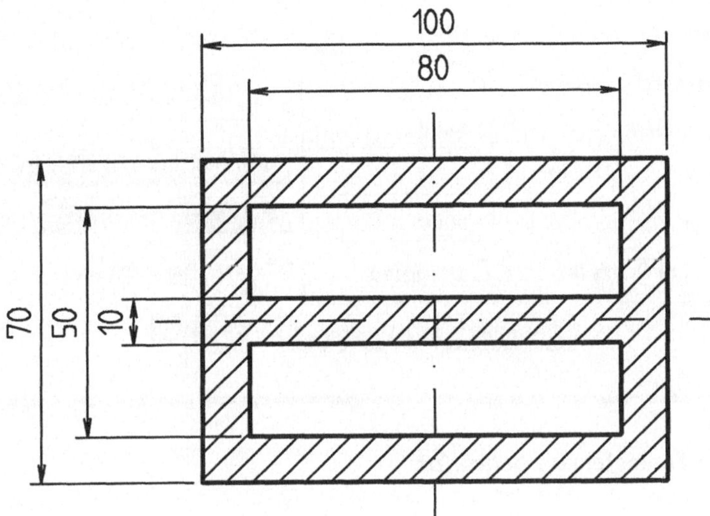

**_Ändern_-Befehl _Schraffur bearbeiten_: Ändern der Eigenschaften von
Schraffuren**

Nach dem Aufruf des Befehls _Schraffur bearbeiten_ werden im Dialog:

> Zu schraffierendes Element wählen:

die zu ändernde Schraffur festgelegt. Anschließend können im Dialogfenster _Schraffur
bearbeiten_:

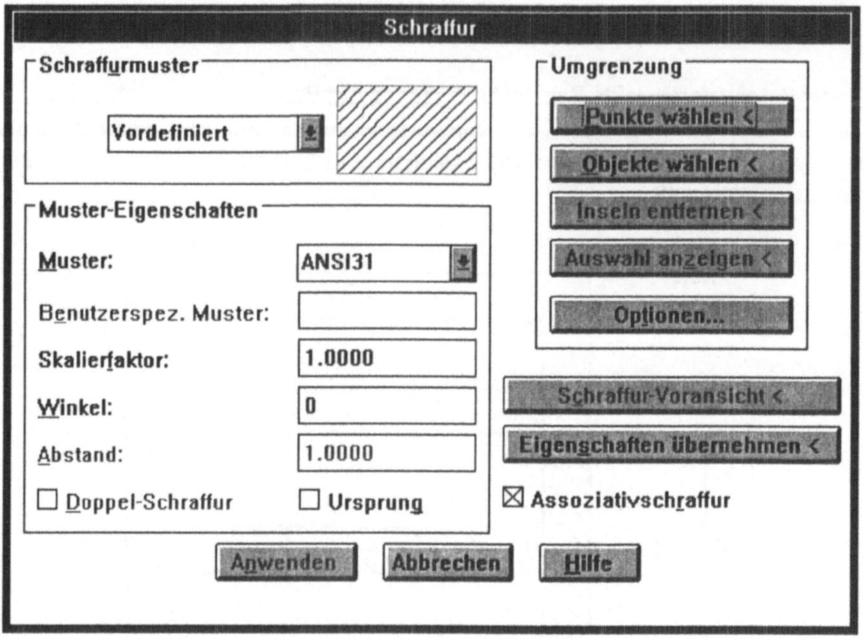

Bild 11-4: Dialogfenster *Schraffur*

die entsprechenden Änderungen vorgenommen werden. Dieses Dialogfenster besitzt den gleichen Aufbau wie das Dialogfenster *Schraffur*, wobei einige Optionen nicht gewählt werden können. Der Befehl zum Ändern einer Schraffur kann ferner über die Tastatur mit:

> Befehl: **SCHRAFFEDIT** ⏎

aufgerufen werden.

■ **Beispiel 11-26: Ändern einer Schraffur**

Die Schraffur in der Zeichnung aus Beispiel 11-24 ist so zu ändern, daß seine Darstellung anschließend im Standardmuster ANSI33 erfolgt und daß ferner die Schraffurlinien den doppelten Abstand voneinander haben und um 90° gedreht sind.

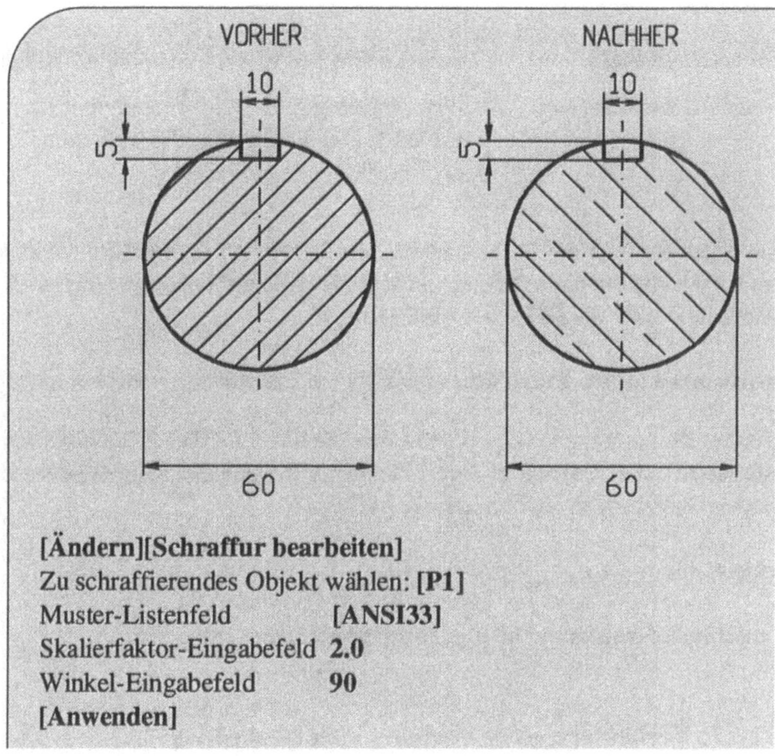

◆ **Aufgabe 11-16: Rechteckbehälter aus Gußeisen**

Man stelle die Schraffur des Schnitts aus der Aufgabe 11-15 mit dem Muster ANSI34 dar, da der Behälter aus Gußeisen gefertigt werden soll. Entsprechend der Norm ergänze man die Zeichnung durch eine entsprechende Beschriftung und speichere die Zeichnung unter dem gleichen Namen ab.

Ändern-Befehl *Bemaßung bearbeiten*: Ändern von Bemaßungen

Nach Aufruf dieses Befehls stehen für die Änderung von Bemaßungen folgende Möglichkeiten:

- *Text ändern*   zum Ändern eines Maßtextes

- *Ausgangsposition*   zum Zurücksetzen eines geänderten Maßtextes
                         an seine Ausgangsposition

- *Text schieben*   zum Festlegen der Position und Ausrichtung
                         eines Maßtextes

- *Text drehen*   zum Festlegen der Ausrichtung eines Maßtextes

- *Schräge Bemaßung*   zum Ändern der Winkel von Maßhilfslinien

- *Bemaßung aktualisieren*   zum Anpassen von Bemaßungen an den
                                 aktuellen Bemaßungsstil, den aktuellen Textstil
                                 und die aktuellen Einheiten

Eine der Hauptanwendung des Befehls *Bemaßung bearbeiten* ist das Aktualisieren von Bemaßungen nach Änderungen der Eigenschaften der Bemaßung, wie z.B. der Darstellung der Maßpfeile oder der Höhe des Maßtextes.

Bemaßung bearbeiten-Option *Bemaßung aktualisieren*: Anpassen von Bemaßungen

Hiermit werden Bemaßungen entsprechend den jeweils aktuellen Vereinbarungen für den Bemaßungsstil, den Textstil und den Einheiten aktualisiert. Die Auswahl der zu anzupassenden Bemaßungen erfolgt auf die Anfrage:

    Objekte wählen:

und wird anschließend aufgrund aller geänderten Vorgaben ausgeführt.

■ Beispiel 11-27: Verbessern einer vorhandenen Bemaßung

Für ein vorgegebenes Rechteck sind folgende Änderungen:

- – Darstellung der Maßpfeile mit Spitzen,
- – Wahl einer kleineren Texthöhe und
- – Angabe des Maßtextes parallel und auf der Maßlinie

der Bemaßung auszuführen.

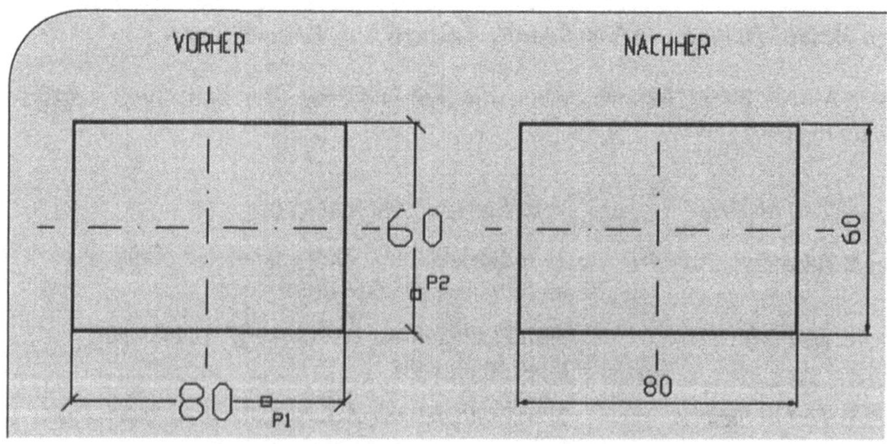

```
[Modi][Bemaßungsstil]                              {Ändern des Bemaßungsstils}
[Pfeilspitzen]
⊙ Pfeil
[OK]
[Textposition]
Texthöhe-Eingabefeld 5
Ausrichtung-Listenfeld  [Auf Maßlinie ausgerichtet]
[OK]
[OK]
[Ändern][Bemaßung bearbeiten]                      {Anpassen der Bemaßungen}
[Bemaßung aktualisieren]
Objekte wählen: [P1]
Objekte wählen: [P2]
Objekte wählen: [⏎]
```

◆ Aufgabe 11-17: Bemaßung für Rechteckbehälter anpassen

Die Bemaßung für den Rechteckbehälter aus den beiden vorausgegangenen Aufgaben
ist zu ändern, so daß die Maßpfeile mit Strichen und die Maßtexte innerhalb der
Maßlinien ausgerichtet sind.

12 Arbeiten mit Blöcken

Man kann in AutoCAD LT Elemente einer Zeichnung in einem sogenannten Block zusammenfassen und unter einem geeigneten Namen abspeichern. Über diesen Namen ist es möglich, auf den zugehörigen Block zurückzugreifen und z.B. die in ihm zusammengefaßten Zeichnungselemente in eine andere Zeichnung einzufügen. Im Zusammenhang mit der Art der Speicherung und den damit verbundenen Anwendungsmöglichkeiten unterscheidet man zwischen internen und externen Blöcken. Interne Blöcke werden zusammen mit der Zeichnung, in der sie erstellt sind, gespeichert. Sie lassen sich nur in diese Zeichnung einfügen. Die Speicherung externer Blöcke erfolgt in einer eigenständigen Zeichnungsdatei. Man kann die so gespeicherten Blöcke in jede beliebige Zeichnung einfügen. Mit Hilfe von externen Blöcken lassen sich beispielsweise eigene Norm- und Wiederholteile-Bibliotheken anlegen, deren Benutzung das Erstellen von Zeichnungen wesentlich einfacher und effizienter macht. In den folgenden Unterkapiteln werden die wichtigsten Befehle für das Arbeiten mit Blöcken besprochen.

12.1 Erzeugen von Blöcken

Als erstes soll der *Konstruieren*-Befehl *Block* behandelt werden, mit dem man für eine Zeichnung interne Blöcke erzeugen kann.

Konstruieren-Befehl *Block*: Erstellen eines internen Blocks

Nach Aufruf des Befehls *Block* werden die Vereinbarungen für einen internen Block im Dialogfenster *Blockdefinition* getroffen.

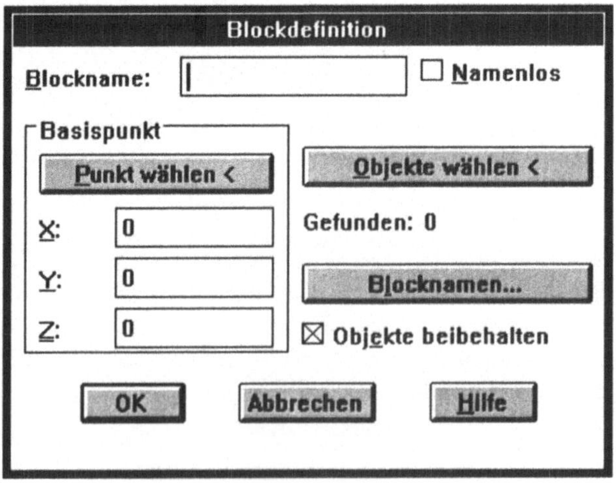

Bild 12-1: Dialogfenster *Blockdefinition*

Es bestehen hierfür folgende Möglichkeiten:

- *Blockname*   Eingabe des Blocknamens mit maximal 31 Zeichen

- *Namenlos*   Vereinbaren, ob der Block keinen Namen erhalten soll

- *Basispunkt*   Festlegen des Punktes, der beim Einfügen des Blocks
                       auf den jeweils vereinbarten Einfügepunkt gesetzt wird

- *Objekte wählen*   Festlegen der im Block zusammenzufassenden Elemente

- *Gefunden*   Anzeige der Anzahl der berücksichtigten Elemente

- *Blocknamen*   Anzeige einer Liste der Namen aller Blöcke in der
                       aktuellen Zeichnung

- *Objekte beibehalten* Vereinbaren, ob die ausgewählten Elemente nach dem
                       Speichern des Blockes noch vorhanden sein sollen
                       oder nicht

Die Vereinbarung eines Blockes mit Hilfe des obigen Dialogfensters kann auch durch
die Befehlseingabe:

Befehl: **BMAKE** ⏎

erfolgen. Ferner kann ein Block im Dialog:

Befehl: **BLOCK** ⏎
Blockname (oder ?):

erstellt werden. Bei der Eingabe eines Namens wird ein Block im Dialog:

Basispunkt der Einfügung:
Objekte wählen:

vereinbart und unter dem eingebenen Namen gespeichert. Wird ein Fragezeichen
eingegeben, so erfolgt die Anzeige aller Blöcke in modifizierter Form wie beim Aufruf
über das Dialogfenster mit der Option *Blocknamen*.

■ Beispiel 12-1: Internen Block durch Ausschneiden erzeugen

Ein in einer Zeichnung bereits erstelltes Oberflächenzeichen mit Zusatzangabe soll unter
dem Namen OZ-MIT als interner Block gespeichert werden.

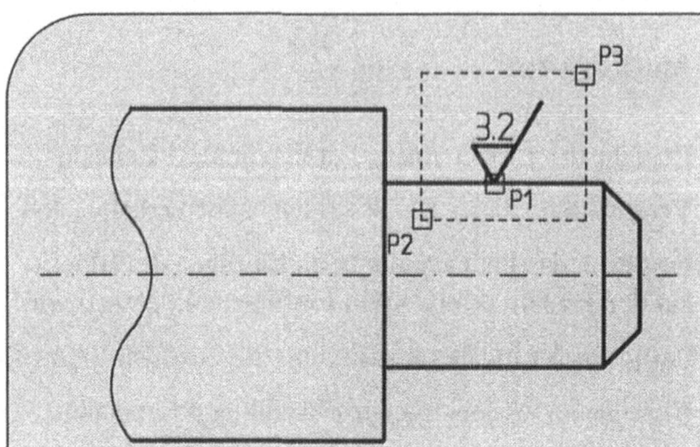

Unter der Annahme, daß der Objektfang *Schnittpunkt* eingeschaltet ist, läßt sich dies
mit dem folgenden Dialog realisieren.

```
[Konstruieren][Block]
Blockname-Eingabefeld: OZ-MIT
[Punkt wählen] [P1]
[Objekte wählen]
Objekte wählen: [P2]
Andere Ecke: [P3]
Objekte wählen: ⏎
[OK]
```

Bei einer Eingabe des Befehls *BLOCK* über die Tastatur ist einzugeben:

```
Befehl: BLOCK ⏎
Blockname (oder ?): OZ-MIT ⏎
Basispunkt der Einfügung: [P1]
Objekte wählen: [P2]
Andere Ecke: [P3]
Objekte wählen: ⏎
Befehl: HOPPLA ⏎
```

☞ *Hinweis: Automatisches Löschen der Elemente eines Blockes*

Im Gegensatz zur Anwendung des *Konstruieren*-Befehls *Block* werden beim Arbeiten
mit dem Tastaturbefehl *BLOCK* alle in einem Block zusammengefaßten Elemente nach
der Speicherung des Blockes automatisch gelöscht. Mit dem Aufruf des Befehls
HOPPLA wird die Löschung rückgängig - d.h. die Elemente wieder sichtbar - gemacht.

■ Beispiel 12-2: Internen Block durch Zeigen erzeugen

Es ist ein zweiter interner Block mit dem Namen OZ-OHNE zu erstellen, der nur das
Oberflächenzeichen enthalten soll. Beim Auswählen der Elemente darf also die Zusatz-
angabe nicht erfaßt werden. Zweckmäßigerweise ist hierzu vor dem Vereinbaren des
Blockes die Darstellung des Oberflächenzeichens mit dem Aufruf

    [Anzeige][Zoom][Fenster]

zu vergrößern.

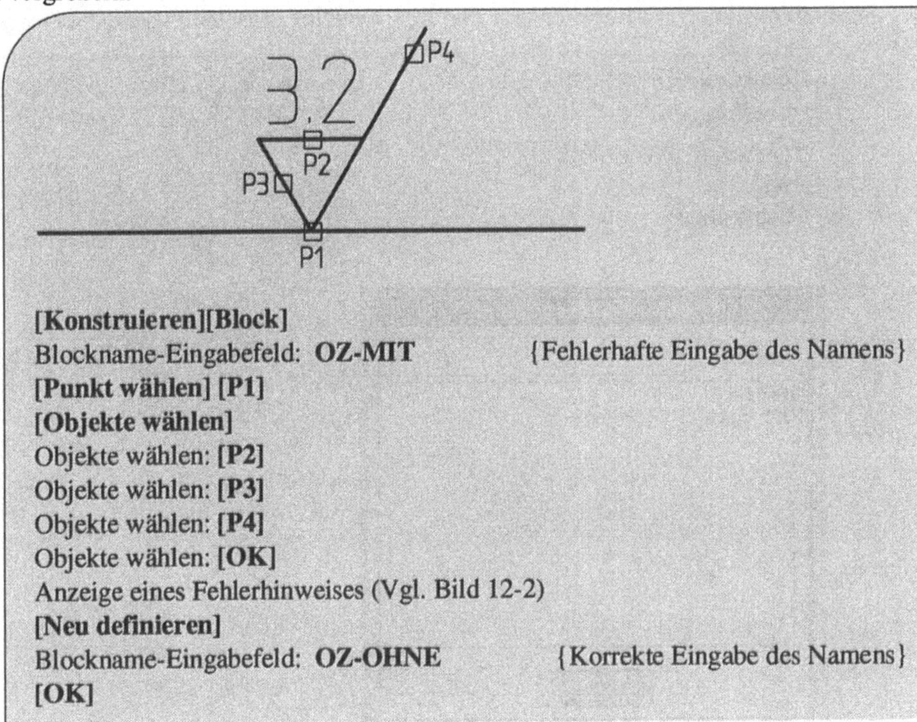

[Konstruieren][Block]
Blockname-Eingabefeld: **OZ-MIT**   {Fehlerhafte Eingabe des Namens}
[Punkt wählen] [P1]
[Objekte wählen]
Objekte wählen: **[P2]**
Objekte wählen: **[P3]**
Objekte wählen: **[P4]**
Objekte wählen: **[OK]**
Anzeige eines Fehlerhinweises (Vgl. Bild 12-2)
[Neu definieren]
Blockname-Eingabefeld: **OZ-OHNE**   {Korrekte Eingabe des Namens}
[OK]

Nach der Eingabe eines bereits existierenden Blocknamens erfolgt im Dialogfenster *Warnung* die Anzeige eines entsprechenden Fehlerhinweises:

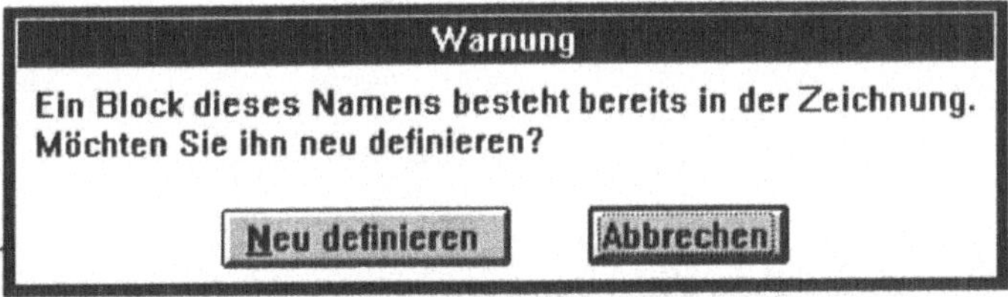

Bild 12-2: Dialogfenster *Warnung*

und die Abfrage, ob dieser Block neu definiert werden soll oder nicht. Bei Wahl von *Neu definieren* kann man wie in dem Beispiel zuvor die neuen Festlegungen für den Block treffen. Im anderen Fall, d.h. beim Anklicken von *Abbrechen*, wird man in der Regel einen neuen Namen eingeben und dann entsprechend fortfahren. Um Fehler dieser Art bei der Eingabe von Blocknamen zu vermeiden, ist es von Vorteil, wenn man sich zunächst eine Liste der bereits in der aktuellen Zeichnung enthaltenen Blöcke anzeigen läßt.

■ Beispiel 12-3: Anzeigen von Blöcken

Für die Zeichnung aus Beispiel 12-1 und 12-2 sind die erstellten Blöcke anzuzeigen.

[Konstruieren][Block]   {*Konstruieren*-Befehl *Block* anwenden}
[Blocknamen]
Anzeige der Namen aller Blöcke (Vgl. Bild 12-3)
[OK]
[Abbrechen]

Bild 12-3: Dialogfenster *Definierte Blocknamen*

Bei Eingabe des Befehls *Block* über die Tastatur ergibt sich der folgende Dialog:

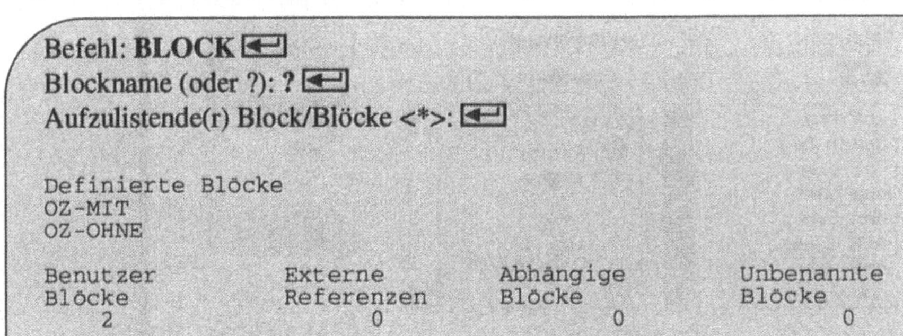

Offensichtlich sind in der Zeichnung keine weiteren Blöcke definiert. Es existieren keine externen Referenzen, d.h. keine Hinweise auf Zeichnungen, die über ihren Namen in die Zeichnung eingebunden sind.

☞ *Hinweis: Externe Referenzen*

Im Gegensatz zu Blöcken, die nach dem Einfügen fester Bestandteil in einer Zeichnung sind, ermöglicht das Arbeiten mit externen Referenzen, daß die zugehörigen Zeichnungen in der Gesamtzeichnung nur angezeigt und nicht gespeichert werden.

☞ *Hinweis: Vorgabe eines Musters für Blockanzeige*

Sowohl beim Aufruf des *Konstruieren*-Befehls *Block* als auch des Tastatur-Befehls *BLOCK* kann man mit Hilfe eines geeignet gewählten Musters die Anzeige der Blocknamen gezielt einschränken.

Wie bereits erwähnt, werden die bisher erstellten internen Blöcke gemeinsam mit der Zeichnung gespeichert und lassen sich auch nur in diese einfügen. Für einen flexibleren Einsatz von Blöcken ist es erforderlich, diese als externe Blöcke in eigenen Zeichnungsdateien zu speichern. Hierfür wendet man die Option *Block erstellen* des *Datei*-Befehls *Einlesen/Erstellen* oder den Eingabebefehl *WBLOCK* an.

Datei-Einlesen/Erstellen-Option *Block erstellen*: Erstellen externer Blöcke

Nach dem Aufruf dieser Option hat man zunächst im folgenden Dialogfenster:

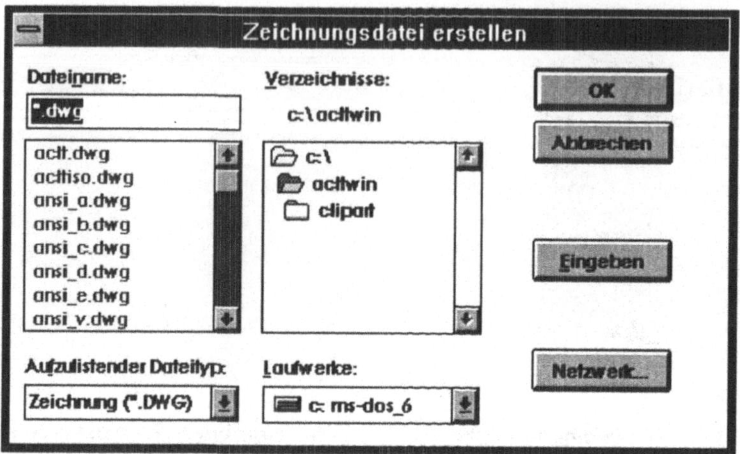

Bild 12-4: Dialogfenster *Zeichnungsdatei erstellen*

den Namen der Zeichnungsdatei festzulegen, in der der Block gespeichert werden soll.
Das Arbeiten mit diesem Dialogfenster erfolgt analog wie beim Speichern einer Zeichnung im Dialogfenster *Zeichnung speichern unter*. Anschließend erfolgt auf die Anfrage:

> Blockname:

die Vereinbarung des abzuspeichernden Blockes. Es bestehen hierfür folgende vier
Möglichkeiten:

- *Name*   Speichern eines unter diesem Namen existierenden Blockes

- =   Speichern eines existierenden Blockes, der den vorher
                 vereinbarten Dateinamen als Namen besitzt

- *   Speichern der aktuellen Zeichnung als externen Block

- *Leereingabe*   Definition des Blockes und anschließender Speicherung

Bei Aufruf des Befehls über die Tastatur mit:

> Befehl: **WBLOCK** ⏎

ergibt sich der gleiche Ablauf wie oben.

■ Beispiel 12-4: Vorhandenen Block als externen Block speichern

Der interne Block OZ-OHNE für ein Oberflächenzeichen ohne Zusatzangabe aus dem
Beispiel 12-3 soll unter dem Namen OFLZ-01 als externer Block gespeichert werden.

> **[Datei][Einlesen/Erstellen][Block erstellen]**
> Verzeichnisse-Listenfeld **[acltbuch]**
> Dateiname-Eingabefeld **OFLZ-01**
> **[OK]**
> Blockname: **OZ-OHNE** ⏎

Sollte der externe Block für das Oberflächenzeichen den gleichen Namen erhalten wie
der interne Block OZ-OHNE, so müßte man wie folgt vorgehen:

> **[Datei][Einlesen/Erstellen][Block erstellen]**
> Verzeichnisse-Listenfeld **[acltkurs]**
> Dateiname-Eingabefeld **OZ-OHNE**
> **[OK]**
> Blockname: = ⏎

■ Beispiel 12-5: Externen Block erstellen

Der unten abgebildete Verbindungsstift ist mit Mittellinie als externer Block STIFT zu
speichern.

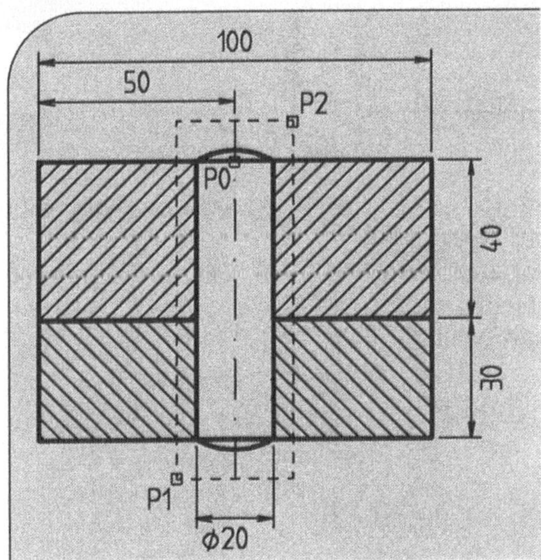

> **[Datei][Einlesen/Erstellen][Block erstellen]**
> Verzeichnisse-Listenfeld **[acltkurs]**
> Dateiname-Eingabefeld **STIFT** ⏎
> Blockname: ⏎
> Einfügebasispunkt: **[P0]**
> Objekte wählen: **[P1]**
> Objekte wählen: **[P2]**
> Objekte wählen: ⏎
> Befehl: **HOPPLA** ⏎

Eine vollständige Zeichnung kann ebenfalls als externer Block abgelegt werden. Hierbei wird standardmäßig als Basispunkt für ein späteres Einfügen in eine andere Zeichnung der Koordinatenursprung übernommen. Hierbei kann es unter Umständen zu Problemen kommen. Um diese zu vermeiden, sollte man vorher den Basispunkt mit der Option *Basis* des *Modi*-Befehls *Zeichnung* oder mit dem Eingabebefehl *BASIS* in geeigneter Weise vereinbaren.

▨ Beispiel 12-6: Zeichnung als externen Block speichern

Für eine Sechskantschraube M20 existiert eine aktuelle Zeichnung, die für weitere Anwendungen als Normteil zur Verfügung gestellt werden soll. Man lege einen geeigneten Basispunkt fest und speichere die Zeichnung als externen Block SKS-M20.

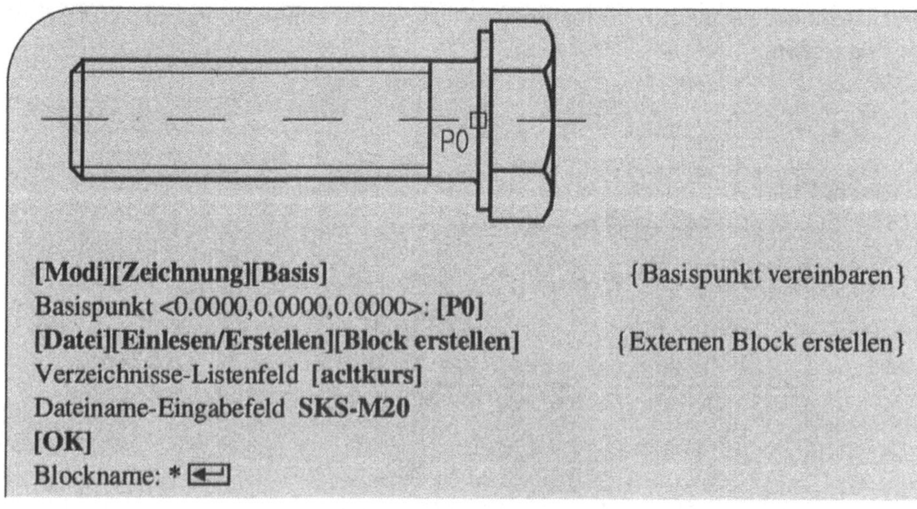

> **[Modi][Zeichnung][Basis]**   { Basispunkt vereinbaren }
> Basispunkt <0.0000,0.0000,0.0000>: **[P0]**
> **[Datei][Einlesen/Erstellen][Block erstellen]**   { Externen Block erstellen }
> Verzeichnisse-Listenfeld **[acltkurs]**
> Dateiname-Eingabefeld **SKS-M20**
> **[OK]**
> Blockname: * ⏎

◆ Aufgabe 12-1: Sechskantschraube M24x50 als externen Block erzeugen

Man zeichne eine Sechskantschraube M24x50 nach DIN 933 in waagerechter Lage und vereinbare einen geeigneten Basispunkt. Anschließend ist die Zeichnung als externer Block SKM24x50 zu speichern.

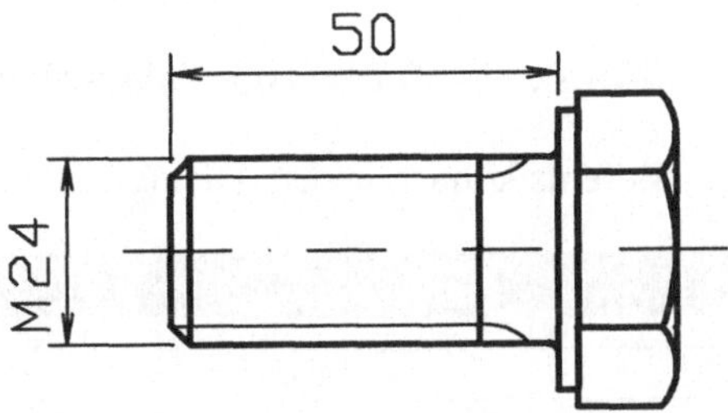

◆ Aufgabe 12-2: Gewinde nach DIN ISO 6410 als Normteil erstellen

Man zeichne ein normgerechtes Gewinde M10 - wie unten abgebildet - ohne Bemaßung und speichere es als externen Block GEW-M10 ab.

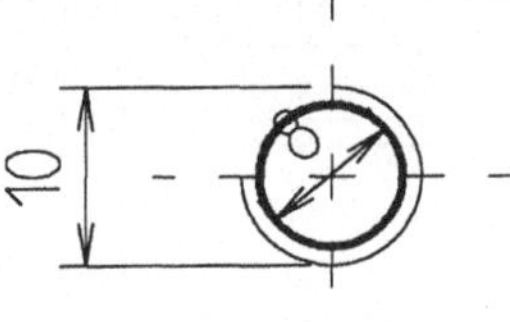

◆ Aufgabe 12-3: Grundsymbol für Oberflächenangaben als Normteil erstellen

Aufgrund der unten angegebenen Darstellung erstelle man einen externen Block OBERFLZE, und zwar mit den vorgegebenen Texten und ohne Bemaßung.

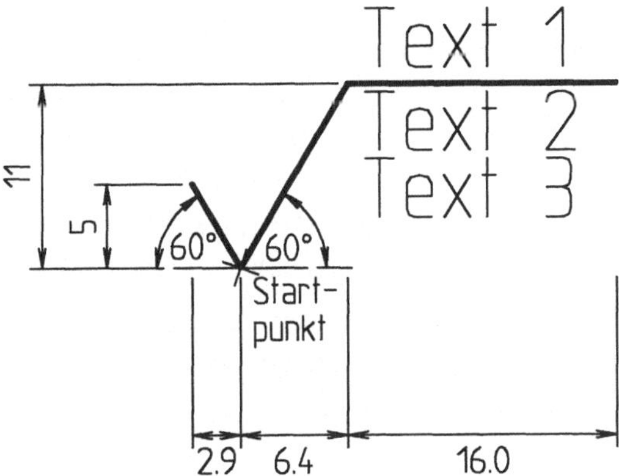

12.2 Einfügen von Blöcken

Das Einfügen von internen und externen Blöcken in eine Zeichnung wird in AutoCAD LT mit dem *Konstruieren*-Befehl *Block einfügen* ausgeführt. Dies gilt entsprechend auch für das Einfügen ganzer Zeichnungen in eine andere Zeichnung.

Zeichnen-Befehl *Block einfügen*: Einfügen eines Blockes in eine Zeichnung

Nach dem Aufruf dieses Befehls können in dem Dialogfenster:

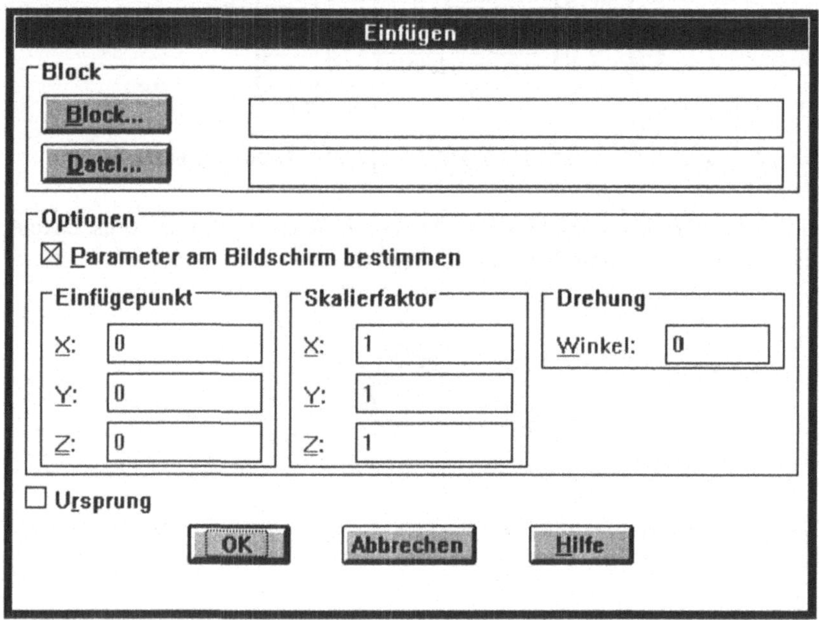

Bild 12-5: Dialogfenster *Einfügen*

die Auswahl des einzufügenden internen oder externen Blockes getroffen und die Parameter für das Einfügen festgelegt werden. Im einzelnen gibt es hierfür folgende Möglichkeiten:

- *Block*   Eingabe oder Auswahl des Namens für einen einzufügenden internen Block

- *Datei*   Eingabe oder Auswahl des Namens für einen einzufügenden externen Block

- *Parameter am Bildschirm bestimmen*   Vereinbaren, ob die Einfügeparameter am Bildschirm beim Einfügen oder vorher im Dialogfenster festgelegt werden

- *Einfügepunkt*   Eingabe der Koordinaten des Einfügepunktes

- *Skalierfaktor*   Eingabe der Maßstäbe bzgl. X-, Y- und Z-Achse

- *Drehung*   Eingabe des Winkels für das Drehen beim Einfügen

- *Ursprung*   Vereinbaren, ob ein Block nach dem Einfügen automatisch in seine Teilelemente zerlegt wird oder nicht

Werden die Einfügeparameter nicht im Dialogfenster festgelegt, so erfolgt dies im Dialog mit:

Einfügepunkt:
X-Faktor <1>/Ecke/XYZ:
Y-Faktor (Vorgabe = X):
Drehwinkel <0>:

Das Einfügen von Blöcken erfolgt in gleicher Weise mit der Befehlseingabe:

Befehl: **DDINSERT** ⏎

oder ohne Dialogfenster mit entsprechenden Anfragen auf die Eingabe:

Befehl: **EINFÜGE** ⏎
Blockname (oder ?):
Einfügepunkt: X-Faktor <1>/Ecke/XYZ:
Y-Faktor (Vorgabe = X):
Drehwinkel <0>:

Block einfügen*-Option *Block*: Internen Block zum Einfügen vereinbaren

Mit dieser Option kann ein interner Block über die Eingabe seines Namens im Block-Eingabefeld oder durch Auswahl im Dialogfenster *Definierte Blöcke* festgelegt werden. Das Dialogfenster wird durch Anklicken von [Block] aktiviert und hat die Form:

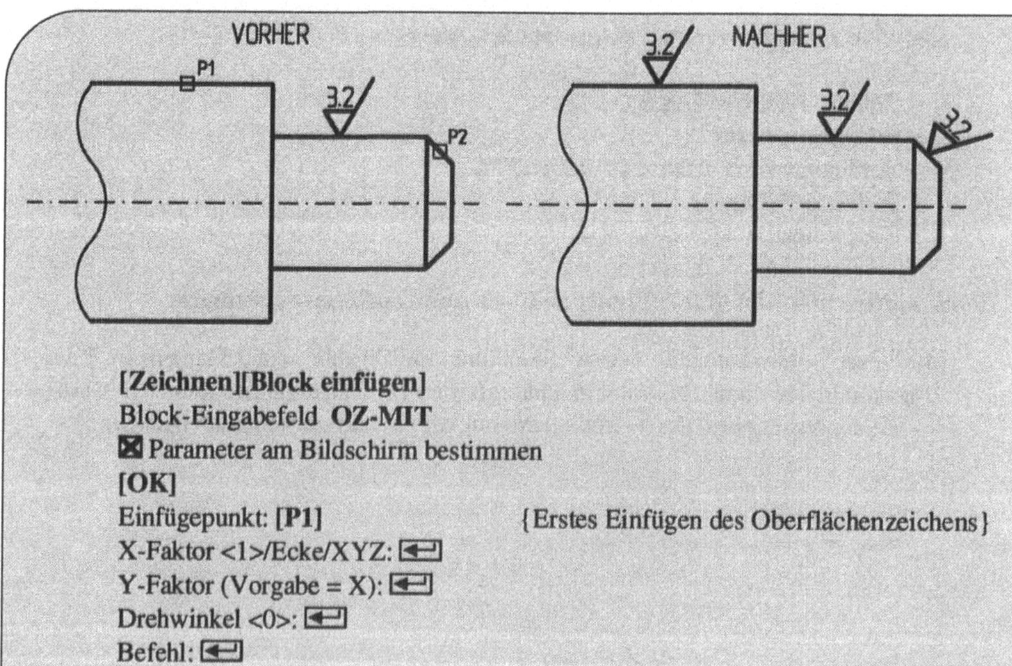

Bild 12-6: Dialogfenster *Definierte Blöcke*

■ Beispiel 12-7: Internen Block einfügen

In der Zeichnung zum Beispiel 12-1 soll das als interner Block OZ-MIT gespeicherte Oberflächenzeichen mit der Zusatzangabe 3,2 in gleicher Größe an zwei anderen Stellen der Zeichnung eingefügt werden. Um ein korrektes Positionieren auf der jeweiligen Linie zu gewährleisten, ist der Objektfang *Nächster* aktiviert.

[Zeichnen][Block einfügen]
Block-Eingabefeld OZ-MIT
☒ Parameter am Bildschirm bestimmen
[OK]
Einfügepunkt: **[P1]**   {Erstes Einfügen des Oberflächenzeichens}
X-Faktor <1>/Ecke/XYZ: ⏎
Y-Faktor (Vorgabe = X): ⏎
Drehwinkel <0>: ⏎
Befehl: ⏎

> **[OK]**
> Einfügepunkt: **[P2]**   {Zweites Einfügen des Oberflächenzeichens}
> X-Faktor <1>/Ecke/XYZ: ⏎
> Y-Faktor (Vorgabe = X): ⏎
> Drehwinkel <0>: ⏎

☞ *Hinweis: Spiegeln eines Blockes beim Einfügen*

Bei der Eingabe negativer Werte für X-, Y- oder Z-Faktor wird der Block entsprechend gespiegelt eingefügt.

Block einfügen-Option *Datei*: Externen Block zum Einfügen vereinbaren

Hierüber wird ein externer Block über die Eingabe seines Namens im Block-Eingabefeld oder durch Auswahl in einem Dialogfenster vereinbart. Durch Anklicken von [Datei] wird das Dialogfenster *Zeichnungsdatei auswählen* für die Auswahl des Dateinamens aufgerufen. Dieses Fenster besitzt den gleichen Aufbau wie das Dialogfenster *Zeichnung öffnen*.

■ Beispiel 12-8: Externen Block einfügen

Mit Hilfe des als externen Block STIFT in dem Beispiel 12-5 gespeicherten Verbindungsstiftes mit der Länge 70 und dem Durchmesser 20 ist die dargestellte Plattenverbindung mit zwei Stiften der Länge 70 und dem Durchmesser 30 zu zeichnen. Zweckmäßigerweise lege man den Basispunkt für die aktuelle Zeichnung der Plattenverbindung in die linke untere Ecke, um die Koordinaten für den Einfügepunkt im Dialogfenster direkt eingeben zu können.

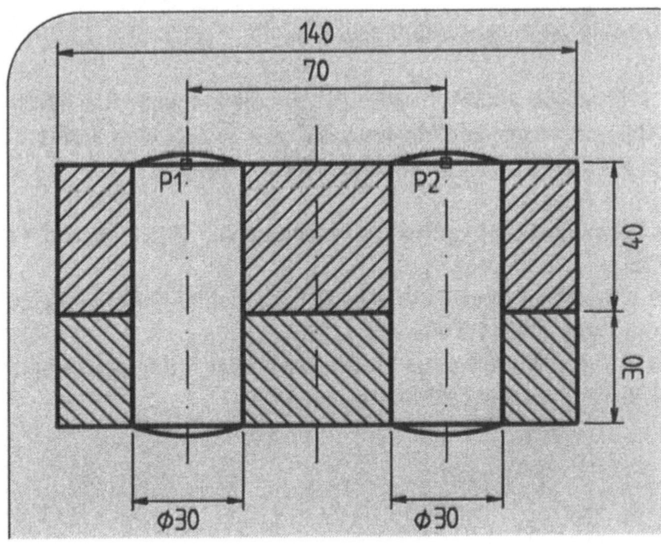

> **Zeichnen der Mittellinie, Zeichnen der einzelnen Plattenteile,**
> **Schraffieren der Plattenteile**
> **[Modi][Zeichnung][Basis]**   {Festlegen des Basispunktes}
> Basispunkt <0.0000,0.0000,0.0000>: **[P0]**
> **[Zeichnen][Block einfügen]**   {Einfügen der beiden Stifte}
> **[Datei]**
> Verzeichnisse-Listenfeld **[[c:\]]**
> Verzeichnisse-Listenfeld **[[acltbuch]]**
> Dateiname-Listenfeld **[[stift]]**
> ☐ Parameter am Bildschirm bestimmen
> Einfügepunkt-X **30**
> Einfügepunkt-Y **70**
> Maßstab-X   **1.5**
> **[OK]**
> Befehl: ⏎
> Einfügepunkt-X **30**
> Einfügepunkt-Y **70**
> Maßstab-X   **1.5**
> **[OK]**
> **Bemaßen der Zeichnung**

Auf die gleiche Weise kann eine beliebige Zeichnung in eine andere Zeichnung eingefügt werden, ohne daß man sie vorher als externen Block gespeichert hat. Zweckmäßigerweise sollte man beim Erstellen einer Zeichnung für diese einen geeigneten Basispunkt festlegen, um eventuelle Probleme bei einem späteren Einfügen dieser Zeichnung zu vermeiden.

☞ *Hinweis: Einfügen durch Ziehen und Ablegen*

AutoCAD LT ermöglicht auch das Einfügen von Zeichnungen durch sogenanntes Ziehen und Ablegen. Unter der Annahme, daß in einem zweiten Fenster der Windows Dateimanager gestartet ist, geht man hierbei folgendermaßen vor:

- Anklicken des Dateinamens der einzufügenden Zeichnung im Dateimanager-Fenster
- Ziehen der Maus unter Festhalten der gedrückten Taste in die gewünschte Lage im AutoCAD LT-Fenster
- Festlegen der Werte für die Einfügeparameter *Skalierfaktor* und *Drehwinkel* nach dem Loslassen der Maustaste

◆ Aufgabe 12-4: Sechskantschraube einfügen

Die unten angegebene Plattenverbindung mit zwei Sechskantschrauben M24x50 nach
DIN 933 ist zu zeichnen und unter dem Namen PLATTEN zu speichern. Man gehe
dabei wie folgt vor:

- Zeichnen der oberen Darstellung mit Bemaßung
- Zeichnen der beiden Platten für die untere Darstellung unter Berücksichtigung der nach dem Einfügen der Schrauben nicht mehr sichtbaren Linien
- Einfügen der in der Aufgabe 12-1 als externer Block SKM24x50 gespeicherten Sechskantschraube in die Zeichnung

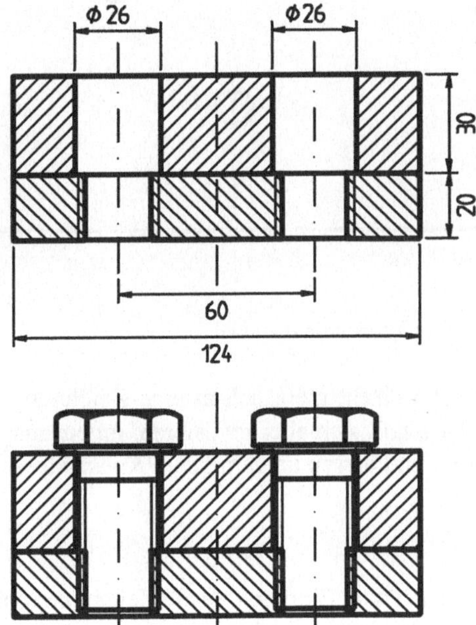

◆ Aufgabe 12-5: Platte mit Gewindebohrungen

Eine Platte mit zwei Gewindebohrungen M8 und einer Gewindebohrung M10 ist wie
unten dargestellt zu zeichnen und in der Datei PLATTEGW zu speichern. Man wende
dabei den in der Aufgabe 12-2 erzeugten externen Block GEW-M10 an.

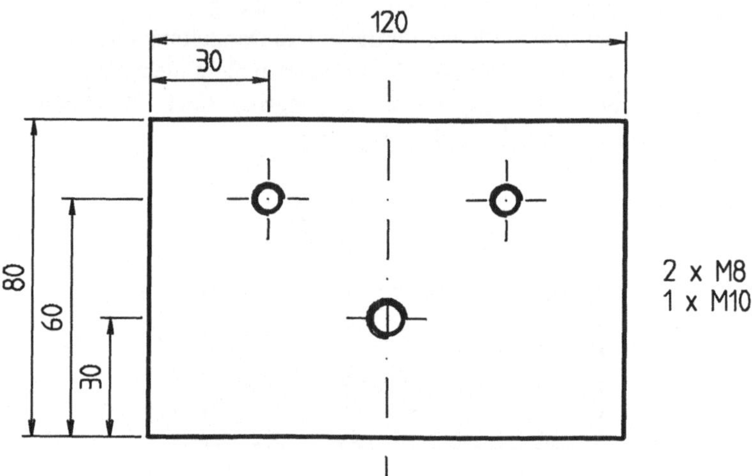

☞ *Hinweis: Mehrfaches Einfügen von Blöcken*

Einen Befehl, um Blöcke direkt mehrfach in eine Zeichnung einzufügen, gibt es in
AutoCAD LT nicht. Dies läßt sich aber realisieren, indem man zunächst einen Block
in die Zeichnung einfügt und diesen dann mit dem *Konstruieren*-Befehl *Kopieren* oder
Reihe mehrfach kopiert.

Eingefügte Blöcke werden nach dem Einfügen als ein Zeichnungobjekt behandelt, d.h. ihre
Elemente können nicht einzeln geändert oder gelöscht werden. Mit dem *Ändern*-Befehl
Ursprung können u.a. Blöcke in ihre Teilelemente zerlegt werden, so daß man diese
anschließend einzeln bearbeiten kann.

Ändern-Befehl *Ursprung*: Zerlegen von Zeichnungsobjekten

Hiermit können eingefügte Blöcke, Schraffuren, Bemaßungen und Polylinien in ihre
einzelnen Grundelemente zerlegt werden. Die Auswahl der auf diese Weise aufzuspal-
tenden Objekte erfolgt auf die Anfrage:

Objekte wählen:

Der Befehl *Ursprung* kann auch über die Tastatur mit:

Befehl: **URSPRUNG** ⬅
Objekte wählen:

eingegeben oder durch Anklicken von im Werkzeugkasten aktiviert werden.

■ Beispiel 12-9: Löschen und Ändern von Elementen eingefügter Blöcke

Für die im Beispiel 12-7 als Blöcke eingefügten Oberflächenzeichen soll jeweils die
waagerechte Linie gelöscht und der Text 3,2 für das Oberflächenzeichen an der
Abschrägung durch 6,4 ersetzt werden.

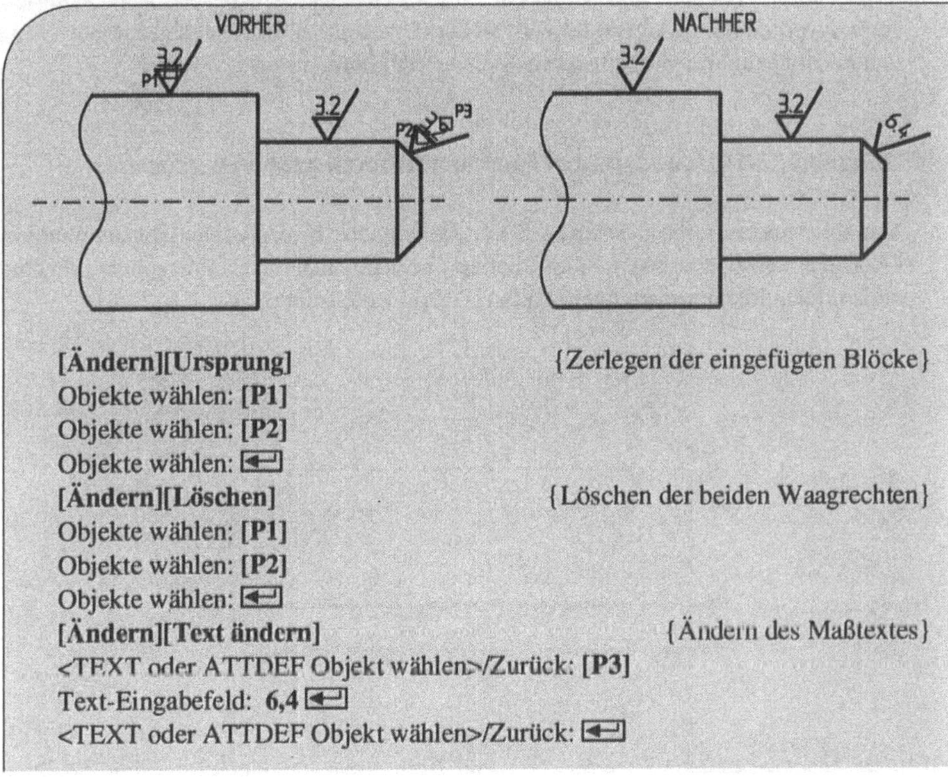

[Ändern][Ursprung]   {Zerlegen der eingefügten Blöcke}
Objekte wählen: **[P1]**
Objekte wählen: **[P2]**
Objekte wählen: ⬅
[Ändern][Löschen]   {Löschen der beiden Waagrechten}
Objekte wählen: **[P1]**
Objekte wählen: **[P2]**
Objekte wählen: ⬅
[Ändern][Text ändern]   {Ändern des Maßtextes}
<TEXT oder ATTDEF Objekt wählen>/Zurück: **[P3]**
Text-Eingabefeld: **6,4** ⬅
<TEXT oder ATTDEF Objekt wählen>/Zurück: ⬅

Die Anwendung des Befehls *Ursprung* kann entfallen, wenn man bereits beim Einfügen
durch Wahl der Option Ursprung vereinbart, daß einzufügende Blöcke automatisch aufge-
spalten werden sollen.

Block einfügen-Option _Ursprung_: Aufspalten eines Blockes nach dem Einfügen

Wird im Dialogfenster _Einfügen_ diese Option durch Anklicken aktiviert, so wird ein Block nach dem Einfügen in seine einzelnen Teilelemente zerlegt.

Der Aufruf des _Ändern_-Befehls _Ursprung_ im Beispiel 12-9 kann entfallen und die gewünschten Löschungen und Änderungen lassen sich unmittelbar ausführen, wenn beim Einfügen des Oberflächenzeichens im Beispiel 12-7 die Option _Ursprung_ aktiviert wird.

☞ _Hinweis: Unterschiedliche Maßstabsfaktoren_

Werden beim Einfügen von Blöcken unterschiedliche Maßstabsfaktoren in X- und Y-Richtung verwendet, so können die eingefügten Blöcke nicht wie oben beschrieben zerlegt werden. Der Anwender wird mit der Anzeige, daß der Block nicht gleichmäßig und positiv skaliert war, auf diesen Sachverhalt hingewiesen.

◆ **Aufgabe 12-6: Grundsymbol für Oberflächenangaben einfügen**

Das als externer Block OBERFLZE in der Aufgabe 12-3 erstellte Grundsymbol eines Oberflächenzeichens ist in modifizierter Form in die unten angegebene Zeichnung einzufügen, die unter dem Namen BAUTEIL0 zu speichern ist.

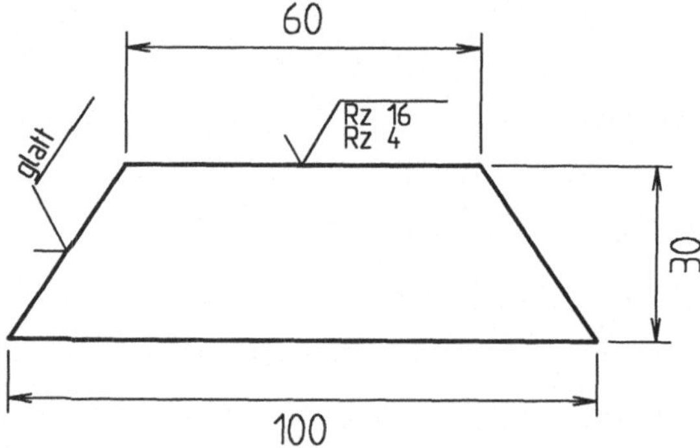

Mit den _Ändern_-Befehlen _Umbenennen_ und _Bereinigen_ kann man in einer Zeichnung Blöcke umbenennen bzw. löschen. Dies ist beispielsweise von Vorteil, wenn man existierenden Blöcken besser verständliche Namen zuordnen oder nicht benutzte Blöcken zum Einsparen von Speicherplatz aus der Zeichnung entfernen möchte. Beide Befehle lassen sich in gleicher Weise auch auf andere benannte Zeichnungsobjekte, wie z.B. Layer und Textstile anwenden.

Ändern-Befehl *Umbenennen*: Umbenennen von benannten Zeichnungs-objekten

Nach Aufruf des Befehls *Umbenennen* sind die erforderlichen Vereinbarungen im Dialogfenster:

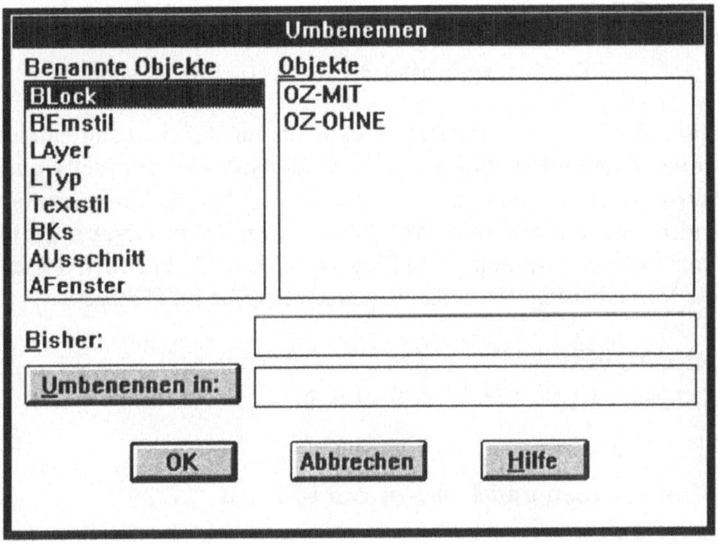

Bild 12-7: Dialogfenster *Umbenennen*

zu treffen. Im einzelnen stehen für die Auswahl des umzubenennenden Objektes und die Eingabe seines neuen Namens folgende Felder zur Verfügung:

- *Benannte Objekte*   Auswahl der Art der Objekte

- *Objekte*   Auswahl des speziellen Objektes

- *Bisher*   Anzeige des ausgewählten Namens

- *Umbenennen in*   Festlegen des neuen Namens und Bestätigen der Umbenennung

In gleicher Weise erfolgt das Umbenennen von benannten Zeichnungselementen mit dem Aufruf:

Befehl: **DDRENAME** ⏎

Mit dem Aufruf des Befehls *UMBENENN* ergibt sich der Befehlsdialog:

> Befehl: **UMBENENN** ⏎
> BLock/BEmstil/LAyer/LTyp/Textstil/BKs/AUschnitt/AFenster:

Ändern-Befehl *Bereinigen*: Löschen von nichtbenutzten benannten Zeichnungsobjekten

Hiermit kann man nichtbenutzte Zeichnungsobjekte aus einer Zeichnung entfernen. Nach dem Aufruf des Befehls *Bereinigen* erfolgt durch die Wahl einer der Optionen *Blöcke*, *Bemaßungsstile*, *Layer*, *Linientypen*, *Textstile* oder *Alles* die Vereinbarung der Art der zu löschenden Zeichnungsobjekte. Anschließend werden die Objekte, die nicht benutzt werden, zum Löschen angeboten. Bei Eingabe des Befehls *BEREINIG* über die Tastatur erfolgt die Vereinbarung der zu bereinigenden Objekte im Dialog:

> Befehl: **BEREINIG** ⏎
> Bereinigung unbenutzter BLöcke/BEmstile/LAyer/LTypen/Textstile/ALles:

■ Beispiel 12-10: Umbenennen und Löschen von Blöcken

In einer Zeichnung sind die internen Blöcke OFLZ-01, OFLZ-02, OFLZ-03 und OFLZ-04 zwar vereinbart, werden aber nicht benutzt. Die beiden Blöcke OFLZ-01 und OFLZ-03 sollen in OBFLZ1 bzw. OBFLZ2 umbenannt werden. Die beiden anderen Blöcke OFLZ-02 und OFLZ-04 sind zu löschen.

```
[Ändern][Umbenennen]        {Umbenennen der Blöcke OFLZ-01 und OFLZ-03}
Benannte Objekte-Listenfeld [Block]
Objekte-Listenfeld [OFLZ-01]
Bisher-Anzeigefeld OFZL-01
Umbenennen in-Eingabefeld OBFLZ1
[Umbenennen in]
[OK]
Befehl: ⏎
Benannte Objekte-Listenfeld [Block]
Objekte-Listenfeld [OFLZ-03]
Bisher-Anzeigefeld OFZL-03
Umbenennen in-Eingabefeld OBFLZ2
[Umbenennen in]
[OK]
[Ändern][Bereinigen]        {Entfernen der Blöcke OFLZ-02 und OFLZ-04}
```

> **[Blöcke]**
> Der Befehl BEREINIG kann jetzt nicht verwendet werden. {Fehlerhinweis}
> **Sichern und erneutes Öffnen der Zeichnung**
> **[Ändern][Bereinigen]**
> **[Blöcke]**
> Bereinigen Block OBFLZ1 ? <N>:⏎
> Bereinigen Block OBFLZ2 ? <N>: ⏎
> Bereinigen Block OFLZ-02 ? <N>: j ⏎
> Bereinigen Block OFLZ-04 ? <N>: j ⏎

☞ *Hinweis: Anwendung des Ändern-Befehls Bereinigen*

Der Befehl zum Bereinigen von benannten Zeichnungsobjekten kann nur unmittelbar nach dem Öffnen einer Zeichnung angewandt werden. Werden keine unbenutzten Objekte gefunden, wird dies durch einen entsprechenden Hinweis angezeigt. Die Anwendung auf andere benannte Objekte, wie z.B. Layer oder Textstile, erfolgt ganz analog wie bei Blöcken.

☞ *Hinweis: Speichern einer Zeichnung als externen Block*

Wird eine gesamte Zeichnung als externer Block gespeichert, so werden vor dem Abspeichern alle nicht benutzten Blöcke, Layer, Linientypen, Textstile und Bemaßungsstile - wie bei einer Anwendung der Option *ALles* des *Ändern*-Befehls *Bereinigen* - aus der Zeichnung entfernt.

◆ **Aufgabe 12-7: Unbenutzte Layer entfernen**

Bei der in der Aufgabe 9-5 erstellten und in der Datei GELENK gespeicherten Zeichnung eines Gelenks sind nicht alle vorgesehenen Layer benutzt. Man lösche diese unbenutzten Layer aus der Zeichnung.

A   Lösungen

◆ Aufgabe 2-1: Einstieg in AutoCAD LT

c:\win aclt ⏎   {AutoCAD LT starten}
[?]
[Info über AutoCAD LT]   {Allgemeine Information zum System anzeigen}
[OK]
[?]
[Suchen]   {Informationen zum Befehl *Öffnen* anzeigen}
Eingeben des Suchwortes: **ÖFFNEN** ⏎
[Gehe zu]
[Linke Schaltfläche des Dialogfensters AutoCAD LT Hilfe]
[Schließen]
[Datei][Öffnen]   {Laden der Datei Pipedetl.dwg}
Dateiname-Listenfeld **[pipedetl.dwg]**
[OK]
[Datei][Speichern unter]   {Sichern der Datei unter anderem Namen}
Verzeichnis-Listenfeld **[[acltkurs]]** *oder* **[acltkurs][OK]**
Dateiname-Eingabefeld **rohrst [OK]**
Analoges Öffnen und Speichern für die Dateien Plane.dwg und
Toolpost.dwg
[Datei][Öffnen]
Verzeichnis-Listenfeld **[[acltkurs]]** *oder* **[acltkurs][OK]**
Dateiname-Listenfeld **[flugzeug.dwg]**
Ändern der Zeichnung
[Datei][Speichern]
[Datei][Beenden]

◆ Aufgabe 2-2: Prototypzeichnung für DIN A2 erstellen und anwenden

[Datei][Neu]   {Anlegen der neuen Zeichnung}
Setup-Methode-Auswahlfeld
⊙ Keine **[OK]**
[Modi][Zeichnung]
[Zeichnungslimiten]   {Festlegen der DIN A2-Zeichnungsgröße}
Modellbereich Limiten zurücksetzen:
Ein/Aus/Linke untere Ecke <0.0000,0.0000>: ⏎

Rechte obere Ecke <297.0000,210.0000>: **595,420** ⏎
[Modi][Einheitensteuerung]   {Festlegen des Anzeigeformats}
⊙ *Dezimal*
Einheiten-Genauigkeits-Listenfeld **[0.00]**
⊙ *Dezimalgrad*
Winkel-Genauigkeits-Listenfeld **[0.0]**
[OK]
[Datei][Speichern unter]   {Speichern der Prototyp-Zeichnung}
Verzeichnisse-Listenfeld **[[acltkurs]]**
Dateiname-Eingabefeld **prodina2** ⏎
[Datei][Neu]
⊙ Keine   {Neue Datei anlegen}
[Prototyp]
Verzeichnisse-Listenfeld **[[acltkurs]]**
Dateiname-Listenfeld **[[prodina2]]**   {Prototypzeichnung auswählen}
[OK]
Dateiname-Listenfeld **[[prodina2]]**   {Prototypzeichnung auswählen}
[Datei][Speichern unter]   {Neue Zeichnung sichern}
Verzeichnisse-Listenfeld **[[acltkurs]]**
Dateiname-Eingabefeld **zeidina2** ⏎

◆ Aufgabe 2-3: Musterzeichnung BAUTEIL drucken

[Datei][Öffnen]   {Öffnen der Datei Bauteil .DWG im Verzeichnis c:\acltkurs}
Verzeichnisse-Listenfeld **[[acltkurs]]**
Dateiname-Listenfeld **[bauteil.dwg]**
[OK]
[Datei][Druck/Plot]
Weitere Parameter-Optionsfeld ⊙ Limiten
Plot-Voransicht- Option ⊙ Ganz
[Drehung und Ursprung]
Plot-Drehung-Optionsfeld ⊙ 90 **[OK]**
Skalierfaktor-Optionsfeld ☐ Größe angepaßt
Geplottete mm-Eingabefeld **10** ⏎
Zeicheneinheiten-Eingabefeld **1** ⏎
[Voransicht]   {Vollständige Kontrollausgabe}
[Voransicht beenden]
[OK]
Hinweis für weitere Vorgehensweise ⏎

◆ **Aufgabe 2-4: Musterzeichnung Bauteil in Datei drucken**

Öffnen der Datei und einstellen der Druckparameter wie in Aufgabe 2-3
Zusätzlich muß eingestellt werden:
Weitere Parameter-Optionsfeld ☒ In Datei plotten
Weitere Parameter-Optionsfeld **[Datei]**
Laufwerke-Listenfeld **[[b:]]**
Dateiname-Eingabefeld **bauteil [OK]**
[OK]

◆ **Aufgabe 3-1: Haus vom Nikolaus zeichnen**

[Zeichnen][Linie]
Von Punkt: **140,140** ⏎
Nach Punkt: **140,210** ⏎
Nach Punkt: **@61<125** ⏎
Nach Punkt: **70,210** ⏎
Nach Punkt: **70,140** ⏎
Nach Punkt: **140,210** ⏎
Nach Punkt: **70,210** ⏎
Nach Punkt: **140,140** ⏎
Nach Punkt: **70,140** ⏎
Nach Punkt: ⏎

◆ **Aufgabe 3-2: Rechteck mit nachträglichen Korrekturen zeichnen**

Zeichnen der Seiten 1, 2, 3 und 4
[Ändern][Löschen]
Objekte wählen: **[Seite 3 anpicken]**
1 gefunden
Objekte wählen: **[Seite 4 anpicken]**
1 gefunden
Objekte wählen: ⏎
[Zeichnen][Linie]
Zeichnen der Seiten 5 und 6

◆ **Aufgabe 3-2: Haus von Nikolaus durch eine Mittellinie ergänzen**

Öffnen der Zeichnung aus Aufgabe 3-1
[Modi][Linientyp][Setzen]
Neuer Objektlinientyp (oder?) <VONLAYER>: **strichpunkt** ⏎
[Zeichnen][Linie]
Von Punkt: **105,130** ⏎
Nach Punkt: **105,270** ⏎
Nach Punkt: ⏎

◆ **Aufgabe 4-1: Zeichnung Flugzeug im größeren Maßstab ansehen**

Öffnen der Datei Flugzeug
[Modi][Übersichtsfenster]   {Übersichtsfenster öffnen]
[Anzeige][Zoom][Zoomfaktor]
Alles/Mitte/Grenzen/Vorher/Fenster/<Faktor(X/XP)>: **3** ⏎
[Anzeige][Pan]   {Verschieben der Bildausschnitte}
Anzeigen verschiedener Zeichnungsausschnitte
    :
[Anzeige][Zoom][Alles]   {Ganze Zeichnung anzeigen}
[Anzeige][Zoom][Fenster]   {Vergrößern von Ausschnitten durch Fenster}
Anzeigen verschiedener Zeichnungsausschnitte
    :
⊟ Übersichtsfenster
[Schließen]

◆ **Aufgabe 4-2: Grundriß eines Blechs zeichnen**

[Modi][Zeichnungshilfen]
Modi-Optionsfeld ☒ Ortho
[OK]
[Zeichnen][Linie]
Von Punkt: **Linken unteren Punkt wählen** ⏎
Nach Punkt: **Punkt rechts davon im Abstand 60 anklicken** ⏎
Nach Punkt: **Punkt oberhalb im Abstand 20 anklicken** ⏎ usw.
    :
[Datei][Speichern unter]
Verzeichnisse-Listenfeld [[acltkurs]]
Dateiname-Eingabefeld **blech1**
[OK]

◆ **Aufgabe 4-3: Grundplatte in zwei Ansichten zeichnen**

[Modi][Zeichnungshilfen]
Raster-Optionsfeld ☒ Ein
Raster-Eingabefeld X-Abstand **5** ⏎
[OK]
Zeichnen der beiden Ansichten der Grundplatte
[Datei][Speichern unter]
Verzeichnisse-Listenfeld **[[acltkurs]]**
Dateiname-Eingabefeld **grundpl1**
[OK]

◆ **Aufgabe 4-4: Prototypzeichnung aktualisieren**

Öffnen der Prototypdatei PRODINA2
[Modi][Zeichnungshilfen]
Fang-Optionsfeld ☒ Ein
Fang-Eingabefeld X-Abstand **20** ⏎
Raster-Optionsfeld ☒ Ein
Raster-Eingabefeld X-Abstand **20** ⏎
[OK]
[Anzeige][Zoom][Alles]
[Datei][Sichern]

◆ **Aufgabe 4-5: Werkstück in drei Ansichten zeichnen**

Fangraster mit Abstand 5 setzen
Zeichnen der sichtbaren Körperkanten
[Modi][Linientyp][Setzen]   {Zeichnen der Mittellinien}
Neuer Objektlinientyp (oder ?) <VONLAYER>: **STRICHPUNKT** ⏎
Zeichnen der Mittellinien
[Modi][Linientyp][Setzen]   {Zeichnen der verdeckten Kanten}
Neuer Objektlinientyp (oder ?) <STRICHPUNKT>: **VERDECKT2** ⏎
Zeichnen der verdeckten Kanten in der Vorderansicht
Zeichnen einer horizontalen Hilfslinie, die in der Seitenansicht über die
schräge Außenkante hinausgeht
[Hilfsmittel][Objektfang]
Einstellungen wählen-Optionsfeld ☒ Schnittpunkt [OK]
Zeichnen der verdeckten Kante bis zum Schnittpunkt der Hilfslinie mit der
schrägen Außenkante

Löschen der Hilfslinie
Abspeichern der Zeichnung

◆ **Aufgabe 5-1: Prototypzeichnung um Layer ergänzen**

Öffnen der Prototypdatei PRODINA2
[Modi][Linientyp][Laden]
Name des zu ladenden Linientyps: * ⏎
Linientypdatei acltiso.lin auswählen, falls nicht schon markiert
[OK]
?/Erzeugen/Laden/Setzen: S ⏎
Neuer Objektlinientyp (oder ?) <VONLAYER>: ⏎
?/Erzeugen/Laden/Setzen: ⏎
[Modi][Layersteuerung]   {Neue Layer erstellen}
Layer-Eingabefeld **Konturlinie [Neu]**
Layer-Eingabefeld **Hilfslinie [Neu]**
Layer-Eingabefeld **Mittellinie [Neu]**
usw.
  :
Layer-Listenfeld **[Hilfslinie]**   {Farbe und Linienart für Layer vereinbaren}
[Farbe]
Farbe-Eingabefeld **cyan [OK]**
Layer-Listenfeld **[Hilfslinie]**
Layer-Listenfeld **[Mittellinie]**
[Farbe]
Farbe-Eingabefeld **1 [OK]**
[Linientyp]
Linientyp-Eingabefeld **strichpunkt [OK]**
Layer-Listenfeld **[Mittellinie]**
usw.
  :
[OK]
Speichern der Prototypdatei

◆ **Aufgabe 5-2: Drehkörper zeichnen**

Öffnen einer neuen Zeichnung unter Verwendung der Prototypzeichnung
PRODINA4
Setzen eines Fangrasters mit Abstand 5
Layer-Listenfeld-Funktionsleiste [Mittellinie]

Zeichnen der Mittellinie
Layer-Listenfeld-Funktionsleiste **[Konturlinie]**
Zeichnen der Körperkanten
Speichern der Zeichnung

◆ Aufgabe 5-3: Platte mit Durchbrüchen zeichnen

Öffnen einer neuen Zeichnung unter Verwendung der Prototypzeichnung
PRODINA4
Setzen eines Fangrasters mit Abstand 5
Layer-Listenfeld-Funktionsleiste **[Mittellinie]**
Zeichnen der Mittellinie
Layer-Listenfeld-Funktionsleiste **[Konturlinie]**
Zeichnen der Körperkanten
Speichern der Zeichnung

◆ Aufgabe 6-1: Bleche mit Bohrungen zeichnen

Layer *Mittellinie* wählen   {Zeichnen von Blech 1}
Zeichnen der Mittellinien
Layer *Konturlinie* wählen
[Zeichnen][Kreis][Mittelpunkt, Radius]   {Außenkontur zeichnen}
3P/TTR/<Mittelpunkt>: **Zentrum des Kreises anklicken**
Radius: **30** ⬅
[Zeichnen][Kreis][Mittelpunkt, Radius]   {Bohrung zeichnen}
3P/TTR/<Mittelpunkt>: **Zentrum des Kreises anklicken**
Radius <30.0000>: **7.5** ⬅
Layer *Mittellinie* wählen   {Zeichnen von Blech 2}
Zeichnen der horizontalen und vertikalen Mittellinien
Zeichnen des Teilkreises mit Radius 50
Zeichnen der Bohrungsmittellinien {Hilfslinien benutzen und danach löschen}
Layer *Konturlinie* wählen
Zeichnen der Außenkontur und der Bohrungen
Speichern der Zeichnung

◆ Aufgabe 6-2: Keilriementrieb zeichnen

Setzen des Fangrasters mit Abstand 5
Layer *Mittellinie* wählen

Zeichnen der Mittellinien
Layer *Konturlinie* wählen
Zeichnen der Kreise
[Hilfen][Objektfang]
Einstellungen wählen-Optionsfeld ☒ Tangente [OK]
Zeichnen der zwei Tangenten
Speichern der Zeichnung

◆ Aufgabe 6-3: Blech zeichnen

Layer *Konturlinie* wählen
Zeichnen der 45 und 80 mm langen Körperkanten
Ermitteln des Bogenmittelpunktes durch Zeichnen einer Hilfslinie mit
einer Länge von 60 mm und unter einem Winkel von -30° zur
Waagerechten
[Zeichnen][Bogen][Mittelp,Startp,Winkel]
Zeichnen des Bogens mit Hilfe entsprechender Objektfangmodi
Vervollständigen der Außenkontur   {entsprechende Hilfslinien benutzen}
Zeichnen des Durchbruchs
Layer *Mittellinie* wählen
Zeichnen der Mittellinien
Löschen der Hilfslinien
Speichern der Zeichnung

◆ Aufgabe 6-4: Haken zeichnen

Fangraster mit Abstand 5 wählen
Geeigneten Layer einstellen
Zeichnen der senkrechten und waagerechten Linien unter
Berücksichtigung der noch zu zeichnenden Kreisbögen
[Zeichnen][Bogen][Startp,Mittelp,Endp]
Zeichnen der Bögen mit den Radien 5, 10, 15 und 20
Das Zeichnen der Bögen kann auch mit anderen Bogen-Optionen erfolgen

◆ Aufgabe 6-5: Blech zeichnen

Geeigneten Layer wählen
Zeichnen der Außenkontur mit den Befehlen *Linie* und *Bogen*

Für die Ermittlung des rechten Eckpunktes der Außenkontur ist es zweckmäßig,
mit geeigneten Hilfslinien zu arbeiten!
Zeichnen der Mittellinien im entsprechenden Layer
Zeichnen der Innenkontur im entsprechenden Layer
Zum Zeichnen des unteren Bogens wie auch zum Zeichnen der Mittellinien ist es
vorteilhaft, mit geeigneten Hilfslinien und Hilfskreisen zu arbeiten!

◆ Aufgabe 7-1: Bügel zeichnen

Setzen eines Fangrasters mit Abstand 5
Zeichnen der rechtwinkligen Außenkontur des Bügels
[Konstruieren][Abrunden]   {Rundungsradius 5 einstellen}
Polylinie/Radius/<Erstes Objekt wählen>: **R** ⏎
Rundungsradius eingeben <0.0000>: **5** ⏎
Befehl: ⏎
Polylinie/Radius/<Erstes Objekt wählen>:   **Wählen der Konturlinien, die mit**
                                             dem Radius 5 abgerundet werden
Entsprechendes Einstellen und anschließendes Anklicken der
Konturlinien, die mit den Radien 10, 15 und 20 abgerundet werden sollen

◆ Aufgabe 7-2: Blech mit Rundungen zeichnen

Zeichnen der Mittellinien
Zeichnen der Außenkonturen in eckiger Form
Zeichnen der Innenkonturen
Abrunden der entsprechenden Ecken mit dem Radius 10
Die abzurundenden Ecken können sich vor dem Abrunden überschneiden!

◆ Aufgabe 7-3: Führungsachse zeichnen

Zeichnen der rechtwinkligen Außenkonturen
Abrunden der entsprechenden Ecken mit dem Radius 1
[Konstruieren][Fasen]
Polylinie/Abstand/<Erste Linie wählen>: **A** ⏎
Ersten Fasenabstand eingeben: **1.07** ⏎
Zweiten Fasenabstand eingeben: **4** ⏎
Befehl: ⏎
Polylinie/Abstand/<Erste Linie wählen>:   **Anklicken der Linien, die mit 4x15°**
                                          angefast werden sollen

Polylinie/Abstand/<Erste Linie wählen>: A ⏎
Ersten Fasenabstand eingeben: **1** ⏎
Zweiten Fasenabstand eingeben: **1** ⏎
Befehl: ⏎
Polylinie/Abstand/<Erste Linie wählen>: **Anklicken der Linien, die mit 1x45°
angefast werden sollen**

◆ **Aufgabe 8-1: Zeichnung beschriften**

Laden der Zeichnung
[Zeichnen][Text]
Position/Stil/<Startpunkt>: **P** ⏎
Ausrichten/Einpassen/Zentrieren/Mitte/Rechts: **Z** ⏎
Zentrieren Punkt: **[Zentrumspunkt für erste Textzeile]**
Höhe <3.5000>: **7** ⏎
Einfüge-Winkel <0>: ⏎
Text: **Konsole** ⏎
Text: **aus** ⏎
Text: **ST 50-2** ⏎
Text: ⏎

◆ **Aufgabe 8-2: Stückliste erstellen**

**Öffnen einer neuen Zeichnung mit der Prototypzeichnung PRODINA4
Setzen eines geeigneten Fangrasters
Zeichnen aller Linien der Stückliste
Eingabe der Texte in passenden Schriftgrößen und Ausrichtungen
Speichern der Zeichnung**

◆ **Aufgabe 8-3: Neue Textstile erstellen**

Befehl: **STIL** ⏎
Name des Textstils (oder ?): <STANDARD>: **TXT6** ⏎
Neuer Textstil
Dateiname-Listenfeld **[[txt.shx]]**
Höhe <0.0000>: **6** ⏎
Breitenfaktor <1.0000>: **0.9** ⏎
Neigungswinkel <0>: ⏎
Rückwärts <N>: ⏎

Auf dem Kopf <N>: ⏎

Vertikal? <N>: ⏎

TXT6 ist jetzt der aktuelle Textstil

Erstellen des Textstils TXT8 wie oben beschrieben mit Höhe 8

[Zeichnen][Text]

Position/Stil/<Startpunkt>: S ⏎

Stilname (oder ?) <TXT8>: **STANDARD** ⏎

Position/Stil/<Startpunkt>: **[Anfangspunkt für Text]**

Höhe <8.0000>: ⏎

Einfüge-Winkel <0>: ⏎

Text: **Dies ist eine Kontrolle!** ⏎

Text: ⏎

Schreiben des Textes bei gleicher Vorgehensweise mit Textstil TXT6 und TXT8

◆ **Aufgabe 8-4: Beschriftung für Konsole ändern**

Zeichnung aus Aufgabe 8-1 laden
[Ändern][Text bearbeiten]
<TEXT oder ATTDEF Objekt wählen>/Zurück: **[Punkt im Text wählen]**
Text-Eingabefeld **ST 33** ⏎
<TEXT oder ATTDEF Objekt wählen>/Zurück: ⏎

◆ **Aufgabe 9-1: Bemaßungsstil ändern**

[Modi]
✔ *Assoziativbemaßung*   {im *Modi*-Abrollmenü}
[Bemaßungsstil]
[Hilfslinien]   {im Dialogfenster *Bemaßungsstile und -parameter*}
Größe des Zentrumpkts-Eingabefeld **5**   {im Dialogfenster *Hilfslinien*}
☒ Zentrumspunkt mit Mittellinie
[OK]
[Pfeilspitzen]   {im Dialogfenster *Bemaßungsstile und -parameter*}
Pfeilegröße-Eingabefeld **4**
[OK]   {im Dialogfenster *Maßpfeile*}
[OK]

◆ Aufgabe 9-2: Bauteil bemaßen

Zeichnen der Außenkontur
[Zeichnen][Linearbemaßung][Horizontal]   {horizontal bemaßen}
Bemaßen der horizontalen Linien
[Zeichnen][Linearbemaßung][Vertikal]   {vertikal bemaßen}
Bemaßen der vertikalen Linien
Sichern der Datei

◆ Aufgabe 9-3: Platte mit Durchbrüchen bemaßen

Laden der Zeichnung aus Aufgabe 5-3
Layer *Bemassunbg* als aktuellen Layer wählen
[Zeichnen][Linearbemaßung][Horizontal]
Bemaßen der horizontalen Linien
[Zeichnen][Linearbemaßung][Vertikal]
Bemaßen der vertikalen Linien
Sichern der Datei

◆ Aufgabe 9-4: Kegelstumpf zeichnen und bemaßen

Zeichnen der Seitenansicht des Kegelstumpfs   {ähnlich BSP9-15, Variante 2}
[Zeichnen][Linearbemaßung][Vertikal]   {Höhe bemaßen}
Bemaßen der Höhe des Kegelstumpfs
[Zeichnen][Linearbemaßung][Horizontal]   {Durchmesser bemaßen}
Anfangspunkt der ersten Hilfslinie oder Eingabetaste für Auswahl: ⏎
Linie, Bogen oder Kreis wählen: **[Linie für D=60 wählen]**
Position der Maßlinie (Text/Winkel): **[geeignete Position wählen]**
Maßtext <60>: %%C <> ⏎
[Zeichnen][Linearbemaßung][Horizontal]
Anfangspunkt der ersten Hilfslinie oder Eingabetaste für Auswahl: ⏎
Linie, Bogen oder Kreis wählen: **[Linie für d=30 wählen]**
Position der Maßlinie (Text/Winkel): **[geeignete Position wählen]**
Maßtext <30>: %%C <> ⏎
Speichern der Zeichnung

◆ **Aufgabe 9-5: Gelenk zeichnen und bemaßen**

Zeichnen der Innen- und Außenkonturen in geeignetem Layer
Zeichnen der Mittellinien in geeignetem Layer
Zeichnen der verdeckten Kanten in geeignetem Layer
Zeichnen der Gewindekernlinien in geeignetem Layer
Durchführen der horizontalen Bemaßung
Durchführen der vertikalen Bemaßung mit Ergänzung der
Maßtexte Ø30 und M20
[Zeichnen][Radialbemaßung][Durchmesser]   {Bohrung bemaßen}
Bogen oder Kreis wählen: **[Punkt auf Kreis wählen]**
Maßtext <30>: **30 ⏎**   {Durchmesserzeichen ist nicht erforderlich}

☞ *Hinweis: Abweichende Darstellung der Bemaßungen*

Soll die Darstellung der Durchmesserbemaßung in der obigen Aufgabe in anderer Weise
als dort dargestellt erfolgen, so sind die entsprechenden Bemaßungsvariablen *BEMTIL*
(=Ein), *BEMTOM* (=Ein) und *BEMTIH* >(=Aus) zu überprüfen.
Auch bei den anderen Aufgaben kann es aufgrund veränderter Einstellungen der
Bemaßungsvariablen zu abweichenden Darstellungen kommen. In diesen Fällen sind
die Einstellungen zu kontrollieren und gegebenenfalls zu korrigieren.

◆ **Aufgabe 9-6: Bügel bemaßen**

Laden der Zeichnung aus Aufgabe 7-1
Durchführen der horizontalen und vertikalen Bemaßung
[Zeichnen][Radialbemaßung][Radius]   {Radien 5 bemaßen}
Bogen oder Kreis wählen: **[Punkt am Bogen mit Radius 5 wählen]**
Maßtext <5>: **⏎**
Entsprechendes Bemaßen der anderen Radien mit R=5
[Zeichnen][Radialbemaßung][Radius]   {Radius 10 bemaßen}
Bogen oder Kreis wählen: **[Punkt am Bogen mit Radius 10 wählen]**
Maßtext <10>: **⏎**

◆ **Aufgabe 9-7: Blech bemaßen**

Laden der Zeichnung aus Aufgabe 6-3
Durchführen der horizontalen und vertikalen Bemaßung
Bemaßen des Radius
[Zeichnen][Winkelbemaßung]   {65°-Winkel bemaßen}

Bogen, Kreis, Linie wählen oder Eingabetaste drücken: [**Punkt auf Bogen
wählen**]

Position des Maßbogens (Text/Winkel): [**geeigneten Punkt wählen**]

Maßtext <65>: ⏎

Textposition eingeben (oder Eingabetaste drücken): ⏎

[**Zeichnen**][**Winkelbemaßung**]   {45°-Winkel bemaßen}

Bogen, Kreis, Linie wählen oder Eingabetaste drücken: [**Punkt auf Schräge
wählen**]

Zweite Linie: [**Punkt auf horizontaler Linie wählen**]

Position des Maßbogens (Text/Winkel): [**geeigneten Punkt wählen**]

Maßtext <45>: ⏎

Textposition eingeben (oder Eingabetaste drücken): [**Geeigneten Punkt
wählen**]

Zeichnen geeigneter Hilfslinien

[**Zeichnen**][**Winkelbemaßung**]   {30°-Winkel bemaßen}

Bogen, Kreis, Linie wählen oder Eingabetaste drücken: [**Punkt auf 1. Hilfslinie
wählen**]

Zweite Linie: [**Punkt auf 2. Hilfslinie wählen**]

Position des Maßbogens (Text/Winkel): [**geeigneten Punkt wählen**]

Maßtext <30>: ⏎

Textposition eingeben (oder Eingabetaste drücken): ⏎

Löschen der Hilfslinien

Speichern der Zeichnung

◆ Aufgabe 9-8: Blech bemaßen

Laden der Zeichnung aus Aufgabe 7-2

Durchführen der horizontalen und vertikalen Bemaßung

Bemaßen der Radien

Bemaßen des Durchmessers mit verändertem Maßtext

Bemaßen des Winkels von 45°

Speichern der Zeichnung

◆ Aufgabe 9-9: Anzeige- und Abfragebefehle anwenden

Zeichnen des Dreiecks mit entsprechenden Layern

[**Hilfen**][**Abstand**]   {Länge der Hypotenuse ermitteln}

Erster Punkt: [**Erster Endpunkt der Hypotenuse**]

Zweiter Punkt: [**Zweiter Endpunkt der Hypotenuse**]

Abstand = 150   Winkel in XY-Ebene = 37   Winkel von XY-Ebene = 0

Delta X = 120   Delta Y = 60   Delta Z = 0
[Hilfen][Fläche]
<Erster Punkt>/Objekt/Addieren/Subtrahieren: **[Erster Eckpunkt]**
Nächster Punkt: **[Zweiter Eckpunkt]**
Nächster Punkt: **[Dritter Eckpunkt]**
Nächster Punkt: **[Erster Eckpunkt]**
Nächster Punkt: ⏎
Fläche = 5400   Umfang = 360
[Hilfen][Liste]
Objekte wählen: **[Hypotenuse]**
Objekte wählen: **[Bemaßung 120]**
Objekte wählen: ⏎
Auflistung der entsprechenden Werte

◆ Aufgabe 10-1: Bundbuchse im Schnitt darstellen

Zeichnen der Mittellinie
Zeichnen der Konturlinien in einzelnen Abschnitten, so daß die zu
schraffierenden Flächen von einzelnen Linien begrenzt werden
Durchführen der horizontalen und vertikalen Bemaßung
[Zeichnen][Schraffur]   { Schraffieren der oberen Schnittfläche }
[Objekte wählen]
Objekte wählen: **[Wählen der ersten Begrenzungslinie]**
Objekte wählen: **[Wählen der zweiten Begrenzungslinie]**
  ⋮
  ⋮
Objekte wählen: **[Wählen der sechsten Begrenzungslinie]**
Objekte wählen: ⏎
[Zeichnen][Schraffur]   { Schraffieren der unteren Schnittfläche }
[Punkte wählen]
Internen Punkt wählen: **[Punkt innerhalb der zu schraffierenden Fläche**
                          wählen]
Internen Punkt wählen: ⏎

◆ Aufgabe 10-2: Halter zeichnen

Zeichnen der Mittellinien
Zeichnen der Konturlinien beider Ansichten unter Berücksichtigung, daß
in der Schnittansicht noch schraffiert werden soll
Bemaßen der Ansichten

[**Zeichnen**][**Schraffur**]   {Schraffieren der oberen Schnittfläche}
[**Objekte wählen**]
Objekte wählen: [**Wählen der ersten Begrenzungslinie**]
Objekte wählen: [**Wählen der zweiten Begrenzungslinie**]
  ⋮
  ⋮
Objekte wählen: [**Wählen der achten Begrenzungslinie**]
Objekte wählen: ⏎
Befehl: ⏎   {Schraffieren der unteren Schnittfläche}
[**Punkte**][**wählen**]
Internen Punkt wählen: [**Punkt innerhalb der zu schraffierenden Fläche
                                 wählen**]
Internen Punkt wählen: ⏎

◆ **Aufgabe 10-3: Ringe im Schnitt zeichnen**

Zeichnen der Mittellinien
Zeichnen der Ansichten mit Hilfe des *Zeichnen*-Befehls *Rechteck*
Abrunden der Ecken mit dem *Konstruieren*-Befehl *Abrunden* und der
Abrunden*-Option *Polylinie
Bemaßen der Ansichten
Schraffieren der Schnittflächen

◆ **Aufgabe 11-1: Quadrate verschieben**

Zeichnen des Quadrats
[**Ändern**][**Schieben**]   {Quadrat nach oben rechts schieben}
Objekte wählen: [**Quadrat wählen**]
Objekte wählen: ⏎
1 gefunden
Basispunkt oder Verschiebung: [**Mittelpunkt des Quadrats wählen**]
Zweiter Punkt der Verschiebung: @**50,40** ⏎
Befehl: ⏎   {Quadrat in Ausgangsposition schieben}
SCHIEBEN
Objekte wählen: [**Quadrat wählen**]
Objekte wählen: ⏎
1 gefunden
Basispunkt oder Verschiebung: [**Mittelpunkt des Quadrats wählen**]
Zweiter Punkt der Verschiebung: @**-50,-40** ⏎
Befehl: ⏎   {Quadrat nach unten rechs schieben}

SCHIEBEN
Objekte wählen: **[Quadrat wählen]**
Objekte wählen: ⏎
1 gefunden
Basispunkt oder Verschiebung: **[Mittelpunkt des Quadrats wählen]**
Zweiter Punkt der Verschiebung: **@70<-45** ⏎
Befehl: ⏎   {Quadrat in Ausgangsposition schieben}
SCHIEBEN
Objekte wählen: **[Quadrat wählen]**
Objekte wählen: ⏎
1 gefunden
Basispunkt oder Verschiebung: **[Mittelpunkt des Quadrats wählen]**
Zweiter Punkt der Verschiebung: **@70<135** ⏎
Analoges Vorgehen für Verschiebung nach links oben
Analoges Vorgehen für Verschiebung nach links unten

☞ *Hinweis: Verschieben des Quadrats in Ausgangslage*

Das Quadrat kann nach jeder Verschiebung auch durch Anklicken des Symbols
in der Funktionsleiste erfolgen. Der Befehl *SCHIEBEN* muß danach allerdings jedesmal
neu aufgerufen werden.

◆ **Aufgabe 11-2: Hebel mit Durchbruch zeichnen**

Zeichnen der äußeren Konturen des Hebels
Zeichen der Bohrung
Zeichnen des Quadrats
[Ändern][Drehen]   {Quadrat um 15° drehen}
Objekte wählen: **[Quadrat wählen]**
Objekte wählen: ⏎
1 gefunden
Basispunkt: **[Mittelpunkt des Quadrats wählen]**
<Drehwinkel>/Bezug: **15** ⏎
Zeichnen der Mittellinie
Bemaßen der Zeichnung

◆ **Aufgabe 11-3: Platte mit Durchbrüchen zeichnen**

Zeichnen der Außenkonturen
Zeichnen des rechten oberen Durchbruchs 8x8 mit Mittellinien

[Konstruieren][Kopieren] {Erstellen des Durchbruchs links neben dem Ersten}
Objekte wählen: **[Punkt links unterhalb des Quadrats]** {Fenster um Quadrat}
Andere Ecke: **[Punkt rechts oberhalb des Quadrats]**
3 gefunden
Objekte wählen: ⏎
<Basispunkt oder Verschiebung>/Mehrfach: **M** ⏎
Basispunkt: **[Mittelpunkt des Quadrats wählen]**
Zweiter Punkt der Verschiebung: **@-20,0** ⏎
Zweiter Punkt der Verschiebung: **@-40,0** ⏎
Zweiter Punkt der Verschiebung: **@-60,0** ⏎
usw.
Analoges Kopieren der restlichen Durchbrüche
Bemaßen und Beschriften der Zeichnung

☞ *Hinweis: Vereinfachte Vorgehensweise beim Kopieren*

Schneller und einfacher ist es, wenn man zuerst z.B. die obere Reihe von Durchbrüchen erstellt, diese dann vollständig markiert und komplett nach unten kopiert.

◆ Aufgabe 11-4: Platte mit Durchbrüchen zeichnen

Zeichnen der Außenkonturen
Zeichnen des rechten oberen Durchbruchs 8x8 mit Mittellinien
[Konstruieren][Reihe]   {Mehrfaches Kopieren in rechteckiger Anordnung}
Objekte wählen: **[Punkt links unterhalb des Quadrats]**   {Fenster um Quadrat}
Andere Ecke: **[Punkt rechts oberhalb des Quadrats]**
3 gefunden
Objekte wählen: ⏎
Rechteckige oder polare Anordnung (R/P) <R>: ⏎
Anzahl Zeilen (—) <1>: **4** ⏎
Anzahl Spalten (| | |) <1>: **5** ⏎
Zelle oder Abstand zwischen den Zeilen (—): **-20** ⏎
Abstand zwischen den Spalten (| | |): **-20** ⏎

☞ *Hinweis: Negative Abstände bei Zeilen- und Spaltenabstand*

In der obigen Lösung werden die Zeilen- und Spaltenabstände jeweils negativ eingegeben, da das Ausgangsquadrat oben rechts positioniert wurde und in negative X- und Y-Richtung kopiert wird.

◆ Aufgabe 11-5:Bohrplatte zeichnen

Zeichnen der Außenkontur
Zeichnen des Mittellinien-Kreuzes
Zeichnen einer Gewindebohrungen M8 oben links
[Konstruieren][Reihe]
Objekte wählen: **[Punkt links unterhalb der Bohrungen]**   {Fenster um
Andere Ecke: **[Punkt rechts oberhalb der Bohrungen]**   Quadrat legen}
3 gefunden
Objekte wählen: ⏎
Rechteckige oder polare Anordnung (R/P) <R>: **P** ⏎
Mittelpunkt der Anordnung: **[Schnittpunkt der Mittellinien wählen]**
Anzahl Elemente: **4** ⏎
Auszufüllender Winkel (+=GUZ, -=UZ) <360>: ⏎
Objekte drehen beim Kopieren? <J>: **N** ⏎
Analoges Zeichnen und Anordnen der Gewindebohrungen M10
Zeichnen des Mittellinienkreises
Analoges Zeichnen und Anordnen der Gewindebohrungen M6 in den
Ecken
Zeichnen der restlichen Bohrungen   {Mit *Konstruieren*-Befehl *Kopieren*}
Bemaßen der Bohrplatte

◆ Aufgabe 11-6: Symmetrisches Werkstück zeichnen

{Vorderansicht zeichnen}
Zeichnen des Werkstücks bis zur Spiegelachse (Mittellinie)
[Konstruieren][Spiegeln]
Objekte wählen: **[Punkt links unterhalb der Objekte]**   {Fenster um
Andere Ecke: **[Punkt rechts oberhalb der Objekte]**   Quadrat legen}
8 gefunden
Objekte wählen: ⏎
Erster Punkt der Spiegelachse: **[Punkt auf Spiegelachse wählen]**
Zweiter Punkt: **[Weiteren Punkt auf der Spiegelachse wählen]**
Alte Objekte löschen? <N>: ⏎
Zeichnen der Mittellinie

{Zeichnen der Draufsicht}
Zeichnen der oberen linken Kontur
Zeichnen des oberen linken Durchbruchs
Spiegeln der Teilkontur und des Durchbruchs nach rechts

Spiegeln der entstandenen oberen Kontur mit zwei Durchbrüchen nach
unten
Zeichnen der Mittellinien
Bemaßen des Werkstücks

◆ Aufgabe 11-7: Prismenfuß zeichnen

Zeichnen des Prismenfußes mit den angegebenen Maßen
[Ändern][Varia]   {Vergrößern der Zeichnung}
Objekte wählen: [Punkt links unterhalb der Objekte]   {Fenster um
Andere Ecke: [Punkt rechts oberhalb der Objekte]   Prismenfuß legen}
86 gefunden
Objekte wählen: ⬅
Basispunkt: [Beliebigen Punkt wählen]
<Skalierfaktor>/Bezug: B ⬅
Bezugslänge <1>: 10 ⬅
Neue Länge: 15 ⬅

◆ Aufgabe 11-8: Bolzen zeichnen

Zeichen des Bolzens mit Bemaßung
[Ändern][Strecken]   {Vergrößern der Zeichnung}
Objekte wählen: [Punkt rechts oberhalb des zu streckenden rechten
                Bolzenendes]
Andere Ecke: [Punkt so wählen, daß das rechte Bolzenende mit Bemaßung
                eingefangen wird]
9 gefunden
Objekte wählen: ⬅
Basispunkt oder Verschiebung: [Beliebigen Punkt wählen]
Zweiter Punkt der Verschiebung: @20,0 ⬅

◆ Aufgabe 11-9: Druckbehälter zeichnen

Zeichnen des Druckbehälters mit Bemaßung
Schraffieren der Schnittflächen
Speicher der Zeichnung unter BEHAELT1
[Ändern][Strecken]   {Vergrößern der Zeichnung}
Objekte wählen: [Punkt rechts oberhalb des zu streckenden rechten
                Druckbehälters]

Andere Ecke: [**Punkt so wählen, daß das rechte Teil des Druckbehälters mit Bemaßung eingefangen wird**]
17 gefunden
Objekte wählen: ⏎
Basispunkt oder Verschiebung: [**Beliebigen Punkt wählen**]
Zweiter Punkt der Verschiebung: @**20,0** ⏎
Ggf. Schraffur bearbeiten
Speichern der Zeichnung unter BEHAELT2

◆ **Aufgabe 11-10:Bolzen zeichnen**

Laden der Zeichnung aus Aufgabe 11-8
Befehl: [**Wählen der oberen Linie des rechten Bolzenendes**]
Befehl: [**Wählen der senkrechten Linie des rechten Bolzenendes**]
Befehl: [**Wählen der unteren Linie des rechten Bolzenendes**]
Befehl: ⇧ + [**Unteren rechten Griffpunkt wählen**]   {Griffpunkte aktivieren}
Befehl: ⇧ + [**Mittleren rechten Griffpunkt wählen**]
Befehl: ⇧ + [**Oberen rechten Griffpunkt wählen**]
Befehl: [**Oberen rechten Griffpunkt wählen**]
STRECKEN
<Strecken bis Punkt>/BAsispunkt/Kopieren/Zurück/eXit: @**20,0** ⏎
Befehl: STRG + C   STRG + C

◆ **Aufgabe 11-11:Quadrat kopieren**

Zeichnen des Quadrats
Befehl: [**Wählen des Quadrats**]
Befehl: [**Wählen eines Griffpunktes**]   {Griffpunkt aktivieren}
STRECKEN
<Strecken bis Punkt>/BAsispunkt/Kopieren/Zurück/eXit: ⏎
SCHIEBEN
<Schieben nach Punkt>/BAsispunkt/Kopieren/Zurück/eXit: **K** ⏎
SCHIEBEN (mehrere)
<Schieben nach Punkt>/BAsispunkt/Kopieren/Zurück/eXit: @**50,40** ⏎
SCHIEBEN (mehrere)
<Schieben nach Punkt>/BAsispunkt/Kopieren/Zurück/eXit: @**70<-45** ⏎
SCHIEBEN (mehrere)
<Schieben nach Punkt>/BAsispunkt/Kopieren/Zurück/eXit: @**-30,40** ⏎
SCHIEBEN (mehrere)
<Schieben nach Punkt>/BAsispunkt/Kopieren/Zurück/eXit: @**-50,-50** ⏎

SCHIEBEN
<Schieben nach Punkt>/BAsispunkt/Kopieren/Zurück/eXit: **X** [←]
Befehl: [STRG] + [C] [STRG] + [C]

◆ **Aufgabe 11-12: Hebel mit Durchbruch zeichnen**

Hebel mit Durchbruch in waagerechter Lage zeichnen
Befehl: [Wählen des Durchbruchs]
Befehl: [Wählen eines Griffpunktes]   {Griffpunkt aktivieren}
STRECKEN
<Strecken bis Punkt>/BAsispunkt/Kopieren/Zurück/eXit: [←]
SCHIEBEN
<Schieben nach Punkt>/BAsispunkt/Kopieren/Zurück/eXit: [←]
DREHEN
<Drehwinkel>/BAsispunkt/Kopieren/Zurück/BEzug/eXit: **BA** [←]
Basispunkt: [Mittelpunkt des Durchbruchs wählen]
<Drehwinkel>/BAsispunkt/Kopieren/Zurück/BEzug/eXit: **10** [←]
Befehl: [STRG] + [C] [STRG] + [C]

◆ **Aufgabe 11-13:Prismenfuß zeichnen**

Zeichnen des Prismenfußes
Befehl: [Wählen des ersten Zeichnungselements]
Befehl: [Wählen des zweiten Zeichnungselements]
Analoges Wählen aller Zeichnungselemente
Befehl: [Wählen eines Griffpunktes]   {Griffpunkt aktivieren}
STRECKEN
<Strecken bis Punkt>/BAsispunkt/Kopieren/Zurück/eXit: [←]
SCHIEBEN
<Schieben nach Punkt>/BAsispunkt/Kopieren/Zurück/eXit: [←]
DREHEN
<Drehwinkel>/BAsispunkt/Kopieren/Zurück/BEzug/eXit: [←]
SKALIEREN
<Skalierfaktor>/BAsispunkt/Kopieren/Zurück/BEzug/eXit: **BE** [←]
Bezugslänge <1.0000>: **10** [←]
<Neue Länge>/BAsispunkt/Kopieren/Zurück/BEzug/eXit: **15** [←]
Befehl: [STRG] + [C] [STRG] + [C]

◆ **Aufgabe 11-14: Symmetrisches Werkstück zeichnen**

Analoges Vorgehen wie in Aufgabe 11-6 für beide Ansichten durch
Zeichnen der entsprechenden Konturen
Anwählen aller zu spiegelnden Linien
Aktivieren eines Griffpunktes
Drücken der ⏎ - Taste, bis **SPIEGELN erreicht ist**
SPIEGELN
<Zweiter Punkt>/BAsispunkt/Kopieren/Zurück/eXit: **K ⏎**
SPIEGELN (mehrere)
<Zweiter Punkt>/BAsispunkt/Kopieren/Zurück/eXit: **BA ⏎**
Basispunkt: **[Wählen eines Punktes auf der Spiegelachse]**
SPIEGELN (mehrere)
<Zweiter Punkt>/BAsispunkt/Kopieren/Zurück/eXit: **Punkt z.B. durch**
Direkteingabe so wählen, daß Objekte entsprechend gespiegelt dargestellt
werden
Analoges Vorgehen für alle zu spiegelnden Objekte

◆ **Aufgabe 11-15: Rechteckbehälter mit Versteifung**

Zeichnen des Rechteckbehälters
[Ändern][Eigenschaften]
Objekte wählen: **[Konturlinien wählen]**
Objekte wählen: ⏎
[Farbe]
[rot][OK]
[OK]
Analoges Ändern der Eigenschaften der anderen Elemente

◆ **Aufgabe 11-16: Rechteckbehälter aus Gußeisen**

Laden der Zeichnung aus Aufgabe 11-15
[Ändern][Schraffur bearbeiten]
Zu schraffierendes Objekt wählen: **[Punkt auf der Schraffur wählen]**
Muster-Listenfeld **[ANSI34]**
[Anwenden]
Beschriften der Zeichnung

◆ Aufgabe 11-17: Bemaßung für Rechteckbehälter anpassen

Laden der Zeichnung aus Aufgabe 11-16
[Modi][Bemaßungsstil]
[Pfeilspitzen]
⊙ **Strich**
[OK]
[Textposition]
Ausrichtung-Listenfeld **[Nur innerhalb ausrichten]**
[OK]
[OK]
[Ändern][Bemaßung bearbeiten]
[Bemaßung aktualisieren]
Objekte wählen: **[Zu ändernde Bemaßungen wählen]**
Objekte wählen: ⬅

◆ Aufgabe 12-1: Sechskantschraube M24x50 als externen Block erzeugen

Zeichnen der Schraube
[Datei][Einlesen/Erstellen][Block erstellen]
Verzeichnisse-Listenfeld **[[acltkurs]]**
Dateiname-Eingabefeld **SKM24x50** ⬅
Blockname: ⬅
Einfügebasis: **Geeigneten Basispunkt mittig unterhalb des Schraubenkopfes**
                    wählen
Objekte wählen: **Punkt links unterhalb der Schraube**
Objekte wählen: **Punkt rechts oberhalb der Schraube**
Objekte wählen: ⬅

◆ Aufgabe 12-2: Gewinde nach DIN ISO 6410 als Normteil erstellen

Zeichnen des Gewindes
Analoges Speichern als Block wie in Aufgabe 12-1 mit Mittelpunkt als
Einfügebasis

◆ **Aufgabe 12-3: Grundsymbol für Oberflächenangeben als Normteil erstellen**

Zeichnen des Grundsymbols mit Beschriftung
Analoges Speichern als Block wie in Aufgabe 12-1 mit Startpunkt als
Einfügebasis

◆ **Aufgabe 12-4: Sechskantschraube einfügen**

Zeichnen der oberen Darstellung
Zeichnen der unteren Darstellung ohne die nach dem Einfügen der
Schraube nicht mehr sichtbaren Linien
[Zeichnen][Block einfügen]
Block-Eingabefeld **SKM24x50**
☒ Parameter am Bildschirm bestimmen
[OK]
Einfügepunkt: **[Geeigneten ersten Einfügepunkt wählen]**
X-Faktor <1>/Ecke/XYZ: ⏎
Y-Faktor (Vorgabe = X): ⏎
Drehwinkel <0>: ⏎
Befehl: ⏎
[OK]
Einfügepunkt: **[Geeigneten zweiten Einfügepunkt wählen]**
X-Faktor <1>/Ecke/XYZ: ⏎
Y-Faktor (Vorgabe = X): ⏎
Drehwinkel <0>: ⏎

◆ **Aufgabe 12-5:Platte mit Gewindebohrungen**

Zeichnen der Platten
Analoges Einfügen des Gewindes M10 wie in Aufgabe 12-4
Befehl: ⏎   {Einfügen des ersten Gewindes M8}
[OK]
Einfügepunkt: **[Geeigneten Einfügepunkt für erstes Gewinde M8 wählen]**
X-Faktor <1>/Ecke/XYZ: **0.8** ⏎
Y-Faktor (Vorgabe = X): ⏎
Drehwinkel <0>: ⏎
Analoges Einfügen des zweiten M8-Gewindes

◆ **Aufgabe 12-6:Grundsymbol für Oberflächenangaben einfügen**

Zeichnen des Bauteils
Einfügen der Oberflächenzeichen wie in Aufgabe 12-4, wobei das eine
Zeichen entsprechend gedreht werden muß
[Ändern][Ursprung]   {Zerlegen des eingefügten Oberflächenzeichens}
Objekte wählen: **[Punkt am ersten Oberflächenzeichen wählen]**
Objekte wählen: **[Punkt am zweiten Oberflächenzeichen wählen]**
Objekte wählen: ⏎
[Ändern][Löschen]
Objekte wählen: **[Jeweils zu löschende Objekte wählen]**
Objekte wählen: ⏎
[Ändern][Text ändern]   {Ändern der Texte}
<TEXT oder ATTDEF Objekt wählen>/Zurück: **[Z.B. Text 1 im gedrehten**
                                                Zeichen wählen]

Text-Eingabefeld: **glatt** ⏎
Analoges Ändern der weiteren Texte

◆ **Aufgabe 12-7: Unbenutzte Layer entfernen**

Zeichnung aus Aufgabe 9-5 laden
[Ändern][Bereinigen]
[Layer]
Bereinigen Layer *LAYERNAME*? <N>: **J** ⏎
Analoges Löschen der anderen unbenutzten Layer

B Befehle

Menüpunkt *Datei*: Arbeiten mit Dateien

Befehl Option	Wirkung	Symbol
Neu	Erstellen einer neuen Zeichnung	
Öffnen	Laden einer vorhandenen Zeichnungsdatei	
Speichern	Speichern einer Zeichnung unter ihrem Namen	
Speichern unter	Speichern einer Datei unter neuem Namen	
Druck/Plot	Drucken bzw. Plotten einer Datei	
Einlesen/Erstellen	Aus- bzw. Eingabe in anderen Dateiformaten	
Dia einlesen	Einlesen einer AutoCAD Dia-Datei	
DXF einlesen	Einlesen einer DXF-Datei	
WMF einlesen	Einlesen einer WMF-Datei	
WMF-Einleseoptionen	Einstellen von WMF Import Optionen	
Dia erstellen	Erstellen einer AutoCAD Dia-Datei	
DXF erstellen	Ausgabe in eine DXF-Datei	
Block erstellen	Zeichnungsblöcke in Zeichnung laden	
Attributsextraktion	Attribut-Daten extrahieren	
PostScript erstellen	Ausgabe in eine PostScript-Datei	
WMF erstellen	Ausgabe in eine WMF-Datei	
Bitmap erstellen	Ausgabe in eine BMP-Datei	
Skript ausführen	Skript-Befehl starten	
Datei entsperren	Sperrung von Dateien aufheben	
Voreinstellungen	Einstellen des AutoCAD LT-Fensters	
Beenden	Beenden von AutoCAD LT	

Menüpunkt *Bearbeiten*: Arbeiten mit Objekten unter Windows

Befehl Option	Wirkung	Symbol
Zurück	Letzten Befehl rückgängig machen	
Zlösch	Befehl *Zurück* rückgängig machen	
Bild kopieren	Bildschirminhalt in Windows-Zwischenablage kopieren	
In Zwischenablage kopieren	Ausgewählte Objekte in Zwischenablage kopieren	
Einlagern	Einbetten von Objekten in andere Windows-Anwendungen über die Zwischenablage	
Verbinden	Verknüpfen von Objekten mit anderen Windows-Anwendungen über die Zwischenablage	
Einfügen	Bild aus Zwischenablage in AutoCAD LT einfügen	
Text einfügen	Text aus Zwischenablage in Befehlszeile einfügen	
Textfenster	AutoCAD LT-Textbildschirm ein- bzw. ausschalten	

Menüpunkt *Zeichnen*: Zeichnen mit AutoCAD LT

Befehl **Option**	**Wirkung**	**Symbol**
Linie	Zeichnen eine geraden Linie	
Bogen	Zeichnen eines Kreisbogens	
Startp,Mittelp,Endp	Start-, Mittel- und Endpunkt gegeben	
Startp,Mittelp,Winkel	Start-, Mittelpunkt und Winkel gegeben	
Startp, Endp,Winkel	Start-, Endpunkt und Winkel gegeben	
Mittelp,Startp,Endp	Mittel-, Start- und Endpunkt gegeben	
Mittelp,Startp,Winkel	Mittel-, Startpunkt und Winkel gegeben	
3 Punkte	Drei Punkte gegeben	
Weiter Linie/Bogen	Tangentiales Fortsetzen mit einem Bogen	
Kreis	Zeichnen eines Kreises	
Mittelpunkt,Radius	Mittelpunkt und Radius gegeben	
Mittel, Durchm.	Mittelpunkt und Durchmesser gegeben	
Tan,Tan,Radius	Zwei tang. Berührungspunkte und Kreis gegeben	
3 Punkte	Drei Punkte gegeben	
Text	Text in Zeichnung schreiben	
Polylinie	Zeichnen einer 2D-Polylinie	
Punkt	Zeichnen eines Punktes	
Schraffur	Schraffieren eines Bereichs	
Umgrenzung	Erstellen einer Polylinie	
Solid	Zeichnen von gefüllten Polygonen	
Ring	Zeichnen von Ringen	
Ellipse	Zeichnen von Ellipsen	
Polygon	Zeichnen von Polygonen	
Rechteck	Zeichnen von Rechtecken	
Doppellinien	Zeichnen von Doppellinien	
Block einfügen	Einfügen von Zeichnungsblöcken	
XRef	Erzeugt/Ändert Verbindung zu externer Zeichnung	
Zuordnen	Zeichnung mit externer Zeichnung verknüpfen	
Binden	Zeichnung einer Verknüpfung zuordnen	
Lösen	Verknüpfung lösen	
Neuladen	Verknüpfung neu laden	
Pfad ändern	Pfad einer Verknüpfung anzeigen und editieren	
Auflisten ?	Anzeigen der aktuellen Verknüpfungen	

Menüpunkt *Zeichnen*: Zeichnen mit AutoCAD LT

Befehl Option	**Wirkung**	**Symbol**
XRef	Erzeugt/Ändert Verbindung zu externer Zeichnung	
Gleiche Werte	Layereinstellungen der verknüpften Zeichnungen erhalten Vorrang vor den aktuellen Layereinstellungen der aktuellen Zeichnung	
Symbole einbinden	Symbole in aktuelle Zeichnung einbinden	
Block	Externe Blöcke mit der aktuellen Zeichnung verknüpfen	
Bemaßungsstil	Externen Bemaßungsstil einbinden	
Layer	Externe Layer einbinden	
Linientyp	Externe Linientypen einbinden	
Textstil	Externe Textstile einbinden	
Linearbemaßung	Ausführen linearer Bemaßungen	
Horizontal	Bemaßen horizontaler Linien	
Vertikal	Bemaßen vertikaler Linien	
Ausgerichtet	Ausgerichtetes Bemaßen parallel zu einer beliebig gedrehten Linie	
Gedreht	Ausrichten einer Bemaßung mit vorgegebenem Winkel	
Basislinie	Linearbemaßung von der Basislinie der vorherigen Bemaßung weiterführen	
Weiter	Linearbemaßung von der zweiten Hilfslinie der vorherigen Bemaßung weiterführen	
Koordinatenbemaßung	Bemaßen von Koordinaten eines Punktes	
Automatisch	Bemaßen der X- und Y-Koordinaten	
X-Daten	Bemaßen der X-Koordinate	
Y-Daten	Bemaßen der Y-Koordinate	
Radialbemaßung	Bemaßen von Radien und Durchmessern	
Durchmesser	Bemaßen des Durchmessers eines Kreises oder Bogens	
Radius	Bemaßen des Radius eines Kreises oder Bogens	
Mittelpunkt	Zentrumsmarke oder -linie zeichnen	
Winkelbemaßung	Bemaßen eines Winkels	
Führung	Folge von Linien für die exakte Positionierung eines Maßtextes zeichnen	

Menüpunkt *Anzeige*: Arbeiten mit Bildausschnitten

Befehl **Option**	**Wirkung**	**Symbol**
Zoom	Vergrößern oder Verkleinern einer Bildansicht	
Alles	Anzeigen der Zeichnungsgrenzen	
Mitte	Anzeigen um einen angegebenen Mittelpunkt	
Grenzen	Anzeigen der ganzen Zeichnung	
Vorher	Anzeigen des vorherigen Bildausschnittes	
Fenster	Anzeigen eines ausgewählten Bereichs	
Zoomfaktor	Anzeigen mit anzugebendem Vergrößerungsfaktor	
Pan	Verschieben der Zeichnung auf Bildschirm	
Ausschnitt	Arbeiten mit Ausschnitten	
Löschen	Löschen von Ausschnitten	
Holen	Ausschnitt wiederherstellen	
Sichern	Ausschnitt unter angegebenem Namen sichern	
Fenster	Teil des aktuellen Ausschnitts sichern	
Liste ?	Ausschnitte auflisten	
Neuzeichnen	Bildansicht neu zeichnen	
Regen	Aktuelle Ansichtsfenster regenerieren	
Tilemode	Aktivieren des Papierbereichs	
Ansichtsfenster	Arbeiten mit Ansichtsfenstern im Papierbereich	
AFenster erstellen	Beliebige Ansichtsfenster erzeugen	
AFenster einpassen	Ansichtsfenster über gesamten Zwischenbereich erzeugen	
2 Ansichtsfenster	Angegebenen Bereich in zwei Fenster aufteilen	
3 Ansichtsfenster	Angegebenen Bereich in drei Fenster aufteilen	
4 Ansichtsfenster	Angegebenen Bereich in vier Fenster aufteilen	
Holen	Vorher gespeicherte Ansichtsfensterkonfiguration wiederherstellen	
Ansichtsfenster ein	Ansichtsfenster aktivieren	
Ansichtsfenster aus	Ansichtsfenster desaktivieren	
Verdplot	Verdeckte Linien bei Plot des Ansichtsfensters entfernen	
Ansichtsfenster	Arbeiten mit Ansichtsfenster im Modellbereich	
Einzeln	Einzelfenster-Anzeige	
2 Ansichtsfenster	Angegebenen Bereich in zwei Fenster aufteilen	
3 Ansichtsfenster	Angegebenen Bereich in drei Fenster aufteilen	
4 Ansichtsfenster	Angegebenen Bereich in vier Fenster aufteilen	
Verbinden	Zwei nebeneinanderliegende Fenster verbinden	
Speichern	Aktuelle Einzelfensterkonfiguration sichern	
Holen	Ansichtsfensterkonfiguration wiederherstellen	
Löschen	Angegebene Ansichtsfensterkonfiguration löschen	
Auflisten ?	Identifikationsnummer und Bildschirmposition der aktiven Ansichtsfenster anzeigen	

Menüpunkt *Anzeige*: Arbeiten mit Bildausschnitten

Befehl	**Wirkung**	**Symbol**
Option		

Befehl / Option	Wirkung
AFenster-Layer	Anzeige von Layern im Papierbereich
Frieren	Einfrieren von Layern
Tauen	Auftauen von Layern
Zurücksetzen	Standardeinstellung für Sichtbarkeit wählen
Neu frieren	Neue, gefrorene Layer erzeugen
AFenster-Vorgabe	Standardwert für die Sichbarkeit eines Layers bestimmen
Auflisten ?	Anzeigen der gefrorenen Layer
3D-Ansichtspunkt	Ansicht von 3D-Objekten
Achsen	X-, Y- und Z-Koordinate des Ansichtspunkts festlegen
Drehen	Neuen Ansichtspunkt durch Drehen festlegen
Vektor	3D-Ansichtsposition festlegen
3D-Ansichtpunkt -Vorgaben	Ansichtspunkt festlegen
Oben	Ansichtspunkt mit 0, 0, 1 festlegen
Vorne	Ansichtspunkt mit 0, -1, 0 festlegen
Links	Ansichtspunkt mit -1, 0, 0 festlegen
Rechts	Ansichtspunkt mit 1, 0, 0 festlegen
Hinten	Ansichtspunkt mit 0, 1, 0 festlegen
ISO-Ansicht SW	Ansichtspunkt mit -1, -1, 1 festlegen
ISO-Ansicht SO	Ansichtspunkt mit 1, -1, 1 festlegen
ISO-Ansicht NO	Ansichtspunkt mit 1, 1, 1 festlegen
ISO-Ansicht NW	Ansichtspunkt mit -1, 1, 1 festlegen
3D-Draufsicht	Koordinatensysteme in Draufsicht anzeigen
Aktuelle BKS	Aktuelles Benutzerkoordinatensystem anzeigen
Welt	Weltkoordinatensystem anzeigen
Benanntes BKS	Zuvor gespeichertes Koordinatensystem anzeigen
Dynamische 3D-Ansicht	Dynamische Definition von Parallelprojektions- oder perspektivischen Anzeigen durchführen
Verdecken	Anzeige regenerieren und verdeckte Linien entfernen
Schattieren	Schattieren von 3D-Objekten
256 Farben	Schattieren mit 256 Farben ohne Kantendarstellung
256 Farben, mit Kanten	Schattieren mit 256 Farben mit Kantendarstellung
16 Farben, verdeckt	Kanten in Objektfarbe zeichnen, ohne die Flächen zu schattieren
16 Farben, gefüllt	Schattieren mit Kanten in Hintergrundfarbe und Flächen in Objektfarbe
Diffus	Diffuse Schattierung von Objekten festlegen

Menüpunkt *Hilfen*: Festlegen von Hilfen beim Zeichnen

Befehl **Option**	**Wirkung**	**Symbol**
Objektfang	Festlegen von Objektfangmodi	
Objektwahl	Auswählen von Objekten	
Letztes	Letztes, erstelltes Objekt auswählen	
Alle	Alle Objekte in getautem Layer wählen	
Zaun	Objekte, die Auswahlzaun berühren, auswählen	
Fenster-Polygon	Objekte im Auswahlpolygon auswählen	
Kreuzen-Polygon	Objekte, die Auswahlpolygon berühren, auswählen	
Hinzufügen	Modus Hinzufügen setzen	
Entfernen	Modus Entfernen setzen	
Vorher	Letzten Auswahlsatz wählen	
XYZ Filter	Punktposition als Bezug wählen	
.X	Punktposition verwenden, X-Koordinate ignorieren	
.Y	Punktposition verwenden, Y-Koordinate ignorieren	
.Z	Punktposition verwenden, Z-Koordinate ignorieren	
.XY	Punktposition verwenden, X-,Y-Koordinate ignorieren	
.XZ	Punktposition verwenden, X-,Z-Koordinate ignorieren	
.YZ	Punktposition verwenden, Y-,Z-Koordinate ignorieren	
BKS-Ausrichtung	Aktuelles BKS durch vorgegebenes BKS ersetzen	
Benanntes BKS	Aktuelles BKS definieren und ändern	
BKS setzen	Bezugskoordinatensystem setzen	
Welt	Zum Weltkoordinatensystem wechseln	
Ursprung	Neues BKS mit verschobenem Ursprung	
Z-Achse	BKS mit positiver Z-Achse	
3Punkte	BKS mit Ursprung und pos. X- und Y-Richtung	
Objekte	BKS mit ausgewähltem Element definieren	
Ansicht	BKS mit XY-Ebene parallel zum Bildschirm	
X-Achse drehen	BKS um X-Achse drehen	
Y-Achse drehen	BKS umY-Achse drehen	
Z-Achse drehen	BKS um Z-Achse drehen	
Vorher	Zum vorherigen BKS wechseln	
Holen	Zuvor gespeichertes BKS wiederherstellen	
Speichern	Aktuelles BKS sichern	
Löschen	Angegebenes BKS aus Liste löschen	
Auflisten ?	Alle BKS-Namen auflisten	
BKS-Symbol	Sichtbarkeit und Position des BKS-Symbols festlegen	

Menüpunkt *Hilfen*: Festlegen von Hilfen beim Zeichnen

Befehl Option	Wirkung	Symbol
ID-Punkt	Punktkoordinaten angeben und als letzten Punkt setzen	
Abstand	Abstand und Winkel zwischen zwei Punkten bestimmen	
Fläche	Fläche einer Polylinie oder eines Kreises bestimmen	
Liste	Informationen über ausgewählte Objekte anzeigen	
Zeit	Daten zur Erstellung und Aktualisierung der Zeichnung anzeigen	

Menüpunkt *Konstruieren*: Hilfen beim Konstruieren und Zeichnen

Befehl Option	Wirkung	Symbol
Reihe	Mehrere Kopien eines Objekts mit rechteckiger oder polarer Anordnung erstellen	
Kopieren	Objekte kopieren	
Spiegeln	Objekte an vorgegebener Achse spiegeln	
Teilen	Setzen von Punktobjekten oder Blöcken in gleichen Abständen	
Messen	Setzen von Punktobjekten oder Blöcken in gemessenen Abständen	
Versetzen	Versetzte Kurven und parallele Linien zeichnen	
Fasen	Anfasen von Ecken mit vorgebenen Fasenabständen	
Abrunden	Abrunden von Ecken mit vorgegebenem Radius	
Block	Definieren eines Blocks	
Attribute	Attributsdefinition durch Zuordnen von Text zu einem Block erzeugen	

Menüpunkt *Ändern*: Manipulieren von Objekten einer Zeichnung

Befehl Option	Wirkung	Symbol
Objekt ändern	Ändern von Objekteigenschaften	
Löschen	Objekte entfernen	
Hoppla	Letzen Löschbefehl rückgängig machen	
Schieben	Verschieben von Objekten	
Drehen	Drehen von Objekten um vorgegebenen Punkt	
Varia	Größe von Objekten ändern	
Strecken	Teile einer Zeichnung strecken	
Bruch	Bestimmte Teile von Objekten löschen oder in zwei Teile aufbrechen	
Dehnen	Dehnt Linie, Polylinie oder Bogen so, daß ein anderes Objekt berührt wird	
Stutzen	Objekt stutzen, das über gewählte Grenze hinausgeht	
Eigenschaften ändern	Farbe, Layer, Linientyp und Höhe von Objekten ändern	
Umbenennen	Benannten Objekten andere Namen zuweisen	
Text bearbeiten	Text ändern	
Schraffur bearbeiten	Schraffur ändern	
Polylinien bearbeiten	2D- und 3D-Polylinien bearbeiten	

Bemaßung bearbeiten
  Text ändern
  Ausgangsposition
 	
  Text schieben
  Text drehen
  Schräge Bemaßung
  Bemaßung
  aktualisieren
	Assoziativ-Bemaßung von Zeichnungen bearbeiten
	Bestehenden Bemaßungstext ändern
	Verschobenen Bemaßungstext in Ausgangsposition
	zurücksetzen
	Textposition und -ausrichtung verändern
	Bemaßungstext drehen
	Einer linearen Bemaßung eine schräge zuweisen
	Ausgewählte Bemaßung mit neuen Vorgabewerten
	regenerieren	

Attribute bearbeiten	Attribute bearbeiten	
Ursprung	Block oder Polylinie in ihre Bestandteile zerlegen	
Zeit/Datum	Revisionsdaten einer Zeichnung aktualisieren	

Menüpunkt *Ändern*: Manipulieren von Objekten einer Zeichnung

Befehl Option	**Wirkung**	**Symbol**
Bereinigen	Zeichnungsdatenbank aktualisieren	
Blöcke	Nicht benötigte Blöcke entfernen	
Bemaßungsstile	Nicht benötigte Bemaßungsstile entfernen	
Layer	Nicht benötigte Layer entfernen	
Linientypen	Nicht benötigte Linientypen entfernen	
Textstile	Nicht benötigte Textstile entfernen	
Alles	Alle nicht benötigten Objekte entfernen	

Menüpunkt *Modi*: Festlegen der Grundeinstellungen einer Zeichnung

Befehl Option	**Wirkung**	**Symbol**
Übersichtsfenster	Übersichtsfenster öffnen	
Werkzeugkastenstile	Position und Anordnung des Werkzeugkastens festlegen	
Objekteigenschaften	Eigenschaften für Objektdarstellung festlegen	
Zeichnungshilfen	Bestimmt, welche Zeichnungshilfen angewandt werden	
Layersteuerung	Definiert die Eigenschaften von Layern	
Linientyp	Definition von Linientypen	
Erzeugen	Neuen Linientyp erzeugen	
Laden	Linientypdatei laden	
Setzen	Aktuellen Linientyp als Standard festlegen	
Auflisten ?	Verfügbare Linientypen anzeigen	
LTFaktor	Globalen Skalierfaktor für Linientypen festlegen	
LTFaktor im Pbereich	Linientypskalierung für Papierbereich festlegen	
Textstil	Textstil definieren	
Bemaßungsstil	Bemaßungsstile und -einstellungen festlegen	
Assoziativbemaßung	Objekte assoziativ bemaßen	

Menüpunkt *Modi*: Festlegen der Grundeinstellungen einer Zeichnung

Befehl Option	Wirkung	Symbol

Polylinienstil — Definition von Polylinien
  Linientyp erzeugen — Linientyp mit durchgehendem Muster erzeugen, der durch die Scheitelpunkte einer Polylinie verläuft
  Splinerahmen — Anzeige des Splinerahmens festlegen
  Splinesegmente — Feinheits- oder Grobheitsgrad einer Splinenäherung festlegen

  Quadratisch — Quadratischen B-Spline erzeugen
  Kubisch — Kubischen B-Spline erzeugen

Punktstil — Stil und Größe von Punktobjekten definieren

Einheitensteuerung — Anzeigeformat für Koordinaten und Winkel festlegen

Griffe — Farbe und Größe von Griffen festlegen und aktivieren

Auswahleinstellungen — Modus für Objektauswahl, Auswahlcursor und Methode der Objektsortierung festlegen

Zeichnung — Blattgröße definieren
  Basis — Einfügebasis der aktuellen Zeichnung ändern
  Zeichnungslimiten — Zeichnungsbegrenzungen ändern

Menüpunkt ?: Hilfen zu AutoCAD LT

Befehl Option	Wirkung	Symbol

Inhalt — AutoCAD LT-Hilfe starten und Hilfefenster anzeigen

Suchen — Hilfe-Themen zu Stichworten suchen und anzeigen

Hilfe benutzen — Einführung zum Arbeiten mit der Online-Hilfe

Programmübersicht — Dialoggeführtes Informationssystem über AutoCAD LT starten

Neu in AutoCAD LT — Ausgabe von Veränderungen gegenüber AutoCAD LT 1.0

Lernprogramm — Starten eines Lernprogramms für typische Anwendungen

Info über AutoCAD LT — Anzeigen von Informationen zur aktuellen AutoCAD LT-Version